記号一覧 (続き)

$\det A$　正方行列 A の行列式 (状況に応じて $|A|$ を用いることもある)

$|A|$　正方行列 A の行列式 (状況に応じて $\det A$ を用いることもある)

S_n　n 次の置換全体の集合

$\mathrm{sgn}(\sigma)$　置換 σ の符号

$(a_1, a_2, \cdots, a_m)$　長さ m の巡回置換

σ^{-1}　置換 σ の逆置換

$D = D(x_1, \cdots, x_n)$　(n 個の変数の) 差積

$\mathbf{0}$　零ベクトル

$-\boldsymbol{a}$　ベクトル $\boldsymbol{a}$ の逆ベクトル

$\boldsymbol{e}_i$　第 i 成分が 1 でその他の成分が 0 であるような基本ベクトル

$\dim V$　ベクトル空間 V の次元

$\mathrm{rank}\, A$　行列 A の階数

$\mathrm{Im}(f)$　写像 f の像

$\mathrm{Ker}(f)$　線形写像 f の核

$f_A : \boldsymbol{R}^n \to \boldsymbol{R}^m$　(m, n) 行列 A により定まる線形写像 $\boldsymbol{x} \mapsto A\boldsymbol{x}$

$F_A(x)$　行列 A の固有多項式

$W_\alpha(A)$　行列 A の固有値 α に属する固有空間

$\boldsymbol{a} \times \boldsymbol{b}$　空間ベクトルの外積

$\boldsymbol{a} \cdot \boldsymbol{b}$　数ベクトルの標準内積

$\|\boldsymbol{a}\|$　ベクトル $\boldsymbol{a}$ の長さ

$\boldsymbol{a} \perp \boldsymbol{b}$　ベクトル $\boldsymbol{a}$ と $\boldsymbol{b}$ は直交する

$Q_A(x)$　${}^t\boldsymbol{x}A\boldsymbol{x}$: 実対称行列 A が定める実2次形式

$\sim P$　命題 (または条件) P の否定

$A \subset B$　集合 A は集合 B に含まれている

$A \cup B$　集合 A と集合 B の和集合

$A \cap B$　集合 A と集合 B の共通部分

$A \setminus B$　集合 A と集合 B の差集合

$A \times B$　集合 A と集合 B の直積集合

$f|_{A'} : A' \to B$　写像 f の定義域を A' に制限した写像

$f \circ g$　写像 g と写像 f の合成写像

テキストブック

線形代数

佐藤隆夫　著

裳華房

LINEAR ALGEBRA FOR ENGINEERING

by

TAKAO SATOH

SHOKABO

TOKYO

はじめに

大学初年次で学ぶ線形代数*の主な目的は，行列とベクトル空間の理論を身につけることである．具体的には，

- 行列の階数や逆行列，および行列式を計算すること．
- 体系的に n 変数で m 個の式からなる連立1次方程式を解くこと．
- 行列の固有値，固有空間を求めること．
- 行列を対角化，もしくは三角化すること．
- 内積を用いてベクトル空間の基底を正規直交化すること．
- 実対称行列を直交行列で対角化すること．

などが主な目標である．連立1次方程式を解く際に研究されはじめた行列の理論が，現代的な抽象代数学の理論とともに整備され確立され，高等教育機関で「線形代数」として教えられるようになったのは戦前，戦後くらいからであろうか．整数論や初等幾何学，微分積分学などに比べればずいぶんと新しい分野である．一般に，ある純粋な数学的理論が確立され，それがその他の諸科学などに応用されるようになるのは百年単位の話であって，人ひとりが生き抜く人生の時間を大きく凌駕している．高等数学を実社会に応用させることはそれだけ容易なことではない．にもかかわらず，今日の科学技術における線形代数やその考え方の応用については，例を挙げるだけでも枚挙に暇がない*2．

しばしば，数学は何の役に立つのかという声を耳にするが，現代の純粋数学

---

* 「せんけい」とは，英語の linear type の訳語であるので，「線型」と書かれるのが正しい．「函数」を「関数」と書き換えるように，最近では「線形」という表記が多く見られるようになった．本書は大学1年生向けということもあり，一般的な表記を用いることにする．

*2 具体的な応用例があまりにも多く，特定の例を記載してしまうと，かえって視野が狭まってしまうかもしれない．興味ある読者は [7], [9], [8] などやインターネットなどを利用して，自身でいろいろ調べられると面白いと思う．

がすべて社会への直截的な応用を念頭に研究されてきたわけではない．というか，むしろそのような数学などほとんどない．日本が世界に誇る数学者である高木貞治博士は著書『数学の自由性』において，「数学の応用とは数学的精神の発揮，すなわち，数学的なものの考え方や活用が大切であるが，多くの実際家は数字が出てくるところから数学が始まると思っている.」,「特急現金主義のような数学は実用をなし得ないので実際は不実用である.」などという旨を述べられており，まさにその通りである．これは，安易に純粋数学に実益を追求することへのある種の警鐘のようにも感じられるが，線形代数に関しては上に述べたような「反例」がいくつも存在し，まさに例外的である．

本書は，主に工学部の学生や，将来理学系に進学しない学生などを対象としている．数学者としては，厳密な数学的考え方，論理の活用などを身につけてもらいたいところであるが，いきなり，極端に抽象的な概念を天下り的に述べたり，一般の次元や次数などを用いて解説したのでは，嫌悪感さえ抱かれてしまいかねない．そこで本書では，最近の多くの数学書にも見られるように，

- 何を何のために学ぶのかという目標を各節の初めに示した．
- 高校数学との繋がりと線形代数を学ぶ必然性を確認するため，平面ベクトルや 1 次変換を最初に取り入れた．
- 高校で行列が未修得になったことを受け，2×2 行列に関する例や例題を随所に取り入れた．
- 図を多数取り入れ，視覚的に理解を助ける工夫を行った．
- 新しい理論を学修する際には，やさしい例や例題で無理なく手を動かして計算，証明できる場を設け，数学的感覚を養えるように配慮した．
- 反復学習の効果を得るために，例題の類題を多く演習問題に取り入れた．
- 半期およそ 13 回分の講義，および学生の自学自習の利便性などを勘案し，全 26 節構成とした*.

などの配慮を試みた．加えて，定理の証明は，一般的な場合を簡単に考察できる場合を除いて，なるべく具体的に低い次元や次数の場合などで解説し，かつ

* 場所によっては量に偏りがあったり，理論的に難しい箇所もあるので，教員としてご使用になられる場合は中間試験などもご考慮の上，適宜調整して頂ければ幸いです．

一般の場合に適用可能な方法をとった．たとえば，行列の演算に関する証明では，一般の $m \times n$ 型の行列に関する定理であっても，2×2 型や 3×3 型など，具体的に簡単に書き下して確かめられるような場合で解説した．よって，数学が不得意，もしくは不慣れな読者であっても，最初は見よう見まねで手を動かせられるよう配慮した．さらに，証明に用いた考え方や手法はあくまで一般の場合に通じるようなもので，特殊な場合においてのみ成り立つような議論は用いていない．したがって，理論に興味がある意欲の高い学生は，本書の解説をもとに一般の場合を考察しやすいものと考えている．

本書は，行列式の定義で「置換」を用いるなど，他の工学系のテキストに比べ理論や論述を重視している．したがって，単に計算ができるというスキルだけを身につけるという特急現金主義に比べれば，学修にそれなりの時間を要することになる．しばしば，工学系の学生から，数学は計算だけができればよい，理論などはどうでもよいということを仄聞する．たしかに，自身の専門分野の学修ですら大変なのに，専門が異なる学問の難解で抽象的な理論を習得することは，よほど高いモチベーションや興味がない限り相当な負担かもしれない．「抽象数学など何の役に立つのか」と一蹴されれば，大変残念な気持ちになるのは否めないが，逆の立場になって考えれば無理もない話である．しかしながら，いまや我々は最先端の科学技術を使いこなし，理学・工学・医学・薬学などの多くの科学技術分野で世界を牽引している．目の前の結果だけを重視することで，本当にこの先も何の問題もなく発展，成長を遂げられるだろうか．

そもそも，現代自然科学を根底から支える基礎学問としての数学ではあるが，その難解複雑で抽象的な理論体系や，目に見える直接的な応用をなかなか認識しづらい学問としての性格上，誰しも敬遠したがるものであり，そのこと自体は何ら不思議ではない．逆にいえば，このようなものであるからこそ，数学は学ぶ者の真の才能や適性，並びに人間性を測るための道具として最も適したものであるともいえる．どの程度の粘り強い忍耐強さ，研ぎ澄まされた集中力，鋭い洞察力を持ち合わせているのか．数学力を測ることで見えてくるものは1つや2つではない．我々が数学を学修する意義はここにある．このような観点から，本書では他の工学系のテキストに比べ理論を重視した．

著者が大学生の頃，指導教官だった中村博昭先生（東京都立大学助教授．現大阪大学教授）から「点数で人を評価することには限界がある」と常々諭された．所詮，大人が決めた試験で点がとれたところで，一定の努力は認められるが，それ以上の才能はもっと違った形で測られるべきだという意味である．数学は点をとることが目標の学問ではない．仮に満点をとったとしてもひたすら暗記によるような解答であったり，一朝一夕の付け焼き刃的な学力はまさに実際には何の実用もなさず，不実用の極みである．一方，仮に点が伸び悩んだとしても，真剣に試行錯誤して考え抜いた答案であれば，自らの誤りを深く吟味，検討することができ，のちに成功に繋がる方法へたどり着く可能性が十分にある．そのような可能性を秘めている答案を書ける限り，その答案は良き「模範」であり，それを書いた人間は今後も成長し続けるであろう．社会はそういう人材を求めているし，人はそのような人間に付いていきたいと思うものである．ぜひ，数学を通して最後まであきらめない忍耐力を身につけてほしい．

本書でも，多数の最近の学生を指導，試験する中で気づいた，学生がつまずきやすいところ，間違えやすいところ，不十分な答案論述などについてはその都度注意喚起を行った．特に，答案に式だけを書いて何の日本語の説明文も書かれていないようなものを見ることが少なくない．このような事態を避け，答案作成の良き模範となるよう，例題の解説は丁寧かつ簡潔に行った．さらに詳しい解説が必要な場合は脚注などでそれを行った．将来，いくら工学的に素晴らしい設計図や企画ができ上がっても，それを他者に説明するための文章表現が心許ないようでは，誰からも見向きもされずに宝の持ち腐れになってしまう．少しずつでいいので意識しながら，他人に自分の考えを伝える表現力を身につけてほしい．例題や演習問題は主として理解の確認を目的とするような平易なものや，難易度的にレポート問題として適当だと思われるもののみを取り上げた．各節とも，例題を少し多めに入れたので，もし教員として講義でご使用になられる場合は，学生の習熟度に応じて適宜取捨選択して頂ければ幸いである．

すでに，線形代数に関してはおびただしい数の教科書，参考書が和書として刊行されており，数学研究者を目指す者を対象としたものは当然のことながら，理科系，工科系，医科系，薬科系，ひいては人文・社会学系の学生を対象としたものまで，あらゆる学生の要望に応えられるだけの豊富な種類と数量が揃っている．さらに，その各々に対しても，良書と呼ばれる定評ある書籍が少なくない．高等数学教育において，これほどまでに充実した文献が母国語で揃っているということは，日本国内での科学技術への興味と関心の高さを明らかに示すものであり，学ぶ者にとって大変恵まれた環境にあるといっても過言ではない．そのような中で新たに拙著を加えることに関しては，当初から抵抗感が少なくなかった．時代とともに移り変わる学生像に適応するよう，これまでの経験を踏襲したが，どの程度奏功したかは読者諸氏の忌憚のないご意見をまたねばならない．拙著が少しでも読者の学修の一助となり得たのであれば，大変嬉しい限りである．

謝　辞

このたび本書の執筆の機会を与えてくださった（株）裳華房編集部の亀井祐樹氏に心より感謝お礼申し上げます．亀井氏には本書を出版する意義や，対象とする読者層など，出版に対する熱意や詳細を大変丁寧に説明して頂きました．わざわざ雨の中，私の研究室まで足を運んで頂いたこともあります．また，南清志氏には原稿を何度もチェックして頂きました．無事に本書を上梓することができ大変嬉しく思っています．裳華房の皆さまのご尽力に心より感謝お礼申し上げます．

平面ベクトル，空間ベクトルに関する部分については，東京理科大学理学部第二部数学科の卒業生で，元 日本大学藤沢高等学校・藤沢中学校教諭の井澤久廣氏にご高覧頂き，高大連携に関する有益なコメントをいくつも頂きました．それをもとに原稿を改訂した部分がいくつもあります．著者の滞在先であるドイツまで手書きの信書を送ってくださった井澤氏に改めて感謝お礼申し上げます．本書ではのちに掲げる文献も大いに参考にさせて頂きました．本文中では逐一出典を明示しませんでしたが，執筆者の方々に敬意を表すとともに深く感謝いたします．

本書の一部は，著者が在外研究としてドイツ，およびポーランドに滞在していた時期に執筆しました．著者を温かく迎え入れ，素晴らしい研究環境を提供してくださった，ボン大学数学研究所の Ursula Hamenstädt 教授，アダムミツキエビチ大学数学・計算機科学部の Krzysztof M. Pawałowski 教授，そしてその機会を与えてくださったマックスプランク数学研究所，並びに東京理科大学に深く感謝いたします．

本書は，著者が京都大学在職中に，工学部学生向けに行った線形代数学の講義に関するレジュメがもとになって書き起こしました．当時，グローバル COE の教育能力向上プログラムの一環として，上司だった元 京都大学教授の河野明先生から多大な薫陶を受けました．ご自身の長年の経験をもとに，多くのご指導ご鞭撻を賜り，教育者・研究者として大変有意義な研鑽を積むことができました．子育てや仕事に奮闘する私を暖かく支えてくださり，まるで本当の弟子のように接してくださった河野明先生に心より感謝お礼を申し上げます．

また，当時，阿部拓郎さんや榎本直也さんをはじめ，京大の同僚たちと幾度となく線形代数の講義，演習に関する議論を交わしました．私の教育力はそのような中でも培われました．十年近く経った現在でもその交誼は大変厚く，本当に良き友人たちに恵まれたものだと感謝しています．気の置けない同僚との議論を頭の片隅において，娘をベビーカーに乗せ，哲学の道や鴨川の畔などを散歩しながら，次はどのような演習問題にしようかと考えていたあの頃が懐かしく思い出されます．

東京 神楽坂にて

令和元年 5 月　　　著　者

目　次

1
Chapter

行　列

本章では，まず平面ベクトルに関する復習を行ったあと，行列を定義して，それらの間の演算やいろいろな性質について考察する．もともと，行列は連立 1 次方程式を体系的に解くために考え出された概念であるが，平面内の回転や対称移動などといった 1 次変換（線形変換）を記述するための非常に便利な道具でもある．

1.1　平面ベクトルと空間ベクトル

本講の目標

- 高校で学修した**平面ベクトル**と**空間ベクトル**を思い出し，行列を用いた 1 **次変換**の記述やその利便性を理解する．
- さらに，これによって，行列や行列の積の定義の必然性を理解する．

1.1.1　有向線分と平面ベクトル

高校では，ベクトルといえば平面（もしくは空間）ベクトルのことであった．ここでは，まず平面ベクトルに関して思い出そう．平面内の点 A から点 B に到る，向きを込めて考えた線分を点 A から点 B への**有向線分**という．

平面内の有向線分は始点 A と終点 B が与えられるごとに 1 つ決まり，同じ長さ，同じ方向を向いている 2 つの有向線分でも始点が異なれば違うものと考える．しかしながら，力学や数学の多くの理論においても実感できるように，始点にとらわれない有向線分の概念があると大変便利で有益である．そこで，平面内の平行移動で写り合うような有向線分をすべて同じものとみなし，有向線分たちの同一視を考える．特に，平面内の平行移動で，A から B への有向線分に重ね合わせることができるような有向線分たちを同一視したものを，A から B への有向線分が定める**平面ベクトル**といい，$\overrightarrow{\mathrm{AB}}$ と表す*．図 1.1 のように，A から B への有向線分と A′ から B′ への有向線分は平行移動で重ね合わせることができるので，$\overrightarrow{\mathrm{AB}}$ と $\overrightarrow{\mathrm{A'B'}}$ は平面ベクトルとして等しく，$\overrightarrow{\mathrm{AB}} = \overrightarrow{\mathrm{A'B'}}$ である．また，平面ベクトルは $\boldsymbol{a} = \overrightarrow{\mathrm{AB}}$ のように，アルファベット小文字の太文字を用いて表す．

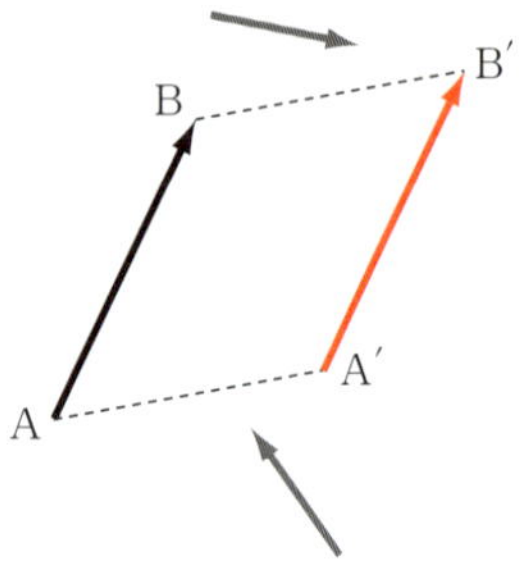

図 1.1

有向線分の始点を原点 O に写す平行移動を考えると，任意の平面ベクトル $\boldsymbol{a}$ は，原点を始点とする有向線分が定める平面ベクトル $\overrightarrow{\mathrm{OA}}$ として表すことができる．

つまり，有向線分の始点を原点にとっておけば，その終点を用いて平面ベクトルを一意的に表すことができる．そこで，A の座標 (a_1, a_2) を用いて，

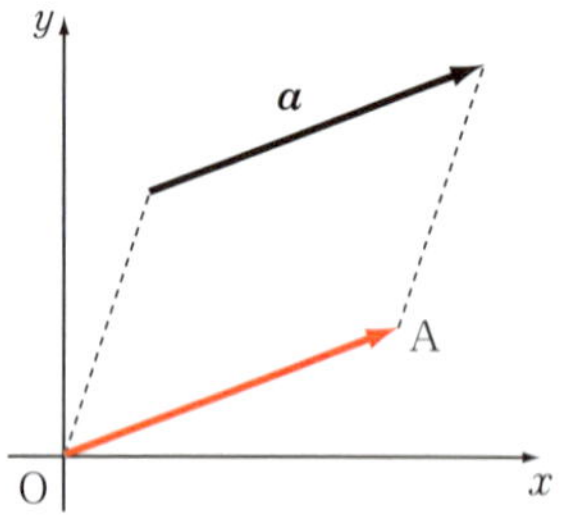

図 1.2

$$\boldsymbol{a} = \begin{pmatrix} a_1 \\ a_2 \end{pmatrix} \tag{1.1}$$

と表し，これを $\boldsymbol{a}$ の**成分表示**という*2．

---

* 正確には，平面内の有向線分全体の集合に，平行移動して写り合うものは同じものとみなすという同値関係を入れ，その同値類のことを平面ベクトルという．抽象的な集合論の話になるのであまり気にしなくてよい．厳密には有向線分と平面ベクトルは異なる概念だが，「似たようなもの」程度に思っておいて困ることはほとんどない．

*2 なぜ横書きにしないのかという質問を学生から毎年受けるが，これは，あとあと定義する行列の積を念頭に置いている．横にすると積が定義できなくなり都合が悪い．

始点と終点が一致するような有向線分*で表される平面ベクトルを**零ベクトル**といい，$\mathbf{0}$ と表す．また，平面ベクトル $\boldsymbol{a} = \overrightarrow{\mathrm{OA}}$ に対して，向きを逆にした平面ベクトル $\overrightarrow{\mathrm{AO}}$ を $\boldsymbol{a}$ の**逆ベクトル**といい，$-\boldsymbol{a}$ と表す．それぞれ成分表示は

$$\mathbf{0} = \begin{pmatrix} 0 \\ 0 \end{pmatrix}, \qquad -\boldsymbol{a} = \begin{pmatrix} -a_1 \\ -a_2 \end{pmatrix}$$

である．明らかに，$-\mathbf{0} = \mathbf{0}$ である．

平面ベクトルには**和**（加法ともいう）と**スカラー倍**が定義される．すなわち，2 つのベクトル $\boldsymbol{a} = \overrightarrow{\mathrm{OA}}$，$\boldsymbol{b} = \overrightarrow{\mathrm{OB}}$ に対して，$\overrightarrow{\mathrm{OB}}$ の始点が A になるように平行移動したものを $\overrightarrow{\mathrm{AB'}}$ とするとき，$\overrightarrow{\mathrm{OA}}$ と $\overrightarrow{\mathrm{AB'}}$ をつなぎ合わせて得られるベクトルが $\boldsymbol{a} + \boldsymbol{b}$ であり，スカラー倍は，実数 $k \in \boldsymbol{R}$ とベクトル $\boldsymbol{a} = \overrightarrow{\mathrm{OA}}$ に対して，

$$k\boldsymbol{a} \coloneqq \begin{cases} \overrightarrow{\mathrm{OA}} \text{ の長さを } k \text{ 倍して得られるベクトル}, & k \geq 0 \\ \overrightarrow{\mathrm{OA}} \text{ の向きを逆にして，長さを } |k| \text{ 倍して得られるベクトル}, & k < 0 \end{cases}$$

である*2.

和とスカラー倍は成分表示すると分かりやすい．すなわち，任意の $\boldsymbol{a} = \begin{pmatrix} a_1 \\ a_2 \end{pmatrix}$，$\boldsymbol{b} = \begin{pmatrix} b_1 \\ b_2 \end{pmatrix}$ および，任意の $k \in \boldsymbol{R}$ に対して，

$$\boldsymbol{a} + \boldsymbol{b} = \begin{pmatrix} a_1 + b_1 \\ a_2 + b_2 \end{pmatrix}, \qquad k\boldsymbol{a} = \begin{pmatrix} ka_1 \\ ka_2 \end{pmatrix}$$

となる．すなわち，ベクトルの和は成分ごとに足し合わせ，スカラー倍はすべての成分を k 倍することで，それらの成分表示が得られる*4.

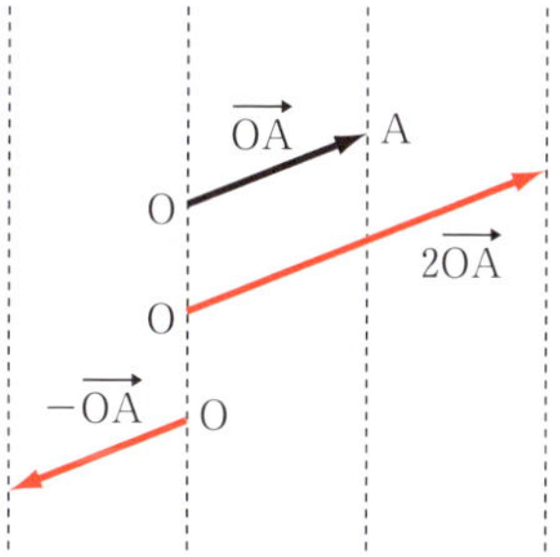

図 1.3*3

* 実際には点である．
*2 上で現れた記号 ≔ は，左辺を右辺で定義するときに用いる．
*3 この図では分かりやすいように，あえて原点をずらして描いている．
*4 のちに，このような性質を一般化することで，ベクトル空間を定義する．

平面ベクトルの和とスカラー倍に関して，次のことが成り立つ*.

(V1)　$(\boldsymbol{a}+\boldsymbol{b})+\boldsymbol{c}=\boldsymbol{a}+(\boldsymbol{b}+\boldsymbol{c})$　（加法の結合法則）

(V2)　$\boldsymbol{a}+\boldsymbol{0}=\boldsymbol{0}+\boldsymbol{a}=\boldsymbol{a}$

(V3)　$\boldsymbol{a}+(-\boldsymbol{a})=(-\boldsymbol{a})+\boldsymbol{a}=\boldsymbol{0}$

(V4)　$\boldsymbol{a}+\boldsymbol{b}=\boldsymbol{b}+\boldsymbol{a}$　（加法の交換法則）

(V5)　$k(\boldsymbol{a}+\boldsymbol{b})=k\boldsymbol{a}+k\boldsymbol{b},\quad k\in\boldsymbol{R}$　（分配法則）

(V6)　$(k+h)\boldsymbol{a}=k\boldsymbol{a}+h\boldsymbol{a},\quad k,h\in\boldsymbol{R}$　（分配法則）

(V7)　$(kh)\boldsymbol{a}=k(h\boldsymbol{a}),\quad k,h\in\boldsymbol{R}$

(V8)　$1\boldsymbol{a}=\boldsymbol{a}$

平面ベクトルの成分表示は，種々の計算を代数的に簡明に記述できるというメリットがある．ここで改めて，2つの実数を縦に並べてできる組の集合を定義しよう．

$$\boldsymbol{R}^2 := \left\{ \begin{pmatrix} x \\ y \end{pmatrix} \middle| \, x,y\in\boldsymbol{R} \right\}$$

とおく．$\boldsymbol{R}^2$ の各元を（2次元の）**数**（すう）**ベクトル**という．2つの数ベクトル $\begin{pmatrix} x \\ y \end{pmatrix}$, $\begin{pmatrix} x' \\ y' \end{pmatrix}$ が等しいのは，それぞれの成分が等しいことと定義する．すなわち，

$$x=x', \qquad y=y'$$

のとき $\begin{pmatrix} x \\ y \end{pmatrix}=\begin{pmatrix} x' \\ y' \end{pmatrix}$ である．

平面ベクトルの成分表示に関する性質と両立するように，$\boldsymbol{R}^2$ における数ベクトルの和とスカラー倍を，

$$\begin{pmatrix} x \\ y \end{pmatrix}+\begin{pmatrix} x' \\ y' \end{pmatrix}=\begin{pmatrix} x+x' \\ y+y' \end{pmatrix}, \qquad k\begin{pmatrix} x \\ y \end{pmatrix}=\begin{pmatrix} kx \\ ky \end{pmatrix}, \qquad k\in\boldsymbol{R}$$

によって定める．すると，数ベクトルに対しても (V1)～(V8) と同様の性質が

---

* 当たり前に思われると思うが，実はこれらの性質は，数学的に和とスカラー倍を特徴づけるもので，これら以外の関係式，たとえば，$(-1)\boldsymbol{a}=-\boldsymbol{a}$ などはすべてこれらの式から導かれる．詳細は定理4.1を参照されたい．

成り立つ．以下では，対応 $\mathrm{P}(x,y) \mapsto \begin{pmatrix} x \\ y \end{pmatrix}$ によって，xy 座標平面と $\boldsymbol{R}^2$ をしばしば同一視する．

1.1.2　線分の内分点，外分点の計算

平面ベクトルの和とスカラー倍を導入することで，平面ベクトルを様々な平面幾何学の問題に応用できるようになる．最も基本的で重要なもののうちの1つに，線分の内分点，外分点を求める問題がある．以下のような例題を考えてみよう．

例題 1.1　$\boldsymbol{R}^2$ 内に異なる2点 A,B が与えられているとする．

(1)　線分 AB を 2 : 3 に内分する点を P とするとき，$\overrightarrow{\mathrm{OP}}$ を $\overrightarrow{\mathrm{OA}}$ と $\overrightarrow{\mathrm{OB}}$ を用いて表せ．

(2)　線分 AB を 2 : 5 に外分する点を Q とするとき，$\overrightarrow{\mathrm{OQ}}$ を $\overrightarrow{\mathrm{OA}}$ と $\overrightarrow{\mathrm{OB}}$ を用いて表せ．

解答　(1)　図 1.4 のように，点 P を通り，線分 OB に平行な直線と線分 OA との交点を A′ とする．同様に，点 P を通り，線分 OA に平行な直線と線分 OB との交点を B′ とすると，平行四辺形 OB′PA′ が定まる．このとき，

$$\overrightarrow{\mathrm{OP}} = \frac{3}{5}\overrightarrow{\mathrm{OA}} + \frac{2}{5}\overrightarrow{\mathrm{OB}}$$

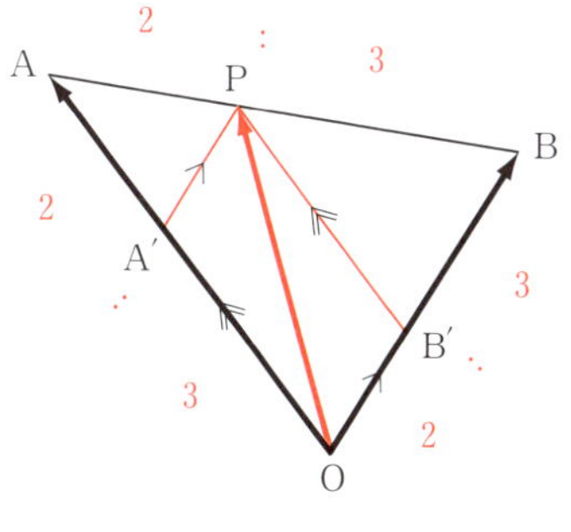

図 1.4

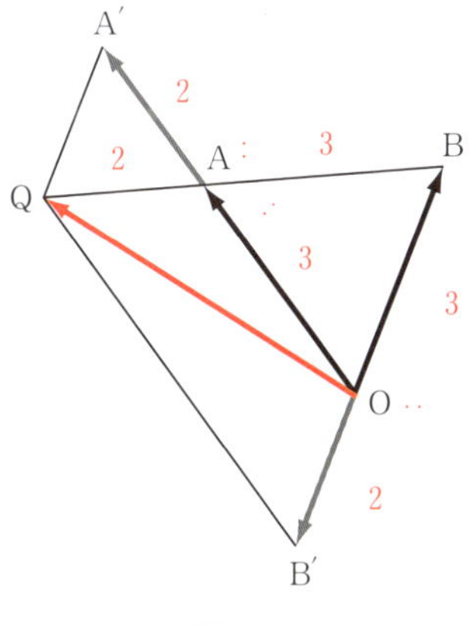

図 1.5

となることが分かる.

(2) 図1.5のように，点Qを通り，線分OBに平行な直線と線分OAの延長との交点をA'とする．同様に，点Qを通り，線分OAに平行な直線と線分OBの延長との交点をB'とすると，平行四辺形$\mathrm{OA}'\mathrm{QB}'$が定まる．このとき，

$$\overrightarrow{\mathrm{OQ}} = \overrightarrow{\mathrm{OA}'} + \overrightarrow{\mathrm{OB}'} = \frac{5}{3}\overrightarrow{\mathrm{OA}} - \frac{2}{3}\overrightarrow{\mathrm{OB}}$$

となることが分かる. ◈

この例題は何てことはない高校の問題と思われるかもしれないが，平面ベクトルの成分表示を合わせ考えるとき，点A,Bの座標が与えられればいつでも内分点P，外分点Qの座標を求めることができるということを上の計算は暗示している．ここに大きな意味がある．また，内分点を求める手法を自然に外分点を求める手法に一般化していることもさることながら，カンのよい読者であれば，$2:3$や$2:5$などといった具体的な比率ではなく，一般の$m:n$の場合でも同様の考察を行えば内分点，外分点の座標を計算できそうなことに気づくであろう．実際にそのような公式があるのだが，公式として覚えるより，求められそうだということに気づいて，自分で手を動かして計算し，実際に求まったときの感動のほうがはるかに大きく，得るものがあると思う．数学は，数千年にわたる数学者たちのそういった好奇心や洞察力，および忍耐強い努力などによって創られてきた．あえてここに公式は書かないので，興味ある方はぜひ挑戦してほしい.

1.1.3 1次変換

この項では，1次変換と呼ばれる平面内の点の移動（変換）について考えよう*．以下で定義される平面内の4つの変換（T1）～（T4）について，各点$\mathrm{P}(x,y) = \begin{pmatrix} x \\ y \end{pmatrix} \in \boldsymbol{R}^2$がどのような点に写るかを調べる．Pが写される点を$\mathrm{Q}(x',y') = \begin{pmatrix} x' \\ y' \end{pmatrix} \in \boldsymbol{R}^2$とおく.

* 以前は高校の代数・幾何でも扱われていた.

(T1) 原点に関する対称移動：

PとQを結ぶ線分の中点が原点Oであるので，$\dfrac{x+x'}{2}=0$，$\dfrac{y+y'}{2}=0$ より，

$$\begin{pmatrix} x' \\ y' \end{pmatrix} = \begin{pmatrix} -x \\ -y \end{pmatrix}.$$

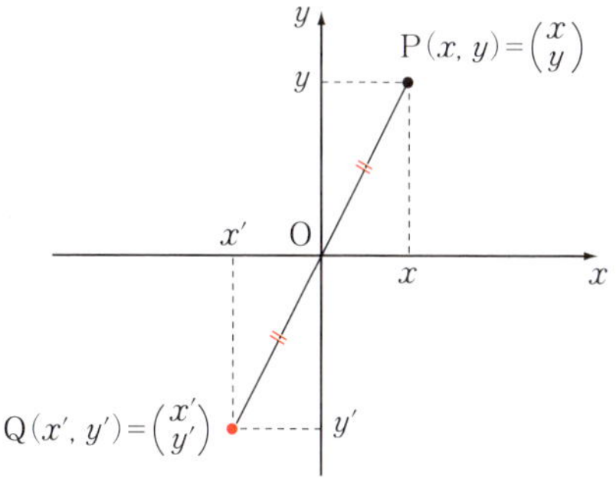

図 1.6

(T2) 直線 $y=2x$ に関する対称移動：

PとQを結ぶ線分は $y=2x$ に直交し，かつ，その中点が $y=2x$ 上にあるという条件から，

$$\frac{y'-y}{x'-x} = -\frac{1}{2},$$

$$\frac{y+y'}{2} = 2\cdot\frac{x+x'}{2}$$

が成り立つ．よって，

$$\begin{pmatrix} x' \\ y' \end{pmatrix} = \begin{pmatrix} \dfrac{-3x+4y}{5} \\ \dfrac{4x+3y}{5} \end{pmatrix}.$$

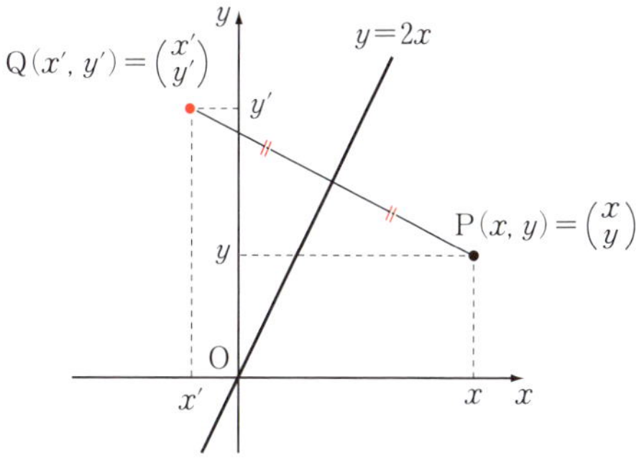

図 1.7

(T3) x 軸への正射影：

x 軸への正射影とは，平面内の各点 $P(x,y)$ に対して $Q(x,0)$ を対応させる写像である*．すなわち，

$$\begin{pmatrix} x' \\ y' \end{pmatrix} = \begin{pmatrix} x \\ 0 \end{pmatrix}.$$

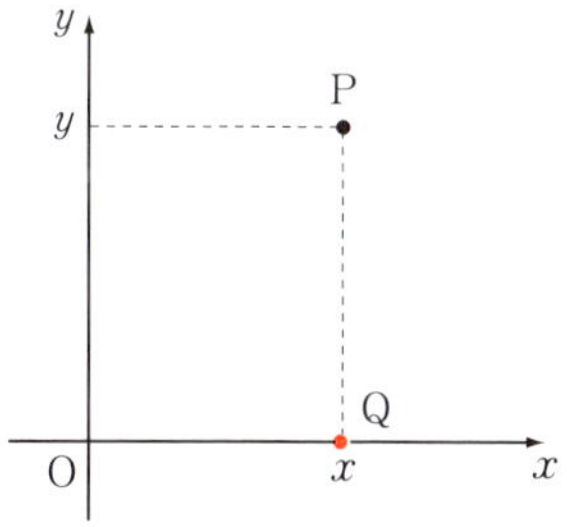

図 1.8

* 平面ベクトルを水平成分と垂直成分に分解するとき，水平成分を取り出すことに相当する．力学でよく利用する．

(T4)　原点 O を中心とし，回転角 θ の回転移動：

$|\mathrm{OP}| = r$ とおき，半直線 OP と x 軸のなす角を a とすると，

$$x = r\cos a, \qquad y = r\sin a$$

である．一方，半直線 OQ と x 軸のなす角は $a+\theta$ であるから，三角関数の加法定理から

$$\begin{aligned} x' &= r\cos(a+\theta) \\ &= r(\cos a\cos\theta - \sin a\sin\theta) \\ &= x\cos\theta - y\sin\theta, \\ y' &= r\sin(a+\theta) \\ &= r(\sin a\cos\theta + \cos a\sin\theta) \\ &= x\sin\theta + y\cos\theta \end{aligned}$$

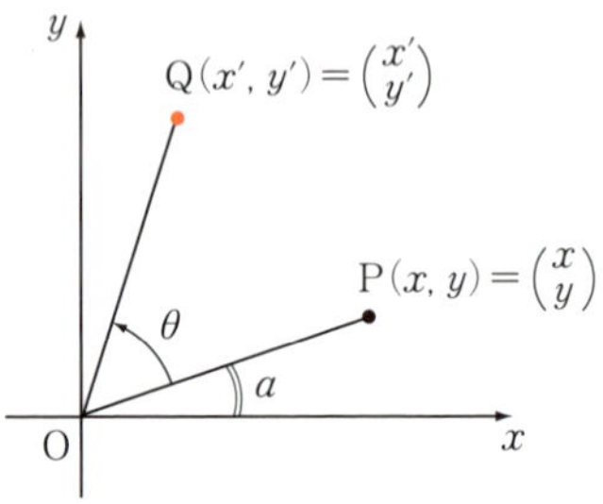

図 1.9

となる．

これらの変換を統一的に扱うために次のような記法を導入しよう．まず，上の 4 つの変換はすべて，

$$x' = ax + by, \qquad y' = cx + dy$$

という形に書けていることに注意する．そこで，実数 4 つを以下のように正方形状に並べてカッコをつけたもの

$$A = \begin{pmatrix} a & b \\ c & d \end{pmatrix}$$

を考え，これを 2 次の**正方行列**という．さらに，2 次正方行列 A と数ベクトル $\boldsymbol{x} = \begin{pmatrix} x \\ y \end{pmatrix}$ の積を

$$A\boldsymbol{x} = \begin{pmatrix} a & b \\ c & d \end{pmatrix}\begin{pmatrix} x \\ y \end{pmatrix} = \begin{pmatrix} ax+by \\ cx+dy \end{pmatrix}$$

と定めよう．このとき，任意の $\boldsymbol{x} \in \boldsymbol{R}^2$ に対して，

$$\boldsymbol{x} \mapsto A\boldsymbol{x}$$

で与えられる写像を，A によって定まる $\boldsymbol{R}^2$ 内の**1 次変換**という*.

すると，上の 4 つの変換は 1 次変換であり，それぞれ，以下の行列によって

---

* 「1 次」という言葉は，x', y' がそれぞれ，x, y の 1 次式で書けるというところから来ている．

定まる．

$$\begin{pmatrix}-1 & 0\\ 0 & -1\end{pmatrix},\quad \begin{pmatrix}-\dfrac{3}{5} & \dfrac{4}{5}\\ \dfrac{4}{5} & \dfrac{3}{5}\end{pmatrix},\quad \begin{pmatrix}1 & 0\\ 0 & 0\end{pmatrix},\quad \begin{pmatrix}\cos\theta & -\sin\theta\\ \sin\theta & \cos\theta\end{pmatrix}.$$

すなわち，一見するとまったく異なるような変換も，行列を用いると上のように統一的な記述ができる．このような簡単な数学的考察からも，行列が大変便利な道具であることが分かる．

以下の例題が示すように，1 次変換は和を和に，スカラー倍をスカラー倍に写す*．

例題 1.2　2 次正方行列 $A = \begin{pmatrix}a & b\\ c & d\end{pmatrix}$ を考える．このとき，以下を示せ．

(1)　任意の $\boldsymbol{x}, \boldsymbol{x}' \in \boldsymbol{R}^2$ に対して，

$$A(\boldsymbol{x} + \boldsymbol{x}') = A\boldsymbol{x} + A\boldsymbol{x}'$$

が成り立つ．

(2)　任意の $\boldsymbol{x} \in \boldsymbol{R}^2$ と任意の $k \in \boldsymbol{R}$ に対して，$A(k\boldsymbol{x}) = k(A\boldsymbol{x})$ が成り立つ．

解答　(1)　$\boldsymbol{x} = \begin{pmatrix}x\\ y\end{pmatrix}$，$\boldsymbol{x}' = \begin{pmatrix}x'\\ y'\end{pmatrix}$ とおいて具体的に計算すると，

$$\begin{aligned}A(\boldsymbol{x} + \boldsymbol{x}') &= \begin{pmatrix}a & b\\ c & d\end{pmatrix}\begin{pmatrix}x + x'\\ y + y'\end{pmatrix} = \begin{pmatrix}a(x + x') + b(y + y')\\ c(x + x') + d(y + y')\end{pmatrix}\\ &= \begin{pmatrix}ax + ax' + by + by'\\ cx + cx' + dy + dy'\end{pmatrix} = \begin{pmatrix}ax + by\\ cx + dy\end{pmatrix} + \begin{pmatrix}ax' + by'\\ cx' + dy'\end{pmatrix}\\ &= A\boldsymbol{x} + A\boldsymbol{x}'\end{aligned}$$

となる．

(2)　$\boldsymbol{x} = \begin{pmatrix}x\\ y\end{pmatrix}$ とおくと，

$$A(k\boldsymbol{x}) = \begin{pmatrix}a & b\\ c & d\end{pmatrix}\begin{pmatrix}kx\\ ky\end{pmatrix} = \begin{pmatrix}a(kx) + b(ky)\\ c(kx) + d(ky)\end{pmatrix} = k\begin{pmatrix}ax + by\\ cx + dy\end{pmatrix} = k(A\boldsymbol{x})$$

*　このような性質を線形性という．この観点から，1 次変換は**線形変換**とも呼ばれる．

となる． ◈

さて，1 次変換の合成について考えてみよう．たとえば，直線 $y=2x$ に関する対称移動をしてから，立て続けに原点に関する対称移動をするような変換は，

$$\begin{pmatrix} x \\ y \end{pmatrix} \mapsto \begin{pmatrix} \dfrac{-3x+4y}{5} \\ \dfrac{4x+3y}{5} \end{pmatrix} \mapsto \begin{pmatrix} \dfrac{3x-4y}{5} \\ \dfrac{-4x-3y}{5} \end{pmatrix}$$

となる．つまり，これも 1 次変換で，対応する行列は

$$\begin{pmatrix} \dfrac{3}{5} & -\dfrac{4}{5} \\ -\dfrac{4}{5} & -\dfrac{3}{5} \end{pmatrix}$$

で与えられる．一般に，行列

$$A = \begin{pmatrix} a & b \\ c & d \end{pmatrix}, \qquad B = \begin{pmatrix} p & q \\ r & s \end{pmatrix}$$

に対して，行列 A で定まる 1 次変換を行って，立て続けに行列 B で定まる 1 次変換を行うと，$\boldsymbol{x} \mapsto A\boldsymbol{x} \mapsto B(A\boldsymbol{x})$ であるから，$\boldsymbol{x}' = B(A\boldsymbol{x})$ とおくと，

$$\boldsymbol{x}' = B\begin{pmatrix} ax+by \\ cx+dy \end{pmatrix} = \begin{pmatrix} (pa+qc)x+(pb+qd)y \\ (ra+sc)x+(rb+sd)y \end{pmatrix}$$

となるので，これは

$$\begin{pmatrix} pa+qc & pb+qd \\ ra+sc & rb+sd \end{pmatrix}$$

で定まる 1 次変換である．したがって，B と A の積を

$$BA = \begin{pmatrix} pa+qc & pb+qd \\ ra+sc & rb+sd \end{pmatrix}$$

と定めると，$B(A\boldsymbol{x}) = (BA)\boldsymbol{x}$ となって結合法則が成り立ち都合がよいことが分かる．

以上の議論は平面ベクトルと平面内の 1 次変換の話であるが，同様にして，3 次正方行列を用いて空間内の 1 次変換という概念や 3 次正方行列の積を定めることができる．

1.1.4　空間ベクトル

平面ベクトルと同じように，3 次元空間（以下，単に空間という）内においても空間ベクトルの概念が定まる．簡単に復習しよう*．一番理解してほしいことは，2 次の場合の議論と同様に考えられることに加えて，3 次の場合は計算が急に煩雑になることである．つまり，次数が上がると必要になる計算量が爆発的に増大する．したがって，行列の理論において，2 次や 3 次で成り立つことを，4 次や 5 次の場合に成り立つかどうかを具体的な計算によって確かめることは容易なことではない．

空間内の点 A から点 B に到る，向きを込めて考えた線分を点 A から点 B への**有向線分**という．空間内の平行移動で写り合うような有向線分をすべて同じものとみなし，有向線分たちの同一視を考える．特に，空間内の平行移動で A から B への有向線分に重ね合わせることができるような有向線分たちを同一視したものを，A から B への有向線分が定める**空間ベクトル**といい，$\overrightarrow{\mathrm{AB}}$ と表す．

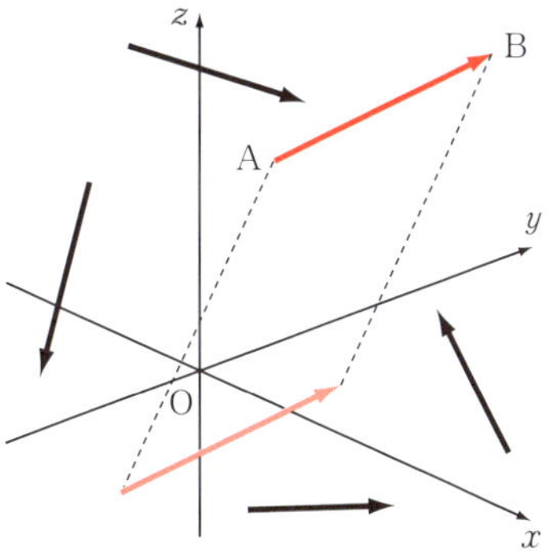

図 1.10

平面ベクトルと同様に，始点を原点 O に写す平行移動を考えると，任意の空間ベクトル $\boldsymbol{a}$ は，原点を始点とする有向線分が定める空間ベクトル $\overrightarrow{\mathrm{OA}}$ として表すことができる．このとき，A の座標 (a_1, a_2, a_3) を用いて，

$$\boldsymbol{a} = \begin{pmatrix} a_1 \\ a_2 \\ a_3 \end{pmatrix} \tag{1.2}$$

と表し，これを，$\boldsymbol{a}$ の**成分表示**という．始点と終点が一致するような有向線分で表される空間ベクトルを**零ベクトル**といい，$\boldsymbol{0}$ と表す．また，空間ベクトル $\boldsymbol{a} = \overrightarrow{\mathrm{OA}}$ に対して，向きを逆にしたベクトル $\overrightarrow{\mathrm{AO}}$ を $\boldsymbol{a}$ の**逆ベクトル**といい，

---

*　この項は平面ベクトルの場合とほぼ平行に議論が進むので，場合によっては読み飛ばしても差し支えない．

$-\boldsymbol{a}$ と表す．それぞれ成分表示は

$$\boldsymbol{0} = \begin{pmatrix} 0 \\ 0 \\ 0 \end{pmatrix}, \quad -\boldsymbol{a} = \begin{pmatrix} -a_1 \\ -a_2 \\ -a_3 \end{pmatrix}$$

である．明らかに，$-\boldsymbol{0} = \boldsymbol{0}$ である．

空間ベクトルにも，平面ベクトルと同様に**和**（加法ともいう）と**スカラー倍**が定義される．特に，成分表示で考えると，任意の

$$\boldsymbol{a} = \begin{pmatrix} a_1 \\ a_2 \\ a_3 \end{pmatrix}, \quad \boldsymbol{b} = \begin{pmatrix} b_1 \\ b_2 \\ b_3 \end{pmatrix}$$

および，任意の $k \in \boldsymbol{R}$ に対して，

$$\boldsymbol{a} + \boldsymbol{b} = \begin{pmatrix} a_1 + b_1 \\ a_2 + b_2 \\ a_3 + b_3 \end{pmatrix}, \quad k\boldsymbol{a} = \begin{pmatrix} ka_1 \\ ka_2 \\ ka_3 \end{pmatrix}$$

となる．

そこで，改めて，3 つの実数を縦に並べてできる組の集合を

$$\boldsymbol{R}^3 := \left\{ \begin{pmatrix} x \\ y \\ z \end{pmatrix} \middle| \, x, y, z \in \boldsymbol{R} \right\}$$

で定義する．$\boldsymbol{R}^3$ の各元を（3 次元の）**数**（すう）**ベクトル**という．2 つの数ベクトル $\begin{pmatrix} x \\ y \\ z \end{pmatrix}$, $\begin{pmatrix} x' \\ y' \\ z' \end{pmatrix}$ が等しいのは，それぞれの成分が等しいことと定義する．すなわち，

$$x = x', \quad y = y', \quad z = z'$$

のとき $\begin{pmatrix} x \\ y \\ z \end{pmatrix} = \begin{pmatrix} x' \\ y' \\ z' \end{pmatrix}$ である．

空間ベクトルの成分表示に関する性質と両立するように，$\boldsymbol{R}^3$ における数ベクトルの和とスカラー倍を，

$$\begin{pmatrix} x \\ y \\ z \end{pmatrix} + \begin{pmatrix} x' \\ y' \\ z' \end{pmatrix} = \begin{pmatrix} x+x' \\ y+y' \\ z+z' \end{pmatrix}, \qquad k\begin{pmatrix} x \\ y \\ z \end{pmatrix} = \begin{pmatrix} kx \\ ky \\ kz \end{pmatrix}, \qquad k \in \boldsymbol{R}$$

によって定める．すると，数ベクトルに対しても (V1)～(V8) と同様の性質が成り立つ．以下では，対応 $\mathrm{P}(x,y,z) \mapsto \begin{pmatrix} x \\ y \\ z \end{pmatrix}$ によって，xyz 空間と $\boldsymbol{R}^3$ を同一視する．

実数 9 つを以下のように正方形状に並べてカッコをつけたもの

$$A = \begin{pmatrix} a & b & c \\ d & e & f \\ g & h & i \end{pmatrix}$$

を考え，これを 3 次の**正方行列**という．さらに，3 次正方行列 A と数ベクトル $\boldsymbol{x} = \begin{pmatrix} x \\ y \\ z \end{pmatrix}$ の積を

$$A\boldsymbol{x} = \begin{pmatrix} a & b & c \\ d & e & f \\ g & h & i \end{pmatrix}\begin{pmatrix} x \\ y \\ z \end{pmatrix} = \begin{pmatrix} ax+by+cz \\ dx+ey+fz \\ gx+hy+iz \end{pmatrix}$$

と定めよう．このとき，任意の $\boldsymbol{x} \in \boldsymbol{R}^3$ に対して，

$$\boldsymbol{x} \mapsto A\boldsymbol{x}$$

で与えられる写像を，A によって定まる $\boldsymbol{R}^3$ 内の **1 次変換**という．3 次正方行列 A に対して以下が成り立つ．

(1)　任意の $\boldsymbol{x}, \boldsymbol{x}' \in \boldsymbol{R}^3$ に対して，

$$A(\boldsymbol{x}+\boldsymbol{x}') = A\boldsymbol{x} + A\boldsymbol{x}'.$$

(2)　任意の $\boldsymbol{x} \in \boldsymbol{R}^3$ と任意の $k \in \boldsymbol{R}$ に対して，$A(k\boldsymbol{x}) = k(A\boldsymbol{x})$.

一般に，行列

$$A = \begin{pmatrix} a & b & c \\ d & e & f \\ g & h & i \end{pmatrix}, \qquad B = \begin{pmatrix} p & q & r \\ s & t & u \\ v & w & \zeta \end{pmatrix}$$

に対して，行列 A で定まる 1 次変換を行って，立て続けに行列 B で定まる 1 次変換を行うと，$\boldsymbol{x} \mapsto A\boldsymbol{x} \mapsto B(A\boldsymbol{x})$ であるから，$\boldsymbol{x}' = B(A\boldsymbol{x})$ とおくと，

$$\begin{aligned} \boldsymbol{x}' &= B\begin{pmatrix} ax + by + cz \\ dx + ey + fz \\ gx + hy + iz \end{pmatrix} \\ &= \begin{pmatrix} (ap + dq + gr)x + (bp + eq + hr)y + (cp + fq + ir)z \\ (as + dt + gu)x + (bs + et + hu)y + (cs + ft + iu)z \\ (av + dw + g\zeta)x + (bv + ew + h\zeta)y + (cv + fw + i\zeta)z \end{pmatrix} \end{aligned}$$

となるので，これは

$$\begin{pmatrix} ap + dq + gr & bp + eq + hr & cp + fq + ir \\ as + dt + gu & bs + et + hu & cs + ft + iu \\ av + dw + g\zeta & bv + ew + h\zeta & cv + fw + i\zeta \end{pmatrix}$$

で定まる 1 次変換である．したがって，B と A の積を

$$BA = \begin{pmatrix} ap + dq + gr & bp + eq + hr & cp + fq + ir \\ as + dt + gu & bs + et + hu & cs + ft + iu \\ av + dw + g\zeta & bv + ew + h\zeta & cv + fw + i\zeta \end{pmatrix}$$

と定めると，$B(A\boldsymbol{x}) = (BA)\boldsymbol{x}$ となって結合法則が成り立ち都合がよいことが分かる．

演習問題 1.1

1.1.1 m,n を自然数とする．平面内に異なる 2 点 $\mathrm{A}(a_1,a_2)$，$\mathrm{B}(b_1,b_2)$ をとる．

(1) 線分 AB を $m:n$ に内分する点を P とするとき，$\overrightarrow{\mathrm{OP}}$ を $\overrightarrow{\mathrm{OA}}$ と $\overrightarrow{\mathrm{OB}}$ を用いて表し，P の座標を求めよ．

(2) 線分 AB を $m:n$ に外分する点を Q とするとき，$\overrightarrow{\mathrm{OQ}}$ を $\overrightarrow{\mathrm{OA}}$ と $\overrightarrow{\mathrm{OB}}$ を用いて表し，Q の座標を求めよ．

1.1.2 以下で定義される写像　$T : \boldsymbol{R}^2 \to \boldsymbol{R}^2$ が平面内の 1 次変換かどうか理由をつけて判定せよ．

(1)　$y = -x$ に関する対称移動　　(2)　点 $(1,1)$ に関する対称移動

(3) x 軸に関する対称移動　　(4) 点 $(1,0)$ を中心とする $\frac{\pi}{2}$ 回転

1.1.3 m,n を自然数とする．空間内に異なる 2 点 $\mathrm{A}(a_1,a_2,a_3)$, $\mathrm{B}(b_1,b_2,b_3)$ をとる．

(1) 線分 AB を $m:n$ に内分する点を P とするとき，$\overrightarrow{\mathrm{OP}}$ を $\overrightarrow{\mathrm{OA}}$ と $\overrightarrow{\mathrm{OB}}$ を用いて表し，P の座標を求めよ．

(2) 線分 AB を $m:n$ に外分する点を Q とするとき，$\overrightarrow{\mathrm{OQ}}$ を $\overrightarrow{\mathrm{OA}}$ と $\overrightarrow{\mathrm{OB}}$ を用いて表し，Q の座標を求めよ．

1.1.4 以下で定義される写像 $T:\boldsymbol{R}^3 \to \boldsymbol{R}^3$ が空間内の 1 次変換かどうか理由をつけて判定せよ．

(1) xy 平面に関する対称移動　　(2) 点 $(1,1,1)$ に関する対称移動

1.2 行列の定義と演算

本講の目標

- 一般の大きさの**行列の和**，**スカラー倍**，および**積**を理解しその扱いに慣れる．
- 行列の積はいつでも定義できるわけではなく，また，一般に**非可換**であることを理解する．
- **転置行列**と行列の和，スカラー倍，積の関係について理解する．

1.2.1 いろいろな行列

この項では，2 次や 3 次の正方行列とは限らない，一般の大きさの行列を考える．実数を長方形状に並べてカッコをつけたもの

$$A = \begin{pmatrix} a_{11} & a_{12} & \cdots & a_{1n} \\ a_{21} & a_{22} & \cdots & a_{2n} \\ \vdots & \vdots & \vdots & \vdots \\ a_{m1} & a_{m2} & \cdots & a_{mn} \end{pmatrix}$$

を (m,n) **実行列**，または $m \times n$ **実行列**という*．実数が成分に入っている

* 実数の代わりに複素数を用いるときは，(m,n) **複素行列**，$m \times n$ **複素行列**などという．本書では簡単のため，特に断らない限り実行列を扱うことにする．

ことが明らかなときは,「実」を省略して, $(\boldsymbol{m},\boldsymbol{n})$ **行列**, または $\boldsymbol{m}\times\boldsymbol{n}$ **行列**などという. 各 $1\leq i\leq m$ に対して,

$$(a_{i1} \quad a_{i2} \quad \cdots \quad a_{in})$$

を行列 A の**第 $\boldsymbol{i}$ 行**という. また, 各 $1\leq j\leq n$ に対して,

$$\boldsymbol{a}_j=\begin{pmatrix} a_{1j} \\ a_{2j} \\ \vdots \\ a_{mj} \end{pmatrix}$$

を行列 A の**第 $\boldsymbol{j}$ 列**という. さらに, 第 i 行, 第 j 列の要素 a_{ij} を行列 A の $(\boldsymbol{i},\boldsymbol{j})$ **成分**という. 行列を表すときに, いつもすべての成分を書くのは煩雑すぎる. そこで, そのような場合は数列をその一般項で表すように, 行列も (i,j) 成分を明記して, $A=(a_{ij})$ と表す*.

例 1.1 行列 $A=\begin{pmatrix} 1 & 2 & 3 \\ -3 & -2 & -1 \end{pmatrix}$ の第 2 行は

$$(-3 \quad -2 \quad -1)$$

であり, 第 3 列は

$$\begin{pmatrix} 3 \\ -1 \end{pmatrix}.$$

また, $(2,1)$ 成分は -3 である. ◆

2 つの (m,n) 行列 $A=(a_{ij})$, $B=(b_{ij})$ が等しいのは, 各成分がすべて一致することと定める. すなわち,

$$a_{ij}=b_{ij}, \quad 1\leq i\leq m, \quad 1\leq j\leq n$$

となるとき, $A=B$ と定める.

すべての成分が 0 である (m,n) 行列を $(\boldsymbol{m},\boldsymbol{n})$ **零行列**といい, O と表す*2. 行列の型を明記する必要が特にないときは, 単に零行列という.

一般に, (n,n) 行列は n 次**正方行列**と呼ばれる*3. n 次正方行列 $A=(a_{ij})$

---

* 大丈夫だとは思うが, $(1,1)$ 成分が a_{ij} である $(1,1)$ 行列という意味ではない.

*2 O はアルファベット大文字のオーである.

*3 通常, $n\geq 2$ の場合がよく扱われる. 1 次正方行列 $A=(a)$ は, 実数 a と同一視して考えることが多い.

において，左上から右下に向かう対角線上に並ぶ成分 $a_{11}, a_{22}, \cdots, a_{nn}$ を A の**対角成分**という．対角成分の左下の成分がすべて 0 である n 次正方行列

$$\begin{pmatrix} a_{11} & \cdots & \cdots & a_{1n} \\ & a_{22} & \ddots & \vdots \\ & & \ddots & \vdots \\ O & & & a_{nn} \end{pmatrix}$$

を**上三角行列**という．**下三角行列**も同様に定義される．対角成分以外の成分がすべて 0 である n 次正方行列

$$\begin{pmatrix} a_{11} & & & O \\ & a_{22} & & \\ & & \ddots & \\ O & & & a_{nn} \end{pmatrix}$$

を n 次**対角行列**という*．すべての対角成分が等しい n 次対角行列

$$\begin{pmatrix} a & & O \\ & \ddots & \\ O & & a \end{pmatrix}$$

を n 次**スカラー行列**という．対角成分がすべて 1 である n 次スカラー行列

$$\begin{pmatrix} 1 & & O \\ & \ddots & \\ O & & 1 \end{pmatrix}$$

を n 次**単位行列**といい，E_n もしくは単に E と表す*2．クロネッカーのデルタ

$$\delta_{ij} := \begin{cases} 1, & i = j \\ 0, & i \neq j \end{cases}$$

を用いると $E_n = (\delta_{ij})$ である．

$(n,1)$ 行列は n 次の**列ベクトル**，$(1,n)$ 行列は n 次の**行ベクトル**とも呼ばれる．(m,n) 実行列全体の集合を $M(m,n\,;\boldsymbol{R})$ と表し*3，特に，n 次実正方行列

---

* 記号 O はそのあたり一帯が 0 であることを表している．

*2 E はドイツ語の Einheit（単位元）の頭文字．本によっては，英語の identity（単位元）の頭文字をとって I と書かれることもある．

*3 M は行列を表す matrix の頭文字．複素数を成分に持つ (m,n) 行列全体は $M(m,n\,;\boldsymbol{C})$ と書かれる．

全体の集合 $M(n,n\,;\boldsymbol{R})$ は，$M(n\,;\boldsymbol{R})$ と略記されることがある．

例 1.2

$$M(2\,;\boldsymbol{R}) = \left\{ \begin{pmatrix} a & b \\ c & d \end{pmatrix} \middle| \, a,b,c,d \in \boldsymbol{R} \right\},$$

$$M(3,2\,;\boldsymbol{R}) = \left\{ \begin{pmatrix} a & b \\ c & d \\ e & f \end{pmatrix} \middle| \, a,b,c,d,e,f \in \boldsymbol{R} \right\}.$$

◆

1.2.2　行列の和，スカラー倍，積

さて，2 次正方行列のときに定めた和とスカラー倍の定義を一般の行列に一般化しよう．すなわち，集合 $M(m,n\,;\boldsymbol{R})$ に**和**と**スカラー倍**を次のようにして定義する．

(1)　$A = (a_{ij})$，$B = (b_{ij}) \in M(m,n\,;\boldsymbol{R})$ に対して，

$$A + B = (a_{ij} + b_{ij}).$$

(2)　$k \in \boldsymbol{R}$，$A = (a_{ij}) \in M(m,n\,;\boldsymbol{R})$ に対して，

$$kA = (ka_{ij}).$$

特に，行列 $A = (a_{ij})$ に対して，すべての成分をマイナス元にした行列 $(-a_{ij})$ を $-A$ と表す．すると，$(-1)A = -A$ である．また，一般に，$A + (-B)$ を $A - B$ と略記し，A と B の**差**という．たとえば，

$$\begin{pmatrix} 1 & -1 \\ -2 & 4 \end{pmatrix} - \begin{pmatrix} 0 & -3 \\ 4 & 1 \end{pmatrix} = \begin{pmatrix} 1 & -1 \\ -2 & 4 \end{pmatrix} + \begin{pmatrix} 0 & 3 \\ -4 & -1 \end{pmatrix}$$

$$= \begin{pmatrix} 1+0 & -1+3 \\ -2+(-4) & 4+(-1) \end{pmatrix}$$

$$= \begin{pmatrix} 1 & 2 \\ -6 & 3 \end{pmatrix}.$$

次に，2 次正方行列の積を一般の行列に一般化しよう．ただし，行列の**積**については，一般に任意の同じサイズの 2 つの行列に対して定義することができない．(l,m) 行列 $A = (a_{ij})$ と，(m,n) 行列 $B = (b_{jk})$ に対して，A と B

の積 $AB = (c_{ik})$ を

$$c_{ik} := \sum_{j=1}^{m} a_{ij} b_{jk}$$

$$= a_{i1}b_{1k} + a_{i2}b_{2k} + \cdots + a_{im}b_{mk}$$

によって定義する．すなわち，行列の積 AB が定義できるのは，

$$A \text{ の列の数} = B \text{ の行の数}$$

となるときのみであり，そのとき，AB の (i,k) 成分は，A の第 i 行と B の第 k 列をとってきて，前から成分どうし掛けて足し合わせたものである．このとき，AB は (l,n) 行列となる．

$$l \text{ 行} \left\{ \text{第 } i \text{ 行} \begin{pmatrix} a_{11} & a_{12} & \cdots & a_{1m} \\ \vdots & \vdots & & \vdots \\ a_{i1} & a_{i2} & \cdots & a_{im} \\ \vdots & \vdots & & \vdots \\ a_{l1} & a_{l2} & \cdots & a_{lm} \end{pmatrix} \begin{pmatrix} b_{11} & \cdots & b_{1k} & \cdots & b_{1n} \\ b_{21} & \cdots & b_{2k} & \cdots & b_{2n} \\ \vdots & & \vdots & & \vdots \\ b_{m1} & \cdots & b_{mk} & \cdots & b_{mn} \end{pmatrix} \right\} m \text{ 行}$$

$\overbrace{}^{m \text{ 列}}$ $\overbrace{}^{n \text{ 列}}$ 第 k 列

行列 A　　　行列 B

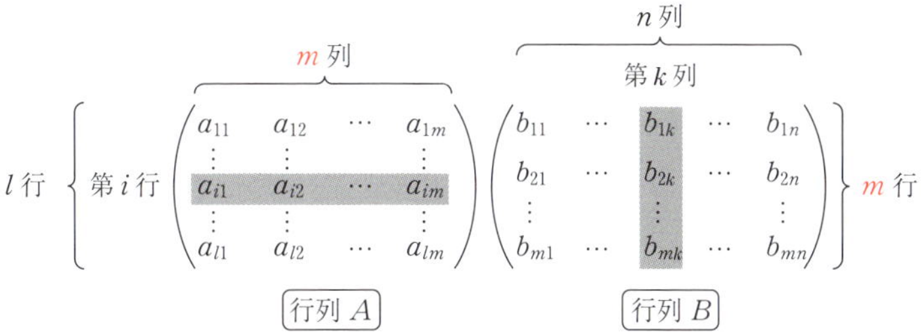

行列の積については以下の性質がある．

定理 1.1　(1)　$(AB)C = A(BC)$　　　（結合法則）
(2)　$A(B + C) = AB + AC$　　　（分配法則）
(3)　$(A + B)C = AC + BC$　　　（分配法則）
(4)　$(kA)B = k(AB) = A(kB)$,　　$k \in \mathbf{R}$
ただし，上の式は積が定義される行列の間で成り立つ．

証明　どれも計算によって示される．(1)，(2) について考えてみよう．行列が等しいことを示すためには，各成分が等しいことを示せばよい．そこで，ここでは，$A = (a_{ij})$，$B = (b_{ij})$，$C = (c_{ij})$ がすべて $(2,2)$ 行列の場合に，両辺の (i,j) 成分が等しいことを，具体的に書き下すことで示してみよう．一般の場合も考え方はまったく同じである*．すると，(1) については，

---

*　余力がある方はぜひすべての証明を書き下してみてほしい．

$$
\begin{aligned}
\text{左辺の}\ (i,j)\ \text{成分} &= \sum_{k=1}^{2} (AB\ \text{の}\ (i,k)\ \text{成分})(C\ \text{の}\ (k,j)\ \text{成分}) \\
&= \sum_{k=1}^{2}\Bigl(\sum_{l=1}^{2} a_{il}b_{lk}\Bigr)c_{kj} \\
&= (a_{i1}b_{11} + a_{i2}b_{21})c_{1j} + (a_{i1}b_{12} + a_{i2}b_{22})c_{2j} \\
&= a_{i1}(b_{11}c_{1j} + b_{12}c_{2j}) + a_{i2}(b_{21}c_{1j} + b_{22}c_{2j}) \\
&= \sum_{l=1}^{2} a_{il}\Bigl(\sum_{k=1}^{2} b_{lk}c_{kj}\Bigr) \\
&= \sum_{l=1}^{2} (A\ \text{の}\ (i,l)\ \text{成分})(BC\ \text{の}\ (l,j)\ \text{成分}) \\
&= \text{右辺の}\ (i,j)\ \text{成分}
\end{aligned}
$$

となるので正しい．(2) については，

$$
\begin{aligned}
\text{左辺の}\ (i,j)\ \text{成分} &= \sum_{k=1}^{2} (A\ \text{の}\ (i,k)\ \text{成分})(B + C\ \text{の}\ (k,j)\ \text{成分}) \\
&= \sum_{k=1}^{2} a_{ik}(b_{kj} + c_{kj}) \\
&= \sum_{k=1}^{2} a_{ik}b_{kj} + \sum_{k=1}^{2} a_{ik}c_{kj} \\
&= \text{右辺の}\ (i,j)\ \text{成分}
\end{aligned}
$$

より従う．(3)，(4) も同様である．■

行列の積については結合法則が成り立つため，どこから積を計算してもよいことになり，3 つ以上の行列の積についてはカッコを省略してもよい．たとえば，$A(BC)$，$A((BC)D)$ は，それぞれ，単に ABC，$ABCD$ と表すことにする．

▶▶▶ワンポイント　行列の積の重要な性質として，一般に

$$AB = BA$$

は成り立たない．すなわち，**非可換**である．これは実数の積の場合と著しく異なるものである．たとえば，(2,2) 行列

$$A = \begin{pmatrix} 1 & 0 \\ 0 & 0 \end{pmatrix}, \quad B = \begin{pmatrix} 0 & 0 \\ 1 & 0 \end{pmatrix}$$

に対して，

$$AB = O, \quad BA = \begin{pmatrix} 0 & 0 \\ 1 & 0 \end{pmatrix}$$

である．前者にいたっては，ともに零行列でないにもかかわらず，掛けたら零行列となっていることにも注意されたい．行列の積については，常に $AB \neq BA$ というわけではなく，$AB = BA$ となる場合もある．

この例のように，行列の積を考えるときは，実数の積とは違ったことが起こり得ると念頭に置いておくとよいだろう．

一般に，積 AB が定義できる行列 A，B であって，$A, B \neq O$ であるにもかかわらず $AB = O$ となるようなものを，**零因子**という*．たとえば，

$$\begin{pmatrix} 1 & 0 \\ 0 & 0 \end{pmatrix}, \quad \begin{pmatrix} 0 & 0 \\ 1 & 0 \end{pmatrix}$$

は零因子である．

実数の 1 は，任意の実数 $k \in \boldsymbol{R}$ に対して，

$$1 \cdot k = k \cdot 1 = k$$

という性質を持つ．これと同様の性質を単位行列が持つ．すなわち，任意の (m, n) 行列 A に対して

$$E_m A = A E_n = A$$

が成り立つ．実際，$A = (a_{ij})$ とすれば，

$$\begin{aligned} E_m A \text{の } (i,j) \text{ 成分} &= \sum_{k=1}^{m} \delta_{ik} a_{kj} \\ &= \delta_{i1} a_{1j} + \cdots + \delta_{ii} a_{ij} + \cdots + \delta_{im} a_{mj} \\ &= 0 \cdot a_{1j} + \cdots + 1 \cdot a_{ij} + \cdots + 0 \cdot a_{mj} \\ &= a_{ij} \end{aligned}$$

となるので，$E_m A = A$ である．$A E_n = A$ も同様である．

---

* 漢音では「れいいんし」であるが，「ゼロいんし」と読まれることが多い．

ワンポイント　$A \neq O$ であっても，$AB = E$ となる行列 B が存在するとは限らない．たとえば，$A = \begin{pmatrix} 1 & 0 \\ 1 & 0 \end{pmatrix} \neq O$ を考える．$AB = E$ となる行列 B が存在したとすると，A の行数が 2 なので，E は 2 次の単位行列である．よって，AB の列数は 2 であり，B の列数は 2 でなければならない．また，積 AB が定義されるためには B の行数も 2 でなければならない．つまり，B は 2 次の正方行列で，$B = \begin{pmatrix} a & b \\ c & d \end{pmatrix}$ とおける．このとき，

$$AB = \begin{pmatrix} a & b \\ a & b \end{pmatrix}$$

であるから，$a = 1 = 0$，$b = 0 = 1$ となり矛盾である．

例題 1.3　$n \geq 2$ とする．このとき，以下を示せ．

(1)　任意の $a \in \boldsymbol{R}$ に対して，aE_n は対角成分がすべて a であるスカラー行列である．

(2)　任意の $a \in \boldsymbol{R}$ および，任意の n 次正方行列 A に対して，$(aE_n)A = A(aE_n)$ である．すなわち，**n 次スカラー行列は任意の n 次正方行列と積が交換可能**である．

解答　(1)　E_n は対角成分が 1 で，そのほかの成分が 0 である．よって，すべての成分を a 倍すれば，対角成分がすべて a であるスカラー行列となる．

(2)　単位行列とスカラー倍の性質を用いて，以下のように示される．

$$(aE_n)A = a(E_nA) = aA = a(AE_n) = A(aE_n).$$ ◆

例題 1.4　A を 2 次正方行列とする．A が任意の 2 次正方行列 X と交換可能なとき，A はスカラー行列であることを示せ*．

解答　$A = \begin{pmatrix} a & b \\ c & d \end{pmatrix}$ とおく．X がいくつか具体的な行列の場合に試してみるとよい．

*　一般の n 次正方行列でも同様のことが成り立つ．

① $X=\begin{pmatrix}1&0\\0&0\end{pmatrix}$ のとき.

$$\begin{pmatrix}a&b\\c&d\end{pmatrix}\begin{pmatrix}1&0\\0&0\end{pmatrix}=\begin{pmatrix}1&0\\0&0\end{pmatrix}\begin{pmatrix}a&b\\c&d\end{pmatrix}$$

$$\begin{pmatrix}a&0\\c&0\end{pmatrix}=\begin{pmatrix}a&b\\0&0\end{pmatrix}$$

より, $b=c=0$ である.

② $X=\begin{pmatrix}1&1\\0&1\end{pmatrix}$ のとき.

$$\begin{pmatrix}a&0\\0&d\end{pmatrix}\begin{pmatrix}1&1\\0&1\end{pmatrix}=\begin{pmatrix}1&1\\0&1\end{pmatrix}\begin{pmatrix}a&0\\0&d\end{pmatrix}$$

$$\begin{pmatrix}a&a\\0&d\end{pmatrix}=\begin{pmatrix}a&d\\0&d\end{pmatrix}$$

より, $a=d$ である.

よって, $A=\begin{pmatrix}a&0\\0&a\end{pmatrix}$ となり, A はスカラー行列である. ◈

行列の積はいつでも定義できるとは限らないが, 2つの行列が同じ大きさの正方行列であればいつでも積が定義できる. つまり, 任意の n 次正方行列 $A,B\in M(n\,;\boldsymbol{R})$ に対して, $AB\in M(n\,;\boldsymbol{R})$ となる. 特に, 行列 $A\in M(n\,;\boldsymbol{R})$ および, $k>1$ に対して, A の k 個の積 $AA\cdots A$ を A^k と表し, A の **k 乗**という.

> **例題 1.5** A,B を正方行列とする. $AB=BA$ が成り立つとき, 任意の自然数 $k\geq 1$ に対して, $(AB)^k=A^kB^k$ が成り立つことを示せ.

解答 k についての帰納法による. $k=1$ のときは明らか. $k\geq 1$ として, 与式が成り立つとすると,

$$\begin{aligned}(AB)^{k+1}&=(AB)(A^kB^k)=A(BA^k)B^k=A(BAA^{k-1})B^k\\&=A(ABA^{k-1})B^k=\cdots=A(A^kB)B^k\\&=A^{k+1}B^{k+1}\end{aligned}$$

となる. よって, 帰納法が進む. ◈

1.2.3 転置行列

(m,n) 行列 $A=(a_{ij})$ に対して，(i,j) 成分が A の (j,i) 成分である (n,m) 行列を A の**転置行列**といい，${}^tA$ と表す．すなわち，

$$
{}^tA := (a_{ji}) = \begin{pmatrix} a_{11} & a_{21} & \cdots & a_{m1} \\ a_{12} & a_{22} & \cdots & a_{m2} \\ \vdots & \vdots & \vdots & \vdots \\ a_{1n} & a_{2n} & \cdots & a_{mn} \end{pmatrix}
$$

である*．たとえば，

$$
{}^t\begin{pmatrix} 1 & 2 \\ 3 & 4 \end{pmatrix} = \begin{pmatrix} 1 & 3 \\ 2 & 4 \end{pmatrix}, \quad {}^t\begin{pmatrix} 2 & 3 & 5 \\ 7 & 11 & 13 \end{pmatrix} = \begin{pmatrix} 2 & 7 \\ 3 & 11 \\ 5 & 13 \end{pmatrix}.
$$

行列の転置に関して以下が成り立つ．

定理 1.2　(1)　${}^t({}^tA) = A$

(2)　${}^t(A+B) = {}^tA + {}^tB$

(3)　${}^t(kA) = k\,{}^tA, \quad k \in \boldsymbol{R}$

(4)　${}^t(AB) = {}^tB\,{}^tA$

証明　$A=(a_{ij})$，$B=(b_{ij})$ とおく．一般に，行列の転置の転置はもとの行列であるから (1) は明らか．(2) は

$$
\begin{aligned}
{}^t(A+B) &= {}^t((a_{ij})+(b_{ij})) = {}^t(a_{ij}+b_{ij}) \\
&= (a_{ji}+b_{ji}) = (a_{ji}) + (b_{ji}) \\
&= {}^tA + {}^tB
\end{aligned}
$$

より従う．(3) は (2) と同様である．(4) について考えよう．A が (l,m) 行列，B が (m,n) 行列の場合に考える．

$$
\begin{aligned}
\text{左辺の } (i,j) \text{ 成分} &= AB \text{ の } (j,i) \text{ 成分} = \sum_{k=1}^{m} a_{jk}b_{ki} = \sum_{k=1}^{m} b_{ki}a_{jk} \\
&= \sum_{k=1}^{m} ({}^tB \text{ の } (i,k) \text{ 成分})({}^tA \text{ の } (k,j) \text{ 成分}) \\
&= \text{右辺の } (i,j) \text{ 成分}
\end{aligned}
$$

---

* ちょうど，A の左上から右下に向かう対角線に沿って対称的に反転させた行列が ${}^tA$ である．

となるので，求める式が得られる．■

演習問題 1.2

1.2.1　以下の中から対角行列，スカラー行列，上三角行列をそれぞれすべて選べ．

$$\begin{pmatrix} 1 & 0 \\ 0 & 3 \end{pmatrix} \qquad \begin{pmatrix} 2 & 2 \\ 0 & -3 \end{pmatrix} \qquad \begin{pmatrix} -3 & 0 \\ 0 & -3 \end{pmatrix} \qquad \begin{pmatrix} 1 & 0 & 0 \\ 0 & 1 & 0 \\ 0 & 0 & 1 \end{pmatrix} \qquad \begin{pmatrix} 0 & 0 & 0 \\ 0 & 0 & 0 \\ 0 & 0 & 0 \end{pmatrix}$$

$$\begin{pmatrix} -1 & 0 & 0 \\ 0 & -1 & 0 \end{pmatrix} \qquad \begin{pmatrix} -1 & 0 & 0 \\ 0 & 2 & 0 \\ 0 & 0 & 4 \end{pmatrix}$$

1.2.2　以下の行列 A に対して，その (i,j) 成分 a_{ij} を i と j に関する式で表せ．

(1) $\begin{pmatrix} 3 & 0 \\ 0 & 3 \end{pmatrix}$　　(2) $\begin{pmatrix} 2 & 3 & 4 \\ 3 & 4 & 5 \\ 4 & 5 & 6 \end{pmatrix}$　　(3) $\begin{pmatrix} 1 & 2 & 3 \\ 2 & 4 & 6 \\ 3 & 6 & 9 \end{pmatrix}$

(4) $\begin{pmatrix} 1 & -1 & 1 \\ -1 & 1 & -1 \\ 1 & -1 & 1 \end{pmatrix}$

1.2.3　次の計算をせよ．

(1) $2\begin{pmatrix} 1 & 0 \\ -1 & 3 \end{pmatrix} + \begin{pmatrix} -4 & 2 \\ 1 & -3 \end{pmatrix} - \begin{pmatrix} 1 & 2 \\ 3 & 4 \end{pmatrix}$

(2) $\begin{pmatrix} 1 & 2 \\ 3 & 4 \end{pmatrix}\begin{pmatrix} -2 & 3 \\ 5 & -7 \end{pmatrix}$

(3) $\begin{pmatrix} 1 & 2 & 3 \\ 5 & 4 & 3 \end{pmatrix}\begin{pmatrix} 1 & 2 & -1 \\ 0 & -3 & 1 \\ -2 & 1 & 9 \end{pmatrix}$

1.2.4　以下の行列 A,B の組のうち，$AB = BA$ となるものを選べ．

(1) $A = \begin{pmatrix} 1 & 3 \\ -1 & 2 \end{pmatrix}$,　$B = \begin{pmatrix} 2 & 1 \\ 1 & -3 \end{pmatrix}$

(2) $A = \begin{pmatrix} 1 & 3 \\ -1 & 2 \end{pmatrix}$,　$B = \begin{pmatrix} -1 & 6 \\ -2 & 1 \end{pmatrix}$

(3) $A = \begin{pmatrix} 1 & 1 & 1 \\ 0 & 1 & 1 \\ 0 & 0 & 1 \end{pmatrix}$,　$B = \begin{pmatrix} 1 & 0 & 0 \\ 1 & 1 & 0 \\ 1 & 1 & 1 \end{pmatrix}$

1.2.5 実数 x,y に対して，行列

$$A=\begin{pmatrix}1 & x\\ 0 & 1\end{pmatrix},\quad B=\begin{pmatrix}1 & 0\\ y & 1\end{pmatrix}$$

を考える．A,B が交換可能，すなわち $AB=BA$ となるための必要十分条件を求めよ．

1.2.6 $n\geq 1$ を自然数とする．このとき，以下の等式を示せ．

(1) $\begin{pmatrix}1 & a\\ 0 & 1\end{pmatrix}^n=\begin{pmatrix}1 & na\\ 0 & 1\end{pmatrix}$ （ただし a は実数）

(2) $\begin{pmatrix}\cos\theta & -\sin\theta\\ \sin\theta & \cos\theta\end{pmatrix}^n=\begin{pmatrix}\cos n\theta & -\sin n\theta\\ \sin n\theta & \cos n\theta\end{pmatrix}$ （ただし θ は実数）

1.2.7 3次正方行列

$$A:=\begin{pmatrix}0 & 1 & 0\\ 0 & 0 & 1\\ 0 & 0 & 0\end{pmatrix}$$

に対して，A^2，A^3，A^n $(n\geq 4)$ を計算せよ．

1.2.8 A,B を n 次正方行列とする．$AB=BA$ が成り立つとき，

$$(A+B)^2=A^2+2AB+B^2$$

となることを示せ．

1.2.9 ${}^tE_n$ は次のうちどれか．

(1) $\begin{pmatrix}1 & & \\ & \ddots & \\ & & 1\end{pmatrix}$　(2) $\begin{pmatrix} & & 1\\ & \iddots & \\ 1 & & \end{pmatrix}$　(3) $\begin{pmatrix}t & & \\ & \ddots & \\ & & t\end{pmatrix}$

1.2.10 以下の行列 A に対して，$A+{}^tA$，$A-{}^tA$ を計算せよ．

(1) $\begin{pmatrix}2 & 3\\ 5 & 7\end{pmatrix}$　(2) $\begin{pmatrix}1 & 2 & 0\\ 2 & 1 & 4\\ -3 & 0 & -1\end{pmatrix}$

1.3 行列の変形

■本講の目標■

- 行列を効率良く記述するための分割表示を理解し，その扱いに慣れる．
- 行列の**基本変形**を理解し，行列の**階数**を求める．

1.3.1　行列の分割

サイズが大きい行列は書き下すだけでも大変である．そこで，効率良く行列を表示して演算を簡明に記述できるように，行列を分割して表示することを考える．

以下の具体例のように，与えられた行列 A をいくつかのブロックに分割することを考える．

$$A = \left(\begin{array}{c:cc} a_{11} & a_{12} & a_{13} \\ a_{21} & a_{22} & a_{23} \\ \hdashline a_{31} & a_{32} & a_{33} \end{array}\right).$$

このとき，各ブロックから得られる行列

$$A_{11} = \begin{pmatrix} a_{11} \\ a_{21} \end{pmatrix}, \quad A_{12} = \begin{pmatrix} a_{12} & a_{13} \\ a_{22} & a_{23} \end{pmatrix}, \quad A_{21} = (a_{31}), \quad A_{22} = (a_{32} \quad a_{33})$$

を A の**小行列**，または**ブロック**という．小行列を用いて表された行列

$$\begin{pmatrix} A_{11} & A_{12} \\ A_{21} & A_{22} \end{pmatrix}$$

を**区分行列**，または**ブロック行列**という．このとき，$A = (A_{ij})$ と表し，A の**分割**という*．

$A = (A_{ij})$，$B = (B_{ij})$ をそれぞれ分割表示された行列とする．分割表示と行列の演算に関しては以下のことが成り立つ．

(1)　**（行列の和，スカラー倍）**　各 (i,j) に対して，A_{ij} と B_{ij} の型が等しいとき，

$$A + B = (A_{ij} + B_{ij}), \qquad kA = (kA_{ij}), \qquad k \in \boldsymbol{R}$$

となり，これらはそれぞれ $A + B$，kA の分割表示である．

(2)　**（行列の積）**　分割表示された行列の積についてはいくつか条件が必要である．まず，

---

*　A の分割の仕方は一通りとは限らない．極端な話，与えられた行列 $A = (a_{ij})$ に対して，すべての成分に分割して $A_{ij} = (a_{ij})$（成分表示ではなく (1,1) 行列）とおいて $A = (A_{ij})$ という分割も考え得るが，こんなことをしても何の意味もない．どのような計算をするかで，便利で適切な分割を考えることが大切である．

A の小行列の列の数 $=$ B の小行列の行の数

が成り立っていなければならない．この数を n とする．さらに，各 (i,j) に対して行列の積

$$A_{i1}B_{1j},\quad A_{i2}B_{2j},\quad \cdots,\quad A_{in}B_{nj}$$

がすべて定義されるとき，

$$AB=\left(\sum_{k=1}^{n}A_{ik}B_{kj}\right)$$

となり，これは AB の分割表示である．

行列の和とスカラー倍については定義を思い出せば，上の (1) が成り立つことはほぼ明らかである．一方，積については，各小行列に関する条件が必要なのは行列の積の定義から明らかである．AB の分割表示が上記の形で与えられることは具体例を見れば理解が早い．

$$\left(\begin{array}{c:cc}1 & 2 & 3\\ 0 & -1 & 2\\ \hdashline 3 & 1 & -2\end{array}\right)\left(\begin{array}{cc:cc}3 & 1 & 2 & 4\\ \hdashline -1 & 3 & 1 & -3\\ 2 & 0 & 1 & 2\end{array}\right)$$

$$=\left(\begin{array}{c:c}\begin{pmatrix}1\\0\end{pmatrix}(3\ \ 1)+\begin{pmatrix}2 & 3\\ -1 & 2\end{pmatrix}\begin{pmatrix}-1 & 3\\ 2 & 0\end{pmatrix} & \begin{pmatrix}1\\0\end{pmatrix}(2\ \ 4)+\begin{pmatrix}2 & 3\\ -1 & 2\end{pmatrix}\begin{pmatrix}1 & -3\\ 1 & 2\end{pmatrix}\\ \hdashline (3)(3\ \ 1)+(1\ \ -2)\begin{pmatrix}-1 & 3\\ 2 & 0\end{pmatrix} & (3)(2\ \ 4)+(1\ \ -2)\begin{pmatrix}1 & -3\\ 1 & 2\end{pmatrix}\end{array}\right)$$

$$=\begin{pmatrix}7 & 7 & 7 & 4\\ 5 & -3 & 1 & 7\\ 4 & 6 & 5 & 5\end{pmatrix}.$$

例 1.3 A_1,B_1 を m 次正方行列，A_2,B_2 を n 次正方行列とするとき，以下が成り立つ．

$$\begin{pmatrix}A_1 & O\\ O & A_2\end{pmatrix}\begin{pmatrix}B_1 & O\\ O & B_2\end{pmatrix}=\begin{pmatrix}A_1B_1+OO & A_1O+OB_2\\ OB_1+A_2O & OO+A_2B_2\end{pmatrix}$$

$$=\begin{pmatrix}A_1B_1 & O\\ O & A_2B_2\end{pmatrix}.$$

$$\begin{pmatrix} A_1 & * \\ O & A_2 \end{pmatrix}\begin{pmatrix} B_1 & * \\ O & B_2 \end{pmatrix} = \begin{pmatrix} A_1B_1 + *O & A_1* + *B_2 \\ OB_1 + A_2O & O* + A_2B_2 \end{pmatrix}$$
$$= \begin{pmatrix} A_1B_1 & * \\ O & A_2B_2 \end{pmatrix}.$$

◆

ワンポイント 上の例において，$*$ は何かの小行列が入っていることを意味している．つまり，この例では，分割表示された行列の積において，対角成分に並ぶ小行列がどのような形をしているかということだけを考えたい．そのような場合，そのほかの成分まで1つ1つ小行列で表しているとわずらわしいので，$*$ と表示して略記することがある．このようにしておけば，書くときも読むときも便利である．以下，同じような理由で $*$ を用いた表示を利用する．

行列の分割表示で最も利用される形は，行列を列ベクトルや行ベクトルたちに分割する場合である．この場合の分割表示では，ベクトルを表す小文字 $\boldsymbol{a}, \boldsymbol{b}, \cdots$ を用いることが多い．行列 $A = (a_{ij})$ に対して，

$$\boldsymbol{a}_j = \begin{pmatrix} a_{1j} \\ a_{2j} \\ \vdots \\ a_{mj} \end{pmatrix}, \qquad \boldsymbol{a}_i{}' = (a_{i1} \quad a_{i2} \quad \cdots \quad a_{in})$$

とおくと，

$$A = (\boldsymbol{a}_1 \quad \boldsymbol{a}_2 \quad \cdots \quad \boldsymbol{a}_n) = \begin{pmatrix} \boldsymbol{a}_1{}' \\ \boldsymbol{a}_2{}' \\ \vdots \\ \boldsymbol{a}_m{}' \end{pmatrix}$$

となる．

例 1.4 (1) $A = (\boldsymbol{a}_1 \quad \boldsymbol{a}_2 \quad \cdots \quad \boldsymbol{a}_n)$，および $\boldsymbol{x} = \begin{pmatrix} x_1 \\ x_2 \\ \vdots \\ x_n \end{pmatrix}$ に対して，

$$A\boldsymbol{x} = (\boldsymbol{a}_1 \ \ \boldsymbol{a}_2 \ \ \cdots \ \ \boldsymbol{a}_n)\begin{pmatrix} x_1 \\ x_2 \\ \vdots \\ x_n \end{pmatrix} = x_1\boldsymbol{a}_1 + x_2\boldsymbol{a}_2 + \cdots + x_n\boldsymbol{a}_n.$$

(2)　A, B を積 AB が定義できる行列とし，$B = (\boldsymbol{b}_1 \ \ \boldsymbol{b}_2 \ \ \cdots \ \ \boldsymbol{b}_n)$ とするとき，

$$AB = A(\boldsymbol{b}_1 \ \ \boldsymbol{b}_2 \ \ \cdots \ \ \boldsymbol{b}_n) = (A\boldsymbol{b}_1 \ \ A\boldsymbol{b}_2 \ \ \cdots \ \ A\boldsymbol{b}_n).$$ ◆

1.3.2　行列の基本変形と階数

本項では，与えられた行列をより「簡単」な行列に変形することを考える．本項で学ぶ，行列の基本変形は，のちに，連立1次方程式を解くこと，逆行列を求めること，並びに行列式を求めることに，非常に重宝されるものであり，完璧に理解することが望まれる．

一般に，行列について以下の3種類の変形を**行（列）基本変形**という．

(E1)　$k \in \boldsymbol{R}$ に対して，第 j 行（第 i 列）を k 倍したものを第 i 行（第 j 列）に加える．
(E2)　第 i 行（列）と第 j 行（列）を入れ換える．
(E3)　$0 \neq k \in \boldsymbol{R}$ に対して，第 i 行（列）を k 倍する．

これらは，中学校で連立1次方程式の解法を学んだ際に用いた操作を思い出せば，難なく受け入れられるであろう．

上記の操作は行列の積を用いて表すことができる．まず，n 次正方行列であって，(i, j) 成分だけが1で，そのほかの成分がすべて0である行列を E_{ij} とおく*．このとき，以下の3種類の正方行列を考える．

---

* E_{ij} は**行列単位**と呼ばれる．

(E1)′ $i \neq j$ である $1 \leq i, j \leq n$ に対して，

$$P_{ij}(k) := E + kE_{ij} = \begin{pmatrix} E & O & \cdots & \cdots & O \\ O & 1 & & k & \vdots \\ \vdots & & \ddots & & \vdots \\ \vdots & & & 1 & O \\ O & \cdots & \cdots & \cdots & E \end{pmatrix}.$$

（第 i 行→ 第 i 列↓，第 j 行→ 第 j 列↓）

(E2)′ $i \neq j$ である $1 \leq i, j \leq n$ に対して，

$$Q_{ij} := \begin{pmatrix} E & O & \cdots & \cdots & O \\ O & 0 & & 1 & \vdots \\ \vdots & & E & & \vdots \\ \vdots & 1 & & 0 & O \\ O & \cdots & \cdots & \cdots & E \end{pmatrix}.$$

（第 i 行→ 第 i 列↓，第 j 行→ 第 j 列↓）

(E3)′ $1 \leq i \leq n$，および $0 \neq k \in \boldsymbol{R}$ に対して，

$$R_i(k) := \begin{pmatrix} E & & O \\ & k & \\ O & & E \end{pmatrix}.$$

（第 i 行→ 第 i 列↓）

これらの行列を総称して**基本行列**という．

補題 1.1 行（列）基本変形 (E1)，(E2)，(E3) はそれぞれ，m 次（n 次）の基本行列 $P_{ij}(k)$，Q_{ij}，$R_i(k)$ を左（右）から掛けることと同値である．

この補題は，以下のように，2 次正方行列を用いて具体的な計算を行ってみれば容易に理解できる．

例 1.5 $A = \begin{pmatrix} a & b \\ c & d \end{pmatrix}$ とする．

(E1) $$P_{12}(k)A = \begin{pmatrix} 1 & k \\ 0 & 1 \end{pmatrix}\begin{pmatrix} a & b \\ c & d \end{pmatrix} = \begin{pmatrix} a + kc & b + kd \\ c & d \end{pmatrix},$$

$$AP_{12}(k) = \begin{pmatrix} a & b \\ c & d \end{pmatrix}\begin{pmatrix} 1 & k \\ 0 & 1 \end{pmatrix} = \begin{pmatrix} a & ka+b \\ c & kc+d \end{pmatrix}.$$

(E2)
$$Q_{12}A = \begin{pmatrix} 0 & 1 \\ 1 & 0 \end{pmatrix}\begin{pmatrix} a & b \\ c & d \end{pmatrix} = \begin{pmatrix} c & d \\ a & b \end{pmatrix},$$

$$AQ_{12} = \begin{pmatrix} a & b \\ c & d \end{pmatrix}\begin{pmatrix} 0 & 1 \\ 1 & 0 \end{pmatrix} = \begin{pmatrix} b & a \\ d & c \end{pmatrix}.$$

(E3)
$$R_2(k)A = \begin{pmatrix} 1 & 0 \\ 0 & k \end{pmatrix}\begin{pmatrix} a & b \\ c & d \end{pmatrix} = \begin{pmatrix} a & b \\ kc & kd \end{pmatrix},$$

$$AR_2(k) = \begin{pmatrix} a & b \\ c & d \end{pmatrix}\begin{pmatrix} 1 & 0 \\ 0 & k \end{pmatrix} = \begin{pmatrix} a & kb \\ c & kd \end{pmatrix}.$$ ◆

次に，基本変形を利用して行列を「簡単」にすることを考えよう．まず，何が「簡単」な行列なのかを説明しなくてはならない．行番号が増えるにつれて，左側に並ぶ0の数が増えていくような行列を**階段行列**という．すなわち，

$$\begin{array}{r} \\ \text{第}1\text{行}\rightarrow \\ \text{第}2\text{行}\rightarrow \\ \\ \text{第}r\text{行}\rightarrow \\ \\ \end{array}
\begin{array}{c}
\begin{array}{cccccccccc} & & & \text{第}j_1\text{列} & & \text{第}j_2\text{列} & & \cdots & \text{第}j_r\text{列} & \\ & & & \downarrow & & \downarrow & & & \downarrow & \end{array} \\
\begin{pmatrix}
0 & \cdots & 0 & a_{1j_1} & * & * & * & \cdots & * & * \\
0 & \cdots & \cdots & \cdots & 0 & a_{2j_2} & * & \cdots & * & * \\
\vdots & & & & & & & \cdots & * & * \\
0 & \cdots & \cdots & \cdots & \cdots & \cdots & \cdots & 0 & a_{rj_r} & * \\
O & \cdots & \cdots & \cdots & \cdots & \cdots & \cdots & \cdots & \cdots & O
\end{pmatrix}
\end{array} \tag{1.3}$$

という形の行列である[*]．ここで，

$$j_1 < j_2 < \cdots < j_r, \qquad a_{1j_1}a_{2j_2}\cdots a_{rj_r} \neq 0$$

である．このとき，任意の (m,n) 行列 $A = (a_{ij})$ は，行基本変形のみを行うことによって，階段行列に変形できる．その手順は以下の通りである．

手順1　A の第1列の成分 $a_{11}, a_{21}, \cdots, a_{m1}$ の中に0でないものがあるとき，その1つをとる．たとえば，$a_{i1} \neq 0$ とする．このとき，A の第1行と第 i 行を入れ換える．この操作を考えることによって，初めから $a_{11} \neq 0$ であるとしてよい．

---

*　行列中に示した破線が，ちょうど階段のようになっている．

手順 2 各 $2 \leq i \leq m$ に対して,

$$第\, i\, 行 + 第\, 1\, 行 \times \frac{-a_{i1}}{a_{11}}$$

という行基本変形を行うことにより,

$$\begin{pmatrix} a_{11} & a_{12} & \cdots & a_{1n} \\ 0 & * & \cdots & * \\ \vdots & * & \cdots & * \\ 0 & * & \cdots & * \end{pmatrix}$$

の形に変形される.

手順 3 第 1 列の成分がすべて 0 である場合は, 何も施さず,

$$\begin{pmatrix} 0 & * & \cdots & * \\ 0 & * & \cdots & * \\ \vdots & * & \cdots & * \\ 0 & * & \cdots & * \end{pmatrix}$$

のままにしておく.

手順 4 次に, 上の行列の $*$ の部分に同様の操作を施す. この操作を繰り返すことによって, 最終的に階段行列に到達できる.

手順 5 階段行列 (1.3) に対して, さらに行基本変形を続けることにより, 第 j_r 列 $= \boldsymbol{e}_r$, $\cdots$, 第 j_1 列 $= \boldsymbol{e}_1$ となるようにできる*. 実際, 第 r 行を ${a_{rj_r}}^{-1}$ 倍すると, (r, j_r) 成分を 1 にすることができる. さらに, $1 \leq i \leq r-1$ について, 第 i 行に第 r 行の $-a_{ij_r}$ 倍を加えることで, 第 j_r 列 $= \boldsymbol{e}_r$ となる. 以下, この操作を第 j_{r-1} 列, $\cdots$, 第 j_1 列と繰り返せばよい.

ここまで, 行基本変形のみの操作を行うことで, 以下のような階段行列が得られている.

---

* $\boldsymbol{e}_r$ や $\boldsymbol{e}_1$ については見返しの表, または 120 ページを参照のこと.

$$
\begin{array}{rc}
 & \begin{array}{cccccccccc} & & & \text{第 } j_1 \text{ 列} & & \text{第 } j_2 \text{ 列} & & \cdots & \text{第 } j_r \text{ 列} & \\ & & & \downarrow & & \downarrow & & & \downarrow & \end{array} \\
A = \begin{array}{r} \text{第 1 行}\rightarrow \\ \text{第 2 行}\rightarrow \\ \\ \text{第 } r \text{ 行}\rightarrow \\ \\ \end{array} &
\begin{pmatrix}
0 & \cdots & 0 & 1 & * & 0 & * & \cdots & 0 & * \\
0 & \cdots & \cdots & \cdots & 0 & 1 & * & \cdots & \vdots & * \\
\vdots & & & & & & & \cdots & 0 & * \\
0 & \cdots & \cdots & \cdots & \cdots & \cdots & \cdots & 0 & 1 & * \\
O & \cdots & \cdots & \cdots & \cdots & \cdots & \cdots & \cdots & \cdots & O
\end{pmatrix}.
\end{array}
\tag{1.4}
$$

この形の行列を A の**簡約行列**という．さらに，以下のような列基本変形を行うことで，もっと簡単な行列に変形できる．

手順 6　手順 5 で得られた行列に対して，列基本変形（列の入れ換え）を施すことにより，

$$
\begin{pmatrix} E_r & A' \\ O & O \end{pmatrix}
$$

の形に変形できる．ここで，$A' = (a_{ij}{}')$ とおく．

手順 7　最後に，各 $r \leq k \leq n$ について，第 k 列に第 1 列の $-a_{1k}{}'$ 倍，第 2 列の $-a_{2k}{}'$ 倍，$\cdots$，第 r 列の $-a_{rk}{}'$ 倍を加えると，

$$
\begin{pmatrix} E_r & O \\ O & O \end{pmatrix}
$$

の形に変形できる．

以上の議論により，次の定理を得る．

定理 1.3　任意の (m,n) 行列 A に対して，しかるべき基本変形を行うと

$$
\begin{pmatrix} E_r & O \\ O & O \end{pmatrix}
$$

という形に変形できる．これを A の**階数標準形**という．

ワンポイント　一般に，任意の (m,n) 行列 A に対して，A にある基本変形を施して，

$$
\begin{pmatrix} E_r & O \\ O & O \end{pmatrix}
$$

となったとする．一方，A に別の基本変形を施して

$$\begin{pmatrix} E_{r'} & O \\ O & O \end{pmatrix}$$

となったとすると，$r = r'$ が成り立つ．すなわち，A に基本変形を施して定理 1.3 の形にするとき，左上の単位行列の対角成分に並ぶ 1 の数 $(= r)$ は基本変形の仕方によらない．このことは，線形写像という概念を用いて示されるのであるが，議論の複雑さを避けるため，ここでは認めることにする．

(m,n) 行列 A に対して，上のようにして一意的に定まる自然数 r を A の**階数** (rank) といい，rank A と表す．

ワンポイント 与えられた行列の階数を求めるだけであれば，階数標準形まで変形する必要はなく，行基本変形のみを用いて手順 4 まで行い，そのときの「階段」の段数を数えればよい．

例題 1.6 行列

$$A = \begin{pmatrix} 0 & 1 & -2 \\ 2 & 4 & -2 \\ 1 & 3 & -3 \end{pmatrix}$$

の階数を求めよ．

解答 **手順①** まず (1,1) 成分が 0 なので，行の入れ換えから始める．たとえば 2 行目と 1 行目を入れ換えて，

$$\begin{pmatrix} 2 & 4 & -2 \\ 0 & 1 & -2 \\ 1 & 3 & -3 \end{pmatrix}$$

とする．

手順② 1 列目の 2,3 行目成分を 0 にする．2 行目はすでにそうなっているので，3 行目から 1 行目の 1/2 倍を引くことで，

$$\begin{pmatrix} 2 & 4 & -2 \\ 0 & 1 & -2 \\ 0 & 1 & -2 \end{pmatrix}$$

を得る．

手順③　次に (2,2) 成分を見ると，すでに $1(\neq 0)$ であるからこのままでよい．(3,2) 成分を 0 にするために，3 行目から 2 行目を引いて，

$$\begin{pmatrix} 2 & 4 & -2 \\ 0 & 1 & -2 \\ 0 & 0 & 0 \end{pmatrix}$$

を得る．破線で示した階段の段数は 2．よって A の階数は $\operatorname{rank} A = 2$ となる．◆

演習問題 1.3

1.3.1　以下の行列の積を，破線で示される小行列への分割を利用して計算せよ．

(1) $\left(\begin{array}{cc:cc} 1 & 0 & 1 & 0 \\ 1 & 0 & 2 & 0 \\ \hdashline 1 & 0 & 0 & 1 \\ 0 & 1 & 1 & 0 \end{array}\right)\left(\begin{array}{cc:cc} 1 & 0 & 1 & 0 \\ 2 & 1 & 0 & 1 \\ \hdashline 1 & 0 & 0 & 1 \\ 0 & 1 & 1 & 4 \end{array}\right)$　　(2) $\left(\begin{array}{c:cc} 0 & 1 & 1 \\ \hdashline 1 & 1 & 0 \\ 0 & 0 & 1 \end{array}\right)\left(\begin{array}{c:cc} 1 & 2 & 3 \\ \hdashline 2 & 1 & 0 \\ 3 & 4 & 1 \end{array}\right)$

1.3.2　以下の行列 A の階数を求めよ．

(1) $\begin{pmatrix} 1 & 2 \\ 3 & 4 \end{pmatrix}$　　(2) $\begin{pmatrix} 3 & 3 & 3 \\ 3 & 3 & 3 \\ 3 & 3 & 3 \end{pmatrix}$　　(3) $\begin{pmatrix} 1 & 1 & 4 & 2 \\ 1 & 0 & 1 & 1 \\ 2 & -1 & -1 & 1 \end{pmatrix}$

(4) $\begin{pmatrix} 1 & 2 & -3 \\ 2 & 1 & 0 \\ -2 & 1 & 3 \\ -1 & 4 & -3 \end{pmatrix}$

1.3.3　x を実数とするとき，行列

$$A = \begin{pmatrix} 1 & 1 & x+1 \\ 1 & x+1 & 1 \\ x+1 & 1 & 1 \end{pmatrix}$$

の階数を求めよ．

1.4　正則行列と逆行列

本講の目標

- 行列の基本変形を利用して，与えられた行列が**正則**かどうかを判定し，正則であればその**逆行列**を具体的に計算する．

n 次正方行列 A に対して，

$$AX = XA = E_n \tag{1.5}$$

となる n 次正方行列 X が存在するとき，A を**正則行列**といい，X を A の**逆行列**という．A の逆行列は存在すればただ 1 つである．実際，$X, X' \in M(n\,;\boldsymbol{R})$ を (1.5) を満たす行列とするとき，

$$X = XE_n = X(AX') = (XA)X' = E_nX' = X'$$

となる．そこで，A の逆行列を A^{-1} と表す．

例 1.6　2 次正方行列 $A = \begin{pmatrix} a & b \\ c & d \end{pmatrix}$ の場合を考えよう．唐突ではあるが，$ad - bc \neq 0$ のとき，

$$A^{-1} = \frac{1}{ad - bc}\begin{pmatrix} d & -b \\ -c & a \end{pmatrix}$$

である．実際，計算してみると

$$\begin{pmatrix} a & b \\ c & d \end{pmatrix}\begin{pmatrix} d & -b \\ -c & a \end{pmatrix} = \begin{pmatrix} d & -b \\ -c & a \end{pmatrix}\begin{pmatrix} a & b \\ c & d \end{pmatrix} = \begin{pmatrix} ad - bc & 0 \\ 0 & ad - bc \end{pmatrix}$$

となる．◆

上の逆行列の例はどのようにして出てきたのか．それは，連立 1 次方程式を解く過程を考えると自然に現れるものであることが分かる．中学校で学んだ連立 1 次方程式

$$\begin{cases} 3x + 4y = 1 \\ 4x + 3y = 2 \end{cases}$$

を考えよう．これを解くには，どちらか変数を消去すればよいのであった．ここでは y を消去することを考えよう．第 1 式を 3 倍し，第 2 式を 4 倍すれば，

$$\begin{cases} 9x + 12y = 3 \\ 16x + 12y = 8 \end{cases}$$

となるので，辺々を引いて整理すると，$x = 5/7$ となる．したがって，これをもとの式に代入して，$y = -2/7$ であることも分かる．そこで，一般の連立1次方程式

$$\begin{cases} ax + by = p \\ cx + dy = q \end{cases} \tag{1.6}$$

を考える．y を消去するために第1式を d 倍し，第2式を b 倍すれば，

$$\begin{cases} adx + bdy = dp \\ bcx + bdy = bq \end{cases}$$

となるので，辺々を引いて整理すると，$(ad - bc)x = dp - bq$ となる．したがって，

$$ad - bc \neq 0$$

であれば，

$$\begin{cases} x = \dfrac{dp - bq}{ad - bc} \\ y = \dfrac{-cp + aq}{ad - bc} \end{cases} \iff \begin{pmatrix} x \\ y \end{pmatrix} = \frac{1}{ad - bc}\begin{pmatrix} d & -b \\ -c & a \end{pmatrix}\begin{pmatrix} p \\ q \end{pmatrix}$$

となり，連立1次方程式が解けることになる．ご覧の通り，最後のところで，解を記述するために出てきた行列が上の例で取り上げた逆行列である．まとめると，連立1次方程式 (1.6) の変数の係数を取り出した行列を $A = \begin{pmatrix} a & b \\ c & d \end{pmatrix}$ とおくとき，

- 連立1次方程式 (1.6) が解けるための条件が $ad - bc \neq 0$．($ad - bc$ という量を一般の正方行列に一般化した概念が，あとで扱う**行列式**である．)
- 連立1次方程式 (1.6) が解けるときに，その解を具体的に記述するために必要なものが A の**逆行列** A^{-1}．

となる．

ワンポイント 一般に，すべての正方行列が正則とは限らない．すなわち，すべての行列が逆行列を持つとは限らない．たとえば，

$$A=\begin{pmatrix}1 & 0\\ 0 & 0\end{pmatrix}$$

が正則だとすると，ある 2 次正方行列

$$X=\begin{pmatrix}a & b\\ c & d\end{pmatrix}$$

が存在して，$AX=E_2$ となる．このとき，

$$AX=\begin{pmatrix}a & b\\ 0 & 0\end{pmatrix}$$

となるが，(2,2) 成分を見ればこれは単位行列にはなり得ないことが分かる．よって矛盾である．

逆行列の満たす最も基本的な性質として次のものがある．

定理 1.4 A,B を n 次正則行列とする．このとき，AB も正則行列であって，

$$(AB)^{-1}=B^{-1}A^{-1}$$

が成り立つ．すなわち，正則行列の積は正則行列であり，その逆行列はもとの行列の逆行列を，順序を変えて積をとったものに等しい．

証明 実際に $B^{-1}A^{-1}$ を AB に掛け合わせてみればよい．つまり，

$$(AB)\cdot(B^{-1}A^{-1})=A(BB^{-1})A^{-1}=AE_nA^{-1}=AA^{-1}=E_n,$$
$$(B^{-1}A^{-1})\cdot(AB)=B^{-1}(A^{-1}A)B=B^{-1}E_nB=B^{-1}B=E_n$$

となるので，$B^{-1}A^{-1}$ が AB の逆行列であることが分かる． ■

定理 1.5 A,B を n 次正則行列とする．

(1) $AB=BA$ のとき，$(AB)^{-1}=A^{-1}B^{-1}$．

(2) $(A^{-1})^{-1}=A$．

証明 (1) $AB=BA$ とすると，両辺に左から A^{-1} を掛けて，

$$A^{-1}(AB) = A^{-1}(BA) \iff B = A^{-1}BA$$

となる．さらに，両辺に右から A^{-1} を掛けて，

$$BA^{-1} = (A^{-1}BA)A^{-1} \iff BA^{-1} = A^{-1}B$$

となる．同様に，B^{-1} を左から掛けて，その後，右から掛ければ，$A^{-1}B^{-1} = B^{-1}A^{-1}$ となる．よって，$(AB)^{-1} = B^{-1}A^{-1} = A^{-1}B^{-1}$ を得る．

(2)　A が正則行列とすると，

$$AA^{-1} = A^{-1}A = E_n$$

であるから，この式を A^{-1} の立場から見れば，A^{-1} は正則で，A^{-1} の逆行列が A であることが分かる．■

さて，与えられた行列が正則かどうかを判定して，正則の場合にはその逆行列を求めることを考えよう．そのために，行列の基本変形が絶大な威力と効果を発揮する．まず，行列の基本変形を示す基本行列は正則行列で，その逆行列も基本行列であることを示そう．

定理 1.6　(1)　$P_{ij}(k)^{-1} = P_{ij}(-k)$

(2)　${Q_{ij}}^{-1} = Q_{ij}$

(3)　$R_i(k)^{-1} = R_i(k^{-1})$

証明　2次行列の場合に具体例で確かめると理解が早い．一般の場合も考え方はまったく同じである．

(1)
$$P_{12}(k)P_{12}(-k) = \begin{pmatrix} 1 & k \\ 0 & 1 \end{pmatrix}\begin{pmatrix} 1 & -k \\ 0 & 1 \end{pmatrix} = \begin{pmatrix} 1 & 0 \\ 0 & 1 \end{pmatrix},$$
$$P_{12}(-k)P_{12}(k) = \begin{pmatrix} 1 & -k \\ 0 & 1 \end{pmatrix}\begin{pmatrix} 1 & k \\ 0 & 1 \end{pmatrix} = \begin{pmatrix} 1 & 0 \\ 0 & 1 \end{pmatrix}$$

となる．

(2)
$$Q_{12}Q_{12} = \begin{pmatrix} 0 & 1 \\ 1 & 0 \end{pmatrix}\begin{pmatrix} 0 & 1 \\ 1 & 0 \end{pmatrix} = \begin{pmatrix} 1 & 0 \\ 0 & 1 \end{pmatrix}$$

となる．

(3)
$$R_2(k)R_2(k^{-1}) = \begin{pmatrix} 1 & 0 \\ 0 & k \end{pmatrix}\begin{pmatrix} 1 & 0 \\ 0 & k^{-1} \end{pmatrix} = \begin{pmatrix} 1 & 0 \\ 0 & 1 \end{pmatrix},$$

$$R_2(k^{-1})R_2(k) = \begin{pmatrix} 1 & 0 \\ 0 & k^{-1} \end{pmatrix}\begin{pmatrix} 1 & 0 \\ 0 & k \end{pmatrix} = \begin{pmatrix} 1 & 0 \\ 0 & 1 \end{pmatrix}$$

となる. ■

補題 1.2 n 次正方行列

$$A = \begin{pmatrix} E_r & O \\ O & O \end{pmatrix}$$

を考える. このとき,

$$A \text{ が正則行列} \iff r = n.$$

証明 ($\Longrightarrow$) A が正則行列とすると, 逆行列 A^{-1} が存在する. A^{-1} を小行列に分割して,

$$A^{-1} = \begin{pmatrix} A_{11} & A_{12} \\ A_{21} & A_{22} \end{pmatrix}$$

とおく. ここで, A_{11} は r 次正方行列, A_{12} は $(r,n-r)$ 行列, A_{21} は $(n-r,r)$ 行列, A_{22} は $n-r$ 次正方行列である. すると,

$$AA^{-1} = \begin{pmatrix} E_r & O \\ O & O \end{pmatrix}\begin{pmatrix} A_{11} & A_{12} \\ A_{21} & A_{22} \end{pmatrix} = \begin{pmatrix} A_{11} & A_{12} \\ O & O \end{pmatrix}$$

となるので, $r = n$ でなければ, 上式右辺の行列が単位行列になることはない.

($\Longleftarrow$) $r = n$ であれば, $A = E_n$, $A^{-1} = E_n$ であるので A は正則行列.

■

さて, A を n 次正方行列とする. A に行基本変形のみを施して E_n の形に変形できたとする. すなわち, $\operatorname{rank} A = n$ とする. このとき, A に施した行基本変形に対応する基本行列の積を P とすれば, 定理 1.6 より P は正則行列で, $PA = E_n$ となる. このとき,

$$A = E_nA = (P^{-1}P)A = P^{-1}(PA) = P^{-1}E_n = P^{-1}$$

となる. したがって,

$$AP = P^{-1}P = E_n$$

であるので, A は正則行列であり, P が A の逆行列であることが分かる.

一方, A に行基本変形のみを施して E_n の形に変形できない場合を考えよう.

このときは，行基本変形を施して階段行列にすると，一番下の行に0だけからなる行が出てくる．したがって，列基本変形も用いて階数標準形にすることを考えても，やはり一番下の行に0だけからなる行が出てくる．つまり，A に施した行基本変形に対応する基本行列の積を P，PA に施した列基本変形に対応する基本行列の積を Q とすれば，

$$PAQ = \begin{pmatrix} E_r & O \\ O & O \end{pmatrix}, \qquad r < n$$

と書けることになる．もし A が正則であれば，P,Q は正則行列で，正則行列の積は正則行列であるから，右辺も正則行列になる．ところがこれは補題1.2に矛盾である．ゆえに，A は正則ではない．以上をまとめると，

> **定理 1.7**　A を n 次正方行列とするとき，
>
> $$A \text{ が正則行列} \iff \operatorname{rank} A = n$$
>
> が成り立つ．

そこで，与えられた n 次正方行列 A が正則かどうかを判定し，正則であればその逆行列を具体的にかつ，いっぺんに計算する方法を考えよう．それには以下の手順に従えばよい．

手順1　A と n 次単位行列 E_n を並べてできる，$(n,2n)$ 行列 $(A \quad E_n)$ を考える．

手順2　$(A \quad E_n)$ に行基本変形のみを施して，$(E_n \quad *)$ という形に変形することを考える．すなわち，左側の A の部分を単位行列に変形することを考える．

手順3-1　手順2で変形できた場合，行基本変形に対応する基本行列の積を P とすれば，

$$P(A \quad E_n) = (PA \quad PE_n) = (E_n \quad P)$$

となるので，$(E_n \quad *)$ の右側の部分に P，すなわち A の逆行列が現れていることになり，これが求めるものである．

手順3-2　手順2で変形できない場合，この場合は $\operatorname{rank} A < n$ となり，A は正則ではない．

例題 1.7　3 次正方行列

$$A = \begin{pmatrix} 1 & 1 & 1 \\ 1 & 2 & -1 \\ 1 & 0 & 1 \end{pmatrix}$$

が正則かどうか判定し，正則であればその逆行列を求めよ．

解答　**手順 ①**　まず，(3,6) 行列

$$(A \quad E_3) = \begin{pmatrix} 1 & 1 & 1 & 1 & 0 & 0 \\ 1 & 2 & -1 & 0 & 1 & 0 \\ 1 & 0 & 1 & 0 & 0 & 1 \end{pmatrix}$$

を考える．

手順 ②　次に行基本変形を行って，A の部分を簡単にしていく．まず，第 1 行と第 3 行を入れ換えて，第 1 行の -1 倍を第 2 行，第 3 行にそれぞれ加えると，

$$\begin{pmatrix} 1 & 0 & 1 & 0 & 0 & 1 \\ 0 & 2 & -2 & 0 & 1 & -1 \\ 0 & 1 & 0 & 1 & 0 & -1 \end{pmatrix}$$

となる．そこで，第 2 行と第 3 行を入れ換えて，第 2 行の -2 倍を第 3 行に加えると，

$$\begin{pmatrix} 1 & 0 & 1 & 0 & 0 & 1 \\ 0 & 1 & 0 & 1 & 0 & -1 \\ 0 & 0 & -2 & -2 & 1 & 1 \end{pmatrix}$$

となる．第 3 行を -2 で割って，第 3 行の -1 倍を第 1 行に加えると，

$$\begin{pmatrix} 1 & 0 & 0 & -1 & \frac{1}{2} & \frac{3}{2} \\ 0 & 1 & 0 & 1 & 0 & -1 \\ 0 & 0 & 1 & 1 & -\frac{1}{2} & -\frac{1}{2} \end{pmatrix}$$

となる．したがって，A は正則で，

$$A^{-1} = \begin{pmatrix} -1 & \frac{1}{2} & \frac{3}{2} \\ 1 & 0 & -1 \\ 1 & -\frac{1}{2} & -\frac{1}{2} \end{pmatrix}$$

を得る. ◈

最後に, 転置行列の正則性について述べておく.

定理 1.8 n 次正方行列 A に対して,

$$A \text{ が正則} \iff {}^tA \text{ が正則}$$

であり,

$$({}^tA)^{-1} = {}^t(A^{-1})$$

が成り立つ.

証明

$$\begin{aligned} A \text{ が正則} &\iff \text{ある行列 } B \text{ が存在して } AB = BA = E_n \\ &\iff \text{ある行列 } B \text{ が存在して } {}^t(AB) = {}^t(BA) = E_n \\ &\iff \text{ある行列 } B \text{ が存在して } {}^tB\,{}^tA = {}^tA\,{}^tB = E_n \\ &\iff {}^tA \text{ が正則} \end{aligned}$$

であり, 上式より $({}^tA)^{-1} = {}^tB = {}^t(A^{-1})$ を得る. ■

演習問題 1.4

1.4.1 行列の基本変形を利用して, 以下の行列 A が正則かどうか調べ, 正則であれば逆行列を求めよ.

(1) $\begin{pmatrix} 3 & 5 \\ 2 & 1 \end{pmatrix}$　(2) $\begin{pmatrix} 1 & 1 & 1 \\ 2 & 3 & 5 \\ 3 & 5 & 12 \end{pmatrix}$　(3) $\begin{pmatrix} 1 & 2 & 3 \\ 1 & 0 & 1 \\ 0 & 2 & 2 \end{pmatrix}$

1.4.2 a, b を実数とするとき, 以下の行列 A の逆行列を求めよ.

(1) $\begin{pmatrix} a & b \\ -b & a \end{pmatrix}$ $(a^2 + b^2 \neq 0)$　(2) $\begin{pmatrix} 1 & a \\ 0 & 1 \end{pmatrix}$　(3) $\begin{pmatrix} 1 & a & 0 \\ 0 & 1 & a \\ 0 & 0 & 1 \end{pmatrix}$

1.4.3　「n 次正則行列 A, B に対して，$A + B$ は正則行列である.」という命題の真偽を判定せよ.

1.4.4　A を n 次正方行列で，$A^2 - 3A + E_n = O$ を満たす行列とする．このとき，A は正則行列であることを示せ.

Chapter 2

連立 1 次方程式

本章では，線形代数の花形の 1 つである，連立 1 次方程式の解法について学ぶ．ただ単に，与えられた方程式を場当たり的に解くということではなく，体系的に解けるアルゴリズムを与えるというもので，式の数がどれだけ多くなったとしても計算機などを利用すれば解くことができる手法を考察するというものである．

ひと口に連立 1 次方程式といっても，中学校などで学んだように，必ず 1 つの解があるとは限らない．式の数や変数の数が変わると様子が著しく異なることが起こり得る．まず，解が存在するのかしないのかということを判定する必要があり，存在する場合はその解をすべて求めなければならない．このような議論を逐一簡明に記述するために行列や，その基本変形を利用するのである．

2.1　斉次連立 1 次方程式の解法

本講の目標

- 斉次連立 1 次方程式の解をすべて求める．
- この結果は，一般の連立 1 次方程式の解をすべて求める際に必要になる．

まず，以下の形の連立 1 次方程式を解くことを考える．

$$\begin{cases} a_{11}x_1 + \cdots + a_{1n}x_n = 0 & \cdots\cdots ① \\ a_{21}x_1 + \cdots + a_{2n}x_n = 0 & \cdots\cdots ② \\ \qquad\vdots & \\ a_{m1}x_1 + \cdots + a_{mn}x_n = 0 & \cdots\cdots ⓜ \end{cases} \tag{2.1}$$

つまり，右辺の定数項がすべて 0 であるような連立 1 次方程式である．このような形の連立 1 次方程式を**斉次**（もしくは**同次**）連立 1 次方程式という．

いま，

$$A = \begin{pmatrix} a_{11} & a_{12} & \cdots & a_{1n} \\ a_{21} & a_{22} & \cdots & a_{2n} \\ \vdots & \vdots & \vdots & \vdots \\ a_{m1} & a_{m2} & \cdots & a_{mn} \end{pmatrix}, \quad \boldsymbol{x} = \begin{pmatrix} x_1 \\ \vdots \\ x_n \end{pmatrix}, \quad \boldsymbol{0} = \begin{pmatrix} 0 \\ \vdots \\ 0 \end{pmatrix}$$

とおくと，連立 1 次方程式 (2.1) は行列の式として

$$A\boldsymbol{x} = \boldsymbol{0} \tag{2.2}$$

と表される．この形の式も連立 1 次方程式と呼ぶことにする．A を連立 1 次方程式 (2.1) の**係数行列**という．この式を満たす $\boldsymbol{x}$ をすべて求めることが目標である．

n 項列ベクトル（n 次の列ベクトル）全体の集合を

$$\boldsymbol{R}^n := \left\{ \begin{pmatrix} a_1 \\ \vdots \\ a_n \end{pmatrix} \middle| \, a_1, \cdots, a_n \in \boldsymbol{R} \right\}$$

とおく*．$A\boldsymbol{x} = \boldsymbol{0}$ の解全体の集合を

$$W(A) := \{\boldsymbol{x} \in \boldsymbol{R}^n \mid A\boldsymbol{x} = \boldsymbol{0}\}$$

とおく．すると，$\boldsymbol{x} = \boldsymbol{0}$ は明らかに連立 1 次方程式 (2.2) の解であるので，$\boldsymbol{0} \in W(A)$ であり，$W(A)$ は空集合ではない．

さて，中学校で習った連立 1 次方程式の解法を思い出せば容易に想像できるように，(2.1) について次の変形をしても解の集合は変わらない．

---

* $\boldsymbol{R}^n$ の詳しい性質は，のちの章で解説する．

(L1)　ⓘ を ⓘ $+ k \times$ ⓙ　$(i \neq j)$ で置き換える.
(L2)　式の順序を変える.
(L3)　ⓘ の両辺を実数 $k \neq 0$ 倍する.

これらの変形について，連立 1 次方程式の係数がどのように変わっているかに着目すると，上の変形は行列 A に

(E1)　第 i 行に第 j 行の k 倍を加える.
(E2)　行の順序を変える.
(E3)　第 i 行を実数 $k \neq 0$ 倍する.

という行基本変形を施すことに対応していることが分かる．つまり，与えられた連立 1 次方程式の係数行列 A に適当な行基本変形を施して得られる行列を A' とするとき，

$$A\boldsymbol{x} = \boldsymbol{0} \iff A'\boldsymbol{x} = \boldsymbol{0}$$

である．すなわち，A に行基本変形を施して得られる行列に対応する連立 1 次方程式を考えても解全体の集合は変わらない．したがって，与えられた行列 A をできるだけ簡単な形（階段行列）に変形してから解いてよいことになる．

そこで，A に行基本変形（32 ～ 33 ページの手順 1 から手順 5 まで）を施して，以下のような簡約行列に変形されたとする．

第 j_1 列↓　第 j_2 列↓　$\cdots$ 第 j_r 列↓（行：第 1 行→，第 2 行→，第 r 行→）

$$A' = \begin{pmatrix} 0 & \cdots & 0 & 1 & * & 0 & * & \cdots & 0 & * \\ 0 & \cdots & \cdots & \cdots & 0 & 1 & * & \cdots & \vdots & * \\ \vdots & & & & & & & \cdots & \vdots & * \\ 0 & \cdots & \cdots & \cdots & \cdots & \cdots & \cdots & 0 & 1 & * \\ O & \cdots & \cdots & \cdots & \cdots & \cdots & \cdots & \cdots & \cdots & O \end{pmatrix}.$$

ここで，$1 \leq j_1 < j_2 < \cdots < j_r \leq n$ である．

Case 1　$j_1 = 1$，$j_2 = 2$，$\cdots$，$j_r = r$ となる場合．このとき，

$$A' = \begin{pmatrix} E_r & B \\ O & O \end{pmatrix}$$

という形をしている．ここで，

$$B = \begin{pmatrix} b_{1,r+1} & b_{1,r+2} & \cdots & b_{1n} \\ b_{2,r+1} & b_{2,r+2} & \cdots & b_{2n} \\ \vdots & \vdots & \cdots & \vdots \\ b_{r,r+1} & b_{r,r+2} & \cdots & b_{rn} \end{pmatrix}$$

とおけば，$A'\boldsymbol{x} = \boldsymbol{0}$ に対応する連立 1 次方程式は，

$$\begin{cases} x_1 + b_{1,r+1}x_{r+1} + b_{1,r+2}x_{r+2} + \cdots + b_{1n}x_n = 0 \\ x_2 + b_{2,r+1}x_{r+1} + b_{2,r+2}x_{r+2} + \cdots + b_{2n}x_n = 0 \\ \qquad\qquad\qquad \vdots \qquad\qquad\qquad\qquad \vdots \\ x_r + b_{r,r+1}x_{r+1} + b_{r,r+2}x_{r+2} + \cdots + b_{rn}x_n = 0 \end{cases}$$

となる．この式は，$x_{r+1},\cdots,x_n$ の値を自由に決めれば，それらによって $x_1,\cdots,x_r$ が一意的に決まることを意味している．ゆえに，$\alpha_{r+1},\cdots,\alpha_n \in \boldsymbol{R}$ を任意定数として，$A'\boldsymbol{x} = \boldsymbol{0}$ の解は

$$\begin{cases} x_1 = -(b_{1,r+1}\alpha_{r+1} + b_{1,r+2}\alpha_{r+2} + \cdots + b_{1n}\alpha_n) \\ x_2 = -(b_{2,r+1}\alpha_{r+1} + b_{2,r+2}\alpha_{r+2} + \cdots + b_{2n}\alpha_n) \\ \vdots \qquad\qquad\qquad\qquad \vdots \\ x_r = -(b_{r,r+1}\alpha_{r+1} + b_{r,r+2}\alpha_{r+2} + \cdots + b_{rn}\alpha_n) \end{cases} \tag{2.3}$$

と書き表せる．いい換えれば，

$W(A) = \{\boldsymbol{x} \mid$ 任意の $\alpha_{r+1},\cdots,\alpha_n \in \boldsymbol{R}$ に対して $\boldsymbol{x}$ は (2.3) の形に書ける$\}$

となる．

Case 2　一般の場合．必ずしも $j_1 = 1$，$j_2 = 2$，$\cdots$，$j_r = r$ となっていない場合は，最終的に得られた行列に列の入れ換えを施せば，Case 1 の場合に帰着できる．列の入れ換えは変数の添え字の入れ換えに相当する．そこで，一度，列を入れ換えて連立 1 次方程式を解いておき，最後にもとに戻す変数の入れ換えを行えば求める解が得られることになる．詳しくは，実際の例題を解くことでよく理解が進むと思われるので，まずは例題を参照してほしい．一方，多少抽象的にはなるが，以下のように直接，一般解を書き下すこともできる*．

$j_1,\cdots,j_r$ の残りの列番号を小さいほうから順に $k_1,\cdots,k_{n-r}$ とし，n 次正方行

* 初学者は読み飛ばしても差し支えない．

列 $P=(\boldsymbol{e}_{j_1},\cdots,\boldsymbol{e}_{j_r},\boldsymbol{e}_{k_1},\cdots,\boldsymbol{e}_{k_{n-r}})$ を考える．P は列の入れ換え $j_1,j_2,\cdots,j_r$ を $1,2,\cdots,r$ に持ってきて，残りの列は順番を変えずに後ろに並べるような入れ換えを表す基本行列である．すると，

$$A'P=\begin{pmatrix}E_r & B\\ O & O\end{pmatrix}$$

となる．このとき，

$$\boldsymbol{x}\in W(A'P) \iff (A'P)\boldsymbol{x}=\boldsymbol{0} \iff A'(P\boldsymbol{x})=\boldsymbol{0} \iff P\boldsymbol{x}\in W(A')$$

である．そこで，この場合はまず，Case 1 の方法で $(A'P)\boldsymbol{x}=\boldsymbol{0}$ の解を求めておく．さらに，得られた解 $\boldsymbol{x}$ たちに P を左側から掛けたものが $A'\boldsymbol{x}=\boldsymbol{0}$ の解である．

習うより慣れたほうがいいので，いくつか例題を解いてみよう．

例題 2.1　連立1次方程式

$$\begin{cases} x_1 - x_2 = 0 \\ 2x_1 - 2x_2 = 0 \end{cases}$$

の解を求めよ*．

解答

$$A=\begin{pmatrix}1 & -1\\ 2 & -2\end{pmatrix}$$

とおく．A に行基本変形を施すと，

$$\begin{pmatrix}1 & -1\\ 2 & -2\end{pmatrix} \xrightarrow{\text{第2行}+\text{第1行}\times(-2)} \begin{pmatrix}1 & -1\\ 0 & 0\end{pmatrix}$$

となる．したがって，この場合，$n=2$, $r=1$, $B=-1$ となっている．よって，

$$\begin{cases} x_1 = \alpha \\ x_2 = \alpha \end{cases} \quad (\text{ただし，}\alpha\text{ は任意定数})$$

が求める解である．◈

* 見ただけで分かるかもしれないが，基本変形を用いた解き方の練習のため，上で解説した方法を適用して考える．

例題 2.2 連立 1 次方程式

$$\begin{cases} x_1 - x_2 = 0 \\ x_1 + x_2 = 0 \end{cases}$$

の解を求めよ*.

解答

$$A = \begin{pmatrix} 1 & -1 \\ 1 & 1 \end{pmatrix}$$

とおく．A に行基本変形を施すと,

$$\begin{pmatrix} 1 & -1 \\ 1 & 1 \end{pmatrix} \xrightarrow{\text{省略}} \begin{pmatrix} 1 & 0 \\ 0 & 1 \end{pmatrix}$$

となる．したがって，この場合，$n = 2$，$r = 2$ となっている．よって,

$$\begin{cases} x_1 = 0 \\ x_2 = 0 \end{cases}$$

が求める解である*2. ◆

例題 2.3 連立 1 次方程式

$$\begin{cases} x_1 + x_2 + x_3 = 0 \\ 2x_1 + 2x_2 + 2x_3 = 0 \end{cases}$$

の解を求めよ.

解答

$$A = \begin{pmatrix} 1 & 1 & 1 \\ 2 & 2 & 2 \end{pmatrix}$$

とおく．A に行基本変形を施すと,

$$A = \begin{pmatrix} 1 & 1 & 1 \\ 2 & 2 & 2 \end{pmatrix} \xrightarrow{\text{第 2 行} + \text{第 1 行} \times (-2)} \begin{pmatrix} 1 & 1 & 1 \\ 0 & 0 & 0 \end{pmatrix}$$

となる．したがって，この場合，$n = 3$，$r = 1$，$B = (1 \ \ 1)$ となっている．
よって,

$$\begin{cases} x_1 = -\alpha - \beta \\ x_2 = \alpha \\ x_3 = \beta \end{cases} \qquad \text{（ただし，}\alpha, \beta\text{ は任意定数）}$$

---

* 見ただけで分かるかもしれないが，上で解説した方法を適用して考えてみよう.

*2 つまり，ただ 1 つの解しかない.

が求める解である． ◆

例題 2.4　連立 1 次方程式

$$\begin{cases} x_1 + 3x_2 - 2x_3 = 0 \\ 2x_1 + 7x_2 - 4x_3 = 0 \\ 3x_1 + 7x_2 - 6x_3 = 0 \end{cases}$$

の解を求めよ．

解答

$$A = \begin{pmatrix} 1 & 3 & -2 \\ 2 & 7 & -4 \\ 3 & 7 & -6 \end{pmatrix}$$

とおく．A に行基本変形を施すと，

$$A \xrightarrow{\text{省略}} A' = \begin{pmatrix} 1 & 0 & -2 \\ 0 & 1 & 0 \\ 0 & 0 & 0 \end{pmatrix}$$

となる．したがって，この場合，$n = 3$，$r = 2$，$B = \begin{pmatrix} -2 \\ 0 \end{pmatrix}$ となっている．

よって，

$$\begin{cases} x_1 = 2\alpha \\ x_2 = 0 \\ x_3 = \alpha \end{cases} \qquad (\text{ただし，}\alpha\text{ は任意定数})$$

が求める解である． ◆

例題 2.5　連立 1 次方程式

$$\begin{cases} 2x_2 - 2x_3 + 4x_4 = 0 \\ x_1 + 4x_2 - x_3 + x_4 = 0 \\ 2x_1 + 3x_2 + 3x_3 - 8x_4 = 0 \end{cases}$$

の解を求めよ．

解答

$$A = \begin{pmatrix} 0 & 2 & -2 & 4 \\ 1 & 4 & -1 & 1 \\ 2 & 3 & 3 & -8 \end{pmatrix}$$

とおく．A に行基本変形を施すと，

$$A \xrightarrow{\text{省略}} A' = \begin{pmatrix} 1 & 0 & 3 & -7 \\ 0 & 1 & -1 & 2 \\ 0 & 0 & 0 & 0 \end{pmatrix}$$

となる．したがって，この場合，$n=4$，$r=2$，$B=\begin{pmatrix} 3 & -7 \\ -1 & 2 \end{pmatrix}$ となっている．よって，

$$\begin{cases} x_1 = -3\alpha + 7\beta \\ x_2 = \alpha - 2\beta \\ x_3 = \alpha \\ x_4 = \beta \end{cases} \qquad (\text{ただし，}\alpha,\beta\text{ は任意定数})$$

が求める解である． ◆

以下の例は，行基本変形を施した結果，左上に単位行列が現れない場合の例である．

例題 2.6 連立 1 次方程式

$$\begin{cases} x_1 - 2x_2 + 4x_3 = 0 \\ -2x_1 + 4x_2 - 6x_3 = 0 \\ 4x_1 - 8x_2 + 10x_3 = 0 \end{cases}$$

の解を求めよ．

解答

$$A = \begin{pmatrix} 1 & -2 & 4 \\ -2 & 4 & -6 \\ 4 & -8 & 10 \end{pmatrix}$$

とおく．A に行基本変形を施すと，

$$A \xrightarrow{\text{省略}} A' = \begin{pmatrix} 1 & -2 & 0 \\ 0 & 0 & 1 \\ 0 & 0 & 0 \end{pmatrix}$$

となる．ここで，第 2 列と第 3 列を入れ換えた行列

$$A'' = \begin{pmatrix} 1 & 0 & -2 \\ 0 & 1 & 0 \\ 0 & 0 & 0 \end{pmatrix}$$

を考える．すると，$A''\boldsymbol{x} = \boldsymbol{0}$ の解は

$$\begin{cases} x_1 = 2\alpha \\ x_2 = 0 \\ x_3 = \alpha \end{cases} \qquad (\text{ただし，}\alpha\text{ は任意定数})$$

となる．よって，もとの連立1次方程式の解は，この方程式の解の変数の添え字2と3を入れ換えたものであるから，

$$\begin{cases} x_1 = 2\alpha \\ x_2 = \alpha \\ x_3 = 0 \end{cases} \qquad (\text{ただし，}\alpha\text{ は任意定数})$$

が求める解である． ◈

例題 2.7　連立1次方程式

$$\begin{cases} x_1 - 2x_2 + x_4 = 0 \\ -2x_1 + 4x_2 - x_3 + x_4 = 0 \\ x_1 - 2x_2 + x_3 - 2x_4 = 0 \end{cases}$$

の解を求めよ．

解答

$$A = \begin{pmatrix} 1 & -2 & 0 & 1 \\ -2 & 4 & -1 & 1 \\ 1 & -2 & 1 & -2 \end{pmatrix}$$

とおく．A に行基本変形を施すと，

$$A \xrightarrow{\text{省略}} A' = \begin{pmatrix} 1 & -2 & 0 & 1 \\ 0 & 0 & 1 & -3 \\ 0 & 0 & 0 & 0 \end{pmatrix}$$

となる．ここで，第2列と第3列を入れ換えた行列

$$A'' = \begin{pmatrix} 1 & 0 & -2 & 1 \\ 0 & 1 & 0 & -3 \\ 0 & 0 & 0 & 0 \end{pmatrix}$$

を考える．すると，$A''\boldsymbol{x} = \boldsymbol{0}$ の解は

$$\begin{cases} x_1 = 2\alpha - \beta \\ x_2 = 3\beta \\ x_3 = \alpha \\ x_4 = \beta \end{cases} \qquad (\text{ただし，}\alpha, \beta\text{ は任意定数})$$

となる．よって，もとの連立 1 次方程式の解は，この方程式の解の変数の添え字 2 と 3 を入れ換えたものであるから，

$$\begin{cases} x_1 = 2\alpha - \beta \\ x_2 = \alpha \\ x_3 = 3\beta \\ x_4 = \beta \end{cases} \quad (\text{ただし，}\alpha, \beta \text{ は任意定数})$$

が求める解である． ◈

ここまで例題を解いてくればだいぶ慣れてきた頃だとは思うが，斉次連立 1 次方程式の解は $n - r$ 個の任意定数を用いて記述される．したがって，特に $r = n$ の場合 ($\mathrm{rank}\, A = n$ となる場合) は，任意定数が 1 つもなく自明な解 $\boldsymbol{x} = \boldsymbol{0}$ しか存在しないということになる．よって，以下の定理が成り立つことが分かる．

定理 2.1　n 変数斉次連立 1 次方程式 $A\boldsymbol{x} = \boldsymbol{0}$ が非自明な解を持つ $\Longleftrightarrow \mathrm{rank}\, A < n$

演習問題 2.1

2.1.1　連立 1 次方程式

$$\begin{cases} x_1 - 3x_2 = 0 \\ -2x_1 + 6x_2 = 0 \end{cases}$$

の解を，係数行列を簡約行列に変形することにより求めよ．

2.1.2　連立 1 次方程式

$$\begin{cases} x_1 - 2x_2 = 0 \\ x_1 + 2x_2 = 0 \end{cases}$$

の解を，係数行列を簡約行列に変形することにより求めよ．

2.1.3　連立 1 次方程式

$$\begin{cases} x_1 - x_2 + 2x_3 = 0 \\ 2x_1 + 2x_2 - 3x_3 = 0 \\ 3x_1 + x_2 - x_3 = 0 \end{cases}$$

の解を，係数行列を簡約行列に変形することにより求めよ．

2.1.4　連立 1 次方程式

$$\begin{cases} x_1 + x_2 + 2x_3 = 0 \\ x_1 + x_2 - 2x_3 = 0 \\ -3x_1 - 3x_2 = 0 \end{cases}$$

の解を，係数行列を簡約行列に変形することにより求めよ．

2.1.5　連立 1 次方程式

$$\begin{cases} x_1 - x_2 - 3x_3 - 2x_4 = 0 \\ 3x_1 - 3x_3 + 7x_4 = 0 \\ x_2 + 2x_3 + 3x_4 = 0 \\ -x_1 + 2x_2 + 5x_3 + 5x_4 = 0 \end{cases}$$

の解を，係数行列を簡約行列に変形することにより求めよ．

2.2　一般の連立 1 次方程式の解法

本講の目標

- 斉次連立 1 次方程式の解法を利用して，一般の連立 1 次方程式の解をすべて求める．

本節では，一般の連立 1 次方程式

$$\begin{cases} a_{11}x_1 + \cdots + a_{1n}x_n = b_1 & \cdots\cdots ① \\ a_{21}x_1 + \cdots + a_{2n}x_n = b_2 & \cdots\cdots ② \\ \qquad \vdots & \\ a_{m1}x_1 + \cdots + a_{mn}x_n = b_m & \cdots\cdots ⓜ \end{cases} \tag{2.4}$$

を解くことを考える．($b_1 = \cdots = b_m = 0$ が斉次の場合である．)　斉次の場合と同様に，

$$A = \begin{pmatrix} a_{11} & a_{12} & \cdots & a_{1n} \\ a_{21} & a_{22} & \cdots & a_{2n} \\ \vdots & \vdots & \vdots & \vdots \\ a_{m1} & a_{m2} & \cdots & a_{mn} \end{pmatrix}, \quad \boldsymbol{x} = \begin{pmatrix} x_1 \\ \vdots \\ x_n \end{pmatrix}, \quad \boldsymbol{b} = \begin{pmatrix} b_1 \\ \vdots \\ b_m \end{pmatrix}$$

とおくと，連立 1 次方程式 (2.4) は

$$A\boldsymbol{x} = \boldsymbol{b}$$

と表される．この連立 1 次方程式を解くために，次の $(m,n+1)$ 行列

$$(A \quad \boldsymbol{b}) = \begin{pmatrix} a_{11} & a_{12} & \cdots & a_{1n} & b_1 \\ a_{21} & a_{22} & \cdots & a_{2n} & b_2 \\ \vdots & \vdots & \vdots & \vdots & \vdots \\ a_{m1} & a_{m2} & \cdots & a_{mn} & b_m \end{pmatrix}$$

を利用する．この行列 $(A \quad \boldsymbol{b})$ を連立 1 次方程式 (2.4) の**拡大係数行列**という．

さて，斉次連立 1 次方程式の場合と同様に，(2.4) に 48 ページの (L1)，(L2)，(L3) の変形を施しても解全体の集合は変わらない．この操作は，$A\boldsymbol{x} = \boldsymbol{b}$ の拡大係数行列 $(A \quad \boldsymbol{b})$ に行基本変形を施すことに対応している．そこで，行基本変形により $(A \quad \boldsymbol{b})$ が簡約行列

$$\begin{array}{r} \\ \\ \\ \text{第}\,1\,\text{行}\rightarrow \\ \text{第}\,2\,\text{行}\rightarrow \\ \\ \text{第}\,r\,\text{行}\rightarrow \\ \\ \end{array} (A' \quad \boldsymbol{b}') = \begin{array}{c} \begin{array}{ccccccccccc} & & & \text{第}\,j_1\,\text{列} & & \text{第}\,j_2\,\text{列} & & \cdots & \text{第}\,j_r\,\text{列} & \\ & & & \downarrow & & \downarrow & & & \downarrow & \end{array} \\ \begin{pmatrix} 0 & \cdots & 0 & 1 & * & 0 & * & \cdots & 0 & * \\ 0 & \cdots & \cdots & \cdots & 0 & 1 & * & \cdots & \vdots & * \\ \vdots & & & & & & & \cdots & \vdots & * \\ 0 & \cdots & \cdots & \cdots & \cdots & \cdots & \cdots & 0 & 1 & * \\ O & \cdots & \cdots & \cdots & \cdots & \cdots & \cdots & \cdots & \cdots & O \end{pmatrix} \end{array}$$

の形に変形されたとする．ただし，$1 \leq j_1 < j_2 < \cdots < j_r \leq n+1$ であり，$\boldsymbol{b}'$ は $n+1$ 列目を表す列ベクトルとする．

Case 1　$j_r = n+1$ となる場合．このとき r 行目に対応する方程式は

$$0x_1 + 0x_2 + \cdots + 0x_n = 1$$

となり，これは不可能である．つまり，連立 1 次方程式 (2.4) は解を持たない．

Case 2　$j_r \leq n$ の場合.

$$\boldsymbol{b}' = \begin{pmatrix} b_1' \\ \vdots \\ b_r' \\ 0 \\ \vdots \\ 0 \end{pmatrix}$$

とおく. このとき,

$$\boldsymbol{x}_0 = \begin{matrix} \\ \text{第 } j_1 \text{ 行}\rightarrow \\ \\ \text{第 } j_2 \text{ 行}\rightarrow \\ \vdots \\ \text{第 } j_r \text{ 行}\rightarrow \\ \\ \end{matrix} \begin{pmatrix} O \\ b_1' \\ O \\ b_2' \\ \vdots \\ b_r' \\ O \end{pmatrix}$$

と定めると, $A'\boldsymbol{x}_0 = \boldsymbol{b}'$ であり, 連立 1 次方程式 (2.4) に解が存在することが分かる.

さて, $\boldsymbol{x}'$ を (2.4) の任意の解とすると,

$$A(\boldsymbol{x}' - \boldsymbol{x}_0) = A\boldsymbol{x}' - A\boldsymbol{x}_0 = \boldsymbol{b} - \boldsymbol{b} = \boldsymbol{0}$$

であるから,

$$\boldsymbol{x}' \text{ が (2.4) の解} \iff \boldsymbol{x}' - \boldsymbol{x}_0 \in W(A)$$

となる. ゆえに, $\boldsymbol{x}_1 := \boldsymbol{x}' - \boldsymbol{x}_0 \in W(A)$ とおけば, $\boldsymbol{x}' = \boldsymbol{x}_1 + \boldsymbol{x}_0$ である. すなわち, $A\boldsymbol{x} = \boldsymbol{b}$ の一般解は, $A\boldsymbol{x} = \boldsymbol{0}$ の一般解に $\boldsymbol{x}_0$ を加えたものであることが分かる. この $\boldsymbol{x}_0$ のように, $A\boldsymbol{x} = \boldsymbol{b}$ の 1 つの解に注目するとき, これを $A\boldsymbol{x} = \boldsymbol{b}$ の**特殊解**という.

上の解説の中で示された事実である以下の定理を示しておく.

定理 2.2

$$\text{(2.4) に解が存在する} \iff j_r \leq n \iff \operatorname{rank} A = \operatorname{rank}(A \quad \boldsymbol{b})$$

$A\boldsymbol{x} = \boldsymbol{b}$ の解集合の幾何学的な形

上述の結果より，$A\boldsymbol{x} = \boldsymbol{b}$ の一般解は，1 つの特殊解 $\boldsymbol{x}_0$ と，同伴する斉次連立 1 次方程式 $A\boldsymbol{x} = \boldsymbol{0}$ の解の和の形で表される．これは，$A\boldsymbol{x} = \boldsymbol{0}$ の解集合である $W(A)$ を，特殊解 $\boldsymbol{x}_0$ の分だけ平行移動したものであることを意味している．

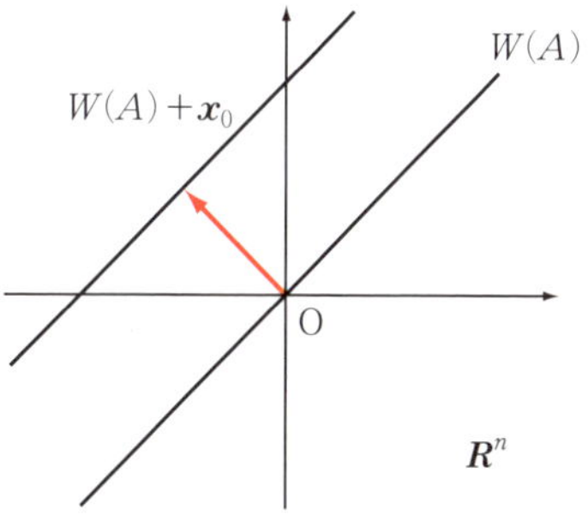

図 2.1

例題 2.8 連立 1 次方程式

$$\begin{cases} x_1 + x_2 + x_3 = 1 \\ x_1 - x_2 + x_3 = 2 \\ 2x_1 + 2x_3 = 0 \end{cases}$$

の解を求めよ．

解答 拡大係数行列 $(A \quad \boldsymbol{b})$ に行基本変形を施すと，

$$(A \quad \boldsymbol{b}) \xrightarrow{\text{省略}} (A' \quad \boldsymbol{b}') = \begin{pmatrix} 1 & 0 & 1 & 0 \\ 0 & 1 & 0 & 0 \\ 0 & 0 & 0 & 1 \end{pmatrix}$$

となる．よって，この方程式は解を持たない． ◈

例題 2.9 連立 1 次方程式

$$\begin{cases} x_1 + 2x_2 + x_3 = 1 \\ 2x_1 + x_2 + x_3 = 0 \\ 3x_1 + 3x_2 + 2x_3 = 1 \end{cases}$$

の解を求めよ．

解答 拡大係数行列 $(A \quad \boldsymbol{b})$ に行基本変形を施して

$$(A \quad \boldsymbol{b}) \xrightarrow{\text{省略}} (A' \quad \boldsymbol{b}') = \begin{pmatrix} 1 & 0 & \frac{1}{3} & -\frac{1}{3} \\ 0 & 1 & \frac{1}{3} & \frac{2}{3} \\ 0 & 0 & 0 & 0 \end{pmatrix}$$

となる．ゆえに，

$$\boldsymbol{x}_0 = \begin{pmatrix} -\dfrac{1}{3} \\ \dfrac{2}{3} \\ 0 \end{pmatrix}$$

とおくと，$\boldsymbol{x}_0$ は $A\boldsymbol{x} = \boldsymbol{b}$ の1つの解となる．よって，$A\boldsymbol{x} = \boldsymbol{b}$ の任意の解は

$$\begin{cases} x_1 = -\dfrac{1}{3} - \dfrac{1}{3}\alpha \\ x_2 = \dfrac{2}{3} - \dfrac{1}{3}\alpha \\ x_3 = \alpha \end{cases} \qquad (\text{ただし，}\alpha\text{ は任意定数})$$

が求める解である．◈

演習問題 2.2

2.2.1　連立1次方程式

$$\begin{cases} x_1 + x_2 = 1 \\ 2x_1 + 2x_2 = 2 \end{cases}$$

が解けるかどうか調べ，解ける場合は解を，拡大係数行列を簡約行列に変形することにより求めよ．

2.2.2　連立1次方程式

$$\begin{cases} x_1 + x_2 = 1 \\ 2x_1 + 2x_2 = -2 \end{cases}$$

が解けるかどうか調べ，解ける場合は解を，拡大係数行列を簡約行列に変形することにより求めよ．

2.2.3　連立1次方程式

$$\begin{cases} 3x_1 + 2x_2 + 8x_3 = 3 \\ 2x_1 - 2x_2 + 5x_3 = 2 \\ x_1 - 6x_2 + 2x_3 = 1 \end{cases}$$

が解けるかどうか調べ，解ける場合は解を，拡大係数行列を簡約行列に変形することにより求めよ．

2.2.4　連立 1 次方程式

$$\begin{cases} 3x_1 + 2x_2 + 8x_3 = 0 \\ 2x_1 - 2x_2 + 5x_3 = 2 \\ x_1 - 6x_2 + 2x_3 = 1 \end{cases}$$

が解けるかどうか調べ，解ける場合は解を，拡大係数行列を簡約行列に変形することにより求めよ．

2.2.5　連立 1 次方程式

$$\begin{cases} x_1 + 2x_2 + 3x_3 + 4x_4 = 3 \\ 4x_1 + 3x_2 + 2x_3 + x_4 = 7 \\ 2x_1 - 3x_2 - 8x_3 - 13x_4 = -1 \\ 5x_1 + x_2 - 3x_3 - 7x_4 = 6 \end{cases}$$

が解けるかどうか調べ，解ける場合は解を，拡大係数行列を簡約行列に変形することにより求めよ．

3
Chapter

行列式

元来，行列式とは，変数の数と式の数が等しい連立 1 次方程式を解く過程で考え出されたものであり，古くは関孝和，田中由真，ライプニッツらによって同時期に与えられ，クラーメルによって深く研究されるようになった．連立 1 次方程式が解を持つための条件を決定する (determine) ものという意味で，ガウスによって determinant と名付けられた．「決定要素」，「決定子」などが直訳に近いと思われるが，邦訳は高木貞治博士によって「行列式」と付けられた．本章では，まず手始めに，2 次と 3 次の行列式について考えてみよう．

3.1　2 次と 3 次の行列式

本講の目標

- 一般の 2 変数や 3 変数の連立 1 次方程式がただ 1 つの解を持つかどうかを判定する際に，重要になる量があることを理解する．
- 2 次や 3 次の場合の例を通して，置換を用いた行列式の定義の必然性を理解する．

2 次の行列式

連立 1 次方程式

$$\begin{cases} a_{11}x_1 + a_{12}x_2 = b_1 \\ a_{21}x_1 + a_{22}x_2 = b_2 \end{cases}$$

を考える．変数と式の数が等しいので，係数行列

$$A = \begin{pmatrix} a_{11} & a_{12} \\ a_{21} & a_{22} \end{pmatrix}$$

は2次の正方行列である．さて，上の方程式は，$a_{11}a_{22} - a_{12}a_{21} \neq 0$ のとき解くことができ，ただ1つの解を持つのであった．そこで，2次正方行列 A に対して，

$$\det A \coloneqq a_{11}a_{22} - a_{12}a_{21}$$

を A の**行列式**という*．2次正方行列の行列式を2次の行列式ということがある．

例題 3.1　2次正方行列

$$A = \begin{pmatrix} 3 & 2 \\ 5 & 4 \end{pmatrix}$$

の行列式を計算せよ．

解答　上の「たすきの差」の公式を用いて，$\det A = a_{11}a_{22} - a_{12}a_{21} = 3 \times 4 - 2 \times 5 = 2$ となる．◆

3次の行列式

連立1次方程式

$$\begin{cases} a_{11}x_1 + a_{12}x_2 + a_{13}x_3 = b_1 & \cdots\cdots ① \\ a_{21}x_1 + a_{22}x_2 + a_{23}x_3 = b_2 & \cdots\cdots ② \\ a_{31}x_1 + a_{32}x_2 + a_{33}x_3 = b_3 & \cdots\cdots ③ \end{cases}$$

を考える．係数行列

$$A = \begin{pmatrix} a_{11} & a_{12} & a_{13} \\ a_{21} & a_{22} & a_{23} \\ a_{31} & a_{32} & a_{33} \end{pmatrix}$$

* $A = \begin{pmatrix} a_{11} & a_{12} \\ a_{21} & a_{22} \end{pmatrix}$ に対して，$\det A$ を $\begin{vmatrix} a_{11} & a_{12} \\ a_{21} & a_{22} \end{vmatrix}$ と書くことがある．また，$\det A$ を $|A|$ と表すこともある．次に述べる，3次の場合も同様に書く．

は3次の正方行列である．3次の場合は2次の場合に比べ扱いがかなり複雑になる．ここでは，$a_{33} \neq 0$ の場合について，この連立1次方程式がどのような条件を満たすとき解けるかを考えてみよう．

まず第3式（③）を利用して x_3 を消去しよう．$a_{33} \times$ ① $- a_{13} \times$ ③，$a_{33} \times$ ② $- a_{23} \times$ ③ を考えると，

$$\begin{cases} (a_{33}a_{11} - a_{13}a_{31})x_1 + (a_{33}a_{12} - a_{13}a_{32})x_2 = a_{33}b_1 - a_{13}b_3 & \cdots\cdots ①' \\ (a_{33}a_{21} - a_{23}a_{31})x_1 + (a_{33}a_{22} - a_{23}a_{32})x_2 = a_{33}b_2 - a_{23}b_3 & \cdots\cdots ②' \end{cases}$$

となる．次に x_2 を消去する．

$$(a_{33}a_{22} - a_{23}a_{32}) \times ①' - (a_{33}a_{12} - a_{13}a_{32}) \times ②'$$

を考えると，

$$\begin{aligned} & a_{33}(a_{11}a_{22}a_{33} + a_{12}a_{23}a_{31} + a_{13}a_{32}a_{21} - a_{11}a_{23}a_{32} - a_{13}a_{22}a_{31} - a_{12}a_{21}a_{33})x_1 \\ &\quad = a_{33}\{(a_{33}a_{22} - a_{23}a_{32})b_1 - (a_{12}a_{33} - a_{13}a_{32})b_2 + (a_{12}a_{23} - a_{13}a_{22})b_3\} \end{aligned}$$

となる．したがって，$a_{33} \neq 0$ であるから，

$$\begin{aligned} \det A := {} & a_{11}a_{22}a_{33} + a_{12}a_{23}a_{31} + a_{13}a_{32}a_{21} \\ & - a_{11}a_{23}a_{32} - a_{13}a_{22}a_{31} - a_{12}a_{21}a_{33} \end{aligned}$$

とおくと，$\det A \neq 0$ であれば上式より x_1 が求まる．これをもとの式に逐次代入すれば，x_2, x_3 も求まり，与えられた方程式が解けることになる．$a_{33} = 0$ の場合も同様にして，$\det A \neq 0$ が連立1次方程式が解けるための必要十分条件であることが簡単な計算から分かる．そこで，この $\det A$ を A の**行列式**という．

3次の行列式には右のような覚え方がある．これを**サラスの展開**という．

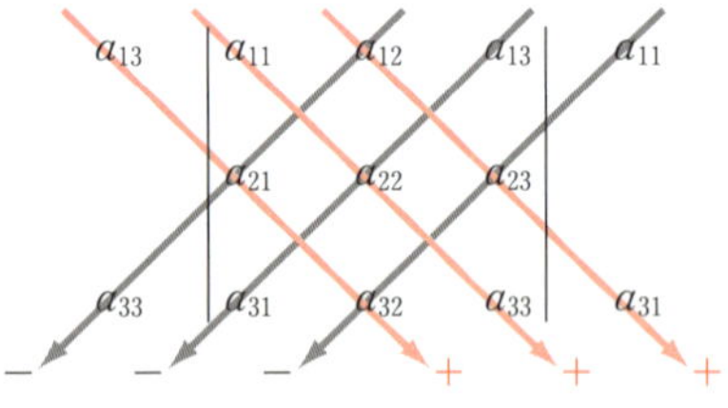

例題 3.2　3次正方行列

$$A = \begin{pmatrix} 2 & 1 & 3 \\ 5 & -1 & 4 \\ 6 & 7 & 11 \end{pmatrix}$$

の行列式を計算せよ．

解答 サラスの展開を用いて,

$$\begin{vmatrix} 2 & 1 & 3 \\ 5 & -1 & 4 \\ 6 & 7 & 11 \end{vmatrix} = 2 \times (-1) \times 11 + 1 \times 4 \times 6 + 3 \times 7 \times 5 \\ -3 \times (-1) \times 6 - 4 \times 7 \times 2 - 11 \times 5 \times 1 \\ = 14$$

となる. ◈

演習問題 3.1

3.1.1 以下の行列式を計算せよ.

(1) $\begin{vmatrix} 3 & -1 \\ 4 & 2 \end{vmatrix}$ (2) $\begin{vmatrix} 1 & -1 \\ -1 & 1 \end{vmatrix}$

3.1.2 サラスの展開を用いて, 以下の行列式を計算せよ.

(1) $\begin{vmatrix} 2 & 0 & 5 \\ 1 & -2 & 3 \\ 4 & 1 & -2 \end{vmatrix}$ (2) $\begin{vmatrix} 1 & -2 & 1 \\ 2 & 6 & 3 \\ 2 & 2 & 6 \end{vmatrix}$

3.2 置換とその符号

本講の目標

- 行列式を一般の n 次正方行列に対して定義するために, **置換**という概念を定義する.
- 置換の定義や性質を理解し, その**符号**が計算できるようになる.

2次から3次になった際にも分かるように, 変数の数を1つ増やすと, 計算量が爆発的に増加する*. とてもではないがこんなことを続けていられないので, 行列式の定義を n 次の正方行列に一般化するためには, 体系的な議論を行う必要がある. しかしながら, そのためには, 置換や群といった, 抽象的で手間の掛かる概念を準備しなければならず, 学ぶ者にとってはもちろんのこと, 教える者にとっても線形代数の泣き所の1つである. 本節では, 抽象的で難解

* 階乗のオーダーで増加する. これは指数関数的な増大度よりはるかに大きい.

な定理の証明をすべて厳密に与えることは避け，一般の場合に拡張可能な計算や考え方を示すことによって直感的に理解できるよう配慮した．深く興味を持たれた読者はぜひ自分で完全な証明を与えてみてほしい．

まず，2 次と 3 次の行列式の定義に現れる各項を見ると，

$$\pm a_{1i_1}a_{2i_2}\cdots a_{ni_n}$$

という形をしており，$i_1,i_2,\cdots,i_n$ は $1,2,\cdots,n$ を並べ換えたものであることが分かる．そこで，まず文字を並べ換える操作についてきちんとまとめておこう．

n 個の文字 $1,2,\cdots,n$ の集合を

$$X=\{1,2,\cdots,n\}$$

とおく．写像 $\sigma : X \to X$ が

$$\{\sigma(1),\sigma(2),\cdots,\sigma(n)\}=\{1,2,\cdots,n\}$$

を満たすとき，すなわち，σ が X から X への一対一対応*を与えるとき，σ を X の**置換**という．X の置換とは，単に文字を並び換えたものを表すのではなく，文字を並び換える操作を表す写像である．明らかに，X の置換は全部で $n!$ 個ある．σ は，各元とその対応する元を上下に明示して

$$\sigma=\begin{pmatrix} 1 & 2 & \cdots & n \\ \sigma(1) & \sigma(2) & \cdots & \sigma(n) \end{pmatrix}$$

のように表されることがある．これは行列ではないことに注意されたい．また，動かさない文字は省略してもよいこととする．たとえば，$n=4$ のとき，

$$\begin{pmatrix} 1 & 2 & 3 & 4 \\ 3 & 2 & 4 & 1 \end{pmatrix}=\begin{pmatrix} 1 & 3 & 4 \\ 3 & 4 & 1 \end{pmatrix}$$

である．置換の中には，何も並べ換えないという特別な置換

$$\begin{pmatrix} 1 & 2 & \cdots & n \\ 1 & 2 & \cdots & n \end{pmatrix}$$

がある．これを**恒等置換**といい，ε と表す．

置換を表記する際にいつも上下 2 段に書いて表していると紙幅がとられて効率が良くない．そこで，もう少し簡明に記述する方法を考えよう．$X=\{1,2,\cdots,n\}$ の中の相異なる m 個の文字 $a_1,\cdots,a_m$ に対して，$\sigma \in S_n$ が

---

* **全単射**という．

$$\sigma(x) = \begin{cases} a_{i+1}, & x = a_i, \quad 1 \leq i < m \\ a_1, & x = a_m \\ x, & x \neq a_i, \quad 1 \leq i \leq m \end{cases}$$

という置換とする．すなわち，

$$\sigma = \begin{pmatrix} a_1 & a_2 & \cdots & a_{m-1} & a_m \\ a_2 & a_3 & \cdots & a_m & a_1 \end{pmatrix}$$

である．模式的には

$$\sigma : a_1 \mapsto a_2 \mapsto \cdots \mapsto a_m \mapsto a_1, \quad x \mapsto x \ (x \neq a_i)$$

と書くと分かりやすい．この σ を $(a_1, a_2, \cdots, a_m)$ と表し，長さが m の**巡回置換**という*．たとえば，

$$(1,2,3,4) = \begin{pmatrix} 1 & 2 & 3 & 4 \\ 2 & 3 & 4 & 1 \end{pmatrix}$$

である．特に，長さが 2 の巡回置換を**互換**という．すなわち，互換とはある 2 つの文字 i, j だけを入れ換えて，それ以外の文字は動かさないような X の置換

$$(i,j) = \begin{pmatrix} i & j \\ j & i \end{pmatrix}$$

のことである．長さが 1 の巡回置換は恒等置換に他ならない．つまり，

$$(1) = (2) = \cdots = (n) = \varepsilon$$

である．

任意の置換を 1 つの巡回置換だけで表すことは一般にはできない．そこで，置換の積を定義しよう．X の置換全体の集合を S_n で表す．任意の $\sigma, \tau \in S_n$ に対して，合成写像 $\sigma \circ \tau : X \to X$ は X の置換である．$\sigma \circ \tau$ は，X を τ に従って並び換えたものをさらに σ に従って並び換える写像である．そこで，これを σ と τ の**積**といい，単に $\sigma\tau$ と表す．たとえば，

$$\sigma = \begin{pmatrix} 1 & 2 & 3 \\ 2 & 3 & 1 \end{pmatrix}, \qquad \tau = \begin{pmatrix} 1 & 2 & 3 \\ 2 & 1 & 3 \end{pmatrix}$$

とすると，

---

*　本によってはカンマを省略し，$(a_1\, a_2 \cdots a_m)$ のように書かれることもあるので注意されたい．

$$\sigma\tau = \begin{pmatrix} 1 & 2 & 3 \\ 3 & 2 & 1 \end{pmatrix}$$

である．実際，

$$\begin{cases} 1 \overset{\tau}{\mapsto} 2 \overset{\sigma}{\mapsto} 3 \\ 2 \overset{\tau}{\mapsto} 1 \overset{\sigma}{\mapsto} 2 \\ 3 \overset{\tau}{\mapsto} 3 \overset{\sigma}{\mapsto} 1 \end{cases}$$

である．また一般に，任意の $\sigma \in S_n$ に対して，

$$\sigma\varepsilon = \varepsilon\sigma = \sigma$$

である．

さて，

$$\sigma = \begin{pmatrix} 1 & 2 & 3 & 4 & 5 \\ 3 & 5 & 4 & 1 & 2 \end{pmatrix}$$

という置換について考えてみよう．σ は

$$\sigma : 1 \mapsto 3 \mapsto 4 \mapsto 1,\ \ 2 \mapsto 5 \mapsto 2$$

という置換であるので，

$$\sigma = (1,3,4)\,(2,5) = (2,5)\,(1,3,4)$$

と表される*．そこで，これを踏まえて，任意の置換 $\sigma \in S_n$ をとり，σ が互いに共通の文字を含まないような巡回置換の積として表せることを示そう．

手順 1　文字 $a_1 \in X$ を適当にとり，$a_2 = \sigma(a_1)$ とおく．$a_2 \neq a_1$ のとき，この操作を続けて

$$a_2 = \sigma(a_1), \qquad a_3 = \sigma(a_2), \qquad \cdots$$

とおいていく．これを，$\sigma(a_l) = a_1$ となる a_l がとれるまで続ける．必ずこのような a_l がとれることは，σ が一対一対応であることと，X が有限集合であることから従う．このとき，$a_1, a_2, \cdots, a_l$ はすべて相異なる．

手順 2　次に，文字 $b_1 \in X \backslash \{a_1, \cdots, a_l\}$ を適当にとり，手順 1 の操作を行う．すると，

$$\sigma : b_1 \mapsto b_2 \mapsto \cdots \mapsto b_m \mapsto b_1$$

*　共通な文字を含まない巡回置換の積は交換可能であることに注意されたい．

となるような，相異なる $b_1,\cdots,b_m \in X\backslash\{a_1,\cdots,a_l\}$ がとれる．

手順 3 以下この操作を繰り返すと，

$$\sigma = (a_1,\cdots,a_l)(b_1,\cdots,b_m)\cdots(c_1,\cdots,c_k)$$

と表される．置換をこのように表記しておけば，種々の場面で比較的扱いやすい．

再度，確認のための例を挙げておく．

$$\sigma = \begin{pmatrix} 1 & 2 & 3 & 4 & 5 & 6 & 7 \\ 4 & 6 & 7 & 1 & 5 & 2 & 3 \end{pmatrix}$$

という置換は

$$\sigma : 1 \mapsto 4 \mapsto 1,\ \ 2 \mapsto 6 \mapsto 2,\ \ 3 \mapsto 7 \mapsto 3,\ \ 5 \mapsto 5$$

であるので，

$$\sigma = (1,4)(2,6)(3,7)(5) = (1,4)(2,6)(3,7)$$

となる．

次に，逆置換という概念について説明する．

$$\sigma = \begin{pmatrix} 1 & 2 & 3 & 4 \\ 3 & 2 & 4 & 1 \end{pmatrix} \in S_4$$

を考える．σ は，1,2,3,4 をそれぞれ，3,2,4,1 に写す置換である．これをもとに戻す置換，すなわち，3,2,4,1 を 1,2,3,4 に戻す置換を σ の逆置換という．一般に，

$$\sigma = \begin{pmatrix} 1 & 2 & \cdots & n \\ \sigma(1) & \sigma(2) & \cdots & \sigma(n) \end{pmatrix} \in S_n$$

に対して，右辺の各元の対応の上下を入れ換えて得られる置換

$$\begin{pmatrix} \sigma(1) & \sigma(2) & \cdots & \sigma(n) \\ 1 & 2 & \cdots & n \end{pmatrix}$$

を σ の**逆置換**といい，σ^{-1} と表す．簡単に分かるように，互換については，

$$(i,j)^2 = (i,j)(i,j) = \varepsilon, \qquad (i,j)^{-1} = (i,j)$$

が成り立つ．

定理 3.1 （逆置換の性質） $\sigma, \tau \in S_n$ とするとき，以下が成り立つ．

(1) $(\sigma^{-1})^{-1} = \sigma$

(2) $\sigma\sigma^{-1} = \sigma^{-1}\sigma = \varepsilon$

(3) $(\sigma\tau)^{-1} = \tau^{-1}\sigma^{-1}$

証明 (1) $(\sigma^{-1})^{-1}$ は

$$\begin{pmatrix} \sigma(1) & \sigma(2) & \cdots & \sigma(n) \\ 1 & 2 & \cdots & n \end{pmatrix}$$

の上下を入れ換えたものであるから，それはもとの σ である．

(2) σ で文字を入れ換えて，σ^{-1} でもとに戻せば何も入れ換えないことと同じであるから明らか*．

(3) (2) および上の脚注で述べたことにより，$\sigma\tau$ に $\tau^{-1}\sigma^{-1}$ を掛けて恒等置換になることを確かめればよい．すると，

$$(\sigma\tau)(\tau^{-1}\sigma^{-1}) = \sigma(\tau\tau^{-1})\sigma^{-1} = \sigma\varepsilon\sigma^{-1} = \sigma\sigma^{-1} = \varepsilon$$

となる*2．$(\tau^{-1}\sigma^{-1})(\sigma\tau) = \varepsilon$ についても同様である． ■

さて，行列式を定義するには各項 $\pm a_{1i_1}a_{2i_2}\cdots a_{ni_n}$ の符号を定めなくてはならない．そこで，置換の符号という概念を定めよう．そのために，互換を用いて偶置換と奇置換という概念を導入する．

定理 3.2 任意の置換は互換の積として表せる．

証明 これを示すには，任意の巡回置換が互換の積として書けることを示せばよい．さらに，このことを示すには具体例を考えれば一目瞭然である．そこで，$n = 5$ として，$(2,4,1,5) \in S_5$ という巡回置換について考えてみよう．これは，

$$(2,4,1,5) = (2,4)(4,1)(1,5)$$

と書ける．実際，

---

* 実は，σ^{-1} は (2) の式によって特徴づけられる．実際，$\tau \in S_n$ が $\sigma\tau = \tau\sigma = \varepsilon$ を満たしたとすると，$\tau = \varepsilon\tau = (\sigma^{-1}\sigma)\tau = \sigma^{-1}(\sigma\tau) = \sigma^{-1}\varepsilon = \sigma^{-1}$ となる．

*2 ここで，写像の合成に関して結合法則が成り立つという事実を暗黙の了解で使っていることに注意せよ．

$$\begin{cases} 2 \xmapsto{(1,5)} 2 \xmapsto{(4,1)} 2 \xmapsto{(2,4)} 4 \\ 4 \xmapsto{(1,5)} 4 \xmapsto{(4,1)} 1 \xmapsto{(2,4)} 1 \\ 1 \xmapsto{(1,5)} 5 \xmapsto{(4,1)} 5 \xmapsto{(2,4)} 5 \\ 5 \xmapsto{(1,5)} 1 \xmapsto{(4,1)} 4 \xmapsto{(2,4)} 2 \end{cases}$$

であり，2,4,1,5 以外の文字は動かないので，$(2,4,1,5) = (2,4)(4,1)(1,5)$ である．これを踏まえると，一般には

$$(a_1,\cdots,a_m) = (a_1,a_2)(a_2,a_3)\cdots(a_{m-1},a_m) \tag{3.1}$$

となることも容易に想像できるであろう． ■

ワンポイント 一般に，任意の置換は有限個の互換の積で書ける．しかしながら，与えられた置換を互換の積で書く方法は一般に一通りではない．たとえば次のような例がある．

$$(1,3,2) = (1,2)(1,3) = (1,3)(2,3)$$

である．

しかしながら，置換を互換の積として表すとき，互換の個数が偶数個か奇数個かは一定であることが知られている．これを示すためには，差積と呼ばれる多項式を利用する．n 個の変数 $x_1,\cdots,x_n$ に対して，整数係数 n 変数多項式

$$\begin{aligned} D = D(x_1,\cdots,x_n) := (x_1 - x_2)&(x_1 - x_3)\cdots(x_1 - x_n) \\ &\times (x_2 - x_3)\cdots(x_2 - x_n) \\ &\qquad\ddots \\ &\qquad\times (x_{n-1} - x_n) \end{aligned}$$

を**差積**という．D は $x_i - x_j$ $(i < j)$ という形の 1 次式をすべて掛け合わせたものであり，その因子の数は

$$(n-1) + (n-2) + \cdots + 1 = \frac{n(n-1)}{2}$$

個である．置換 $\sigma \in S_n$ に対して，D に現れる各変数の添え字を σ で入れ換えて得られる多項式を σD とおく．任意の置換 $\sigma,\tau \in S_n$ に対して，

$$(\sigma\tau)D = \sigma(\tau D)$$

が成り立つことに注意する*.

たとえば, $n=4$ のとき,

$$D=(x_1-x_2)(x_1-x_3)(x_1-x_4)\\ \times(x_2-x_3)(x_2-x_4)\\ \times(x_3-x_4)$$

であり, $\sigma=(2,3)$ とすると,

$$\sigma D=(x_1-x_3)(x_1-x_2)(x_1-x_4)\\ \times(x_3-x_2)(x_3-x_4)\\ \times(x_2-x_4)$$

となる. ここで, $\sigma D=-D$ となっていることに注意してほしい. というのは, σD は D において,

(1) $(x_1-x_2),(x_1-x_3)$ を $(x_1-x_3),(x_1-x_2)$ に,

(2) $(x_2-x_4),(x_3-x_4)$ を $(x_3-x_4),(x_2-x_4)$ に,

(3) (x_2-x_3) を (x_3-x_2) に,

入れ換えたものである. すると, (1), (2) においては積としては不変であり, (3) のところだけが符号が逆になっていることが分かる. したがって, $\sigma D=-D$ である. これは一般の場合でも正しい. すなわち, 以下の補題が成り立つ.

補題 3.1 $\sigma\in S_n$ が互換のとき, $\sigma D=-D$ である.

定理 3.3 **(互換の個数の偶奇性)** 置換を互換の積として表すとき, 互換の個数の偶奇は一定である.

証明 置換 $\sigma\in S_n$ を互換の積として二通りの方法で

$$\sigma=(i_1,j_1)\cdots(i_s,j_s)=(k_1,l_1)\cdots(k_t,l_t)$$

と表されたとする. このとき, 補題 3.1 により,

$$\sigma D=(i_1,j_1)\cdots(i_s,j_s)D=-(i_1,j_1)\cdots(i_{s-1},j_{s-1})D=\cdots=(-1)^sD$$

となる. 同様に, $\sigma D=(-1)^tD$ である. よって, $(-1)^s=(-1)^t$ となり, s

* これは, 合成写像 $\sigma\tau=\sigma\circ\tau$ の性質から分かる.

と t の偶奇は一致しなければならない． ■

そこで，$\sigma D = D$ のとき，σ を**偶置換**といい，$\sigma D = -D$ のとき，σ を**奇置換**という．たとえば，$(1,2,3) = (1,2)(2,3)$ は偶置換であり，$(1,2,3,4) = (1,2)(2,3)(3,4)$ は奇置換である．また，

$$\mathrm{sgn}(\sigma) := \begin{cases} 1, & \sigma \text{ が偶置換} \\ -1, & \sigma \text{ が奇置換} \end{cases}$$

と定め，これを σ の**符号**という．たとえば，巡回置換 $\sigma = (a_1,a_2,\cdots,a_m) \in S_n$ を長さが m の巡回置換とすると，

$$\sigma = (a_1,a_2,\cdots,a_m) = (a_1,a_2)(a_2,a_3)\cdots(a_{m-1},a_m)$$

であるので，$\mathrm{sgn}(\sigma) = (-1)^{m-1}$ である．符号が満たす重要な性質として以下のものがある．

定理 3.4 **（置換の符号の性質）** $\sigma,\tau \in S_n$ とする．

(1) $\mathrm{sgn}(\sigma\tau) = \mathrm{sgn}(\sigma)\mathrm{sgn}(\tau)$

(2) $\mathrm{sgn}(\sigma^{-1}) = \mathrm{sgn}(\sigma)$

証明 (1) σ が偶置換で τ が奇置換であれば，$\sigma\tau$ は奇置換であるから，$-1 = 1 \times (-1)$ となって与式は正しい．他の場合も同様である．

(2) σ を互換の積として $\sigma = (i_1,j_1)(i_2,j_2)\cdots(i_s,j_s)$ と表すと，

$$\sigma^{-1} = (i_s,j_s)\cdots(i_2,j_2)(i_1,j_1)$$

であるので，$\mathrm{sgn}(\sigma^{-1}) = (-1)^s = \mathrm{sgn}(\sigma)$ となる． ■

例題 3.3 置換

$$\sigma = \begin{pmatrix} 1 & 2 & 3 & 4 & 5 & 6 \\ 3 & 1 & 5 & 6 & 2 & 4 \end{pmatrix}$$

を互換の積として表し，偶置換か奇置換かを判定せよ．

解答 まず，σ を巡回置換の積の形に表そう．1 がどこに写るかを考えると，3 に写る．次に，3 がどこに写るかを考えると 5 に写る．これを繰り返すと，σ は 1 を順に，

$$1 \mapsto 3 \mapsto 5 \mapsto 2 \mapsto 1$$

と写していくことが分かる．次に，この中に現れていない文字を1つとる．ここでは4をとってみよう．すると，4はσにより6に写り，6は4に写される．すなわち，

$$4 \mapsto 6 \mapsto 4$$

となっている．したがって，

$$\sigma = (1,3,5,2)\,(4,6)$$

である．よって，各巡回置換を(3.1)によって互換の積に表せば，

$$\sigma = (1,3)\,(3,5)\,(5,2)\,(4,6)$$

となる．したがって，σは偶置換である． ◈

演習問題 3.2

3.2.1　5次の置換

$$\sigma = \begin{pmatrix} 1 & 2 & 3 & 4 & 5 \\ 3 & 5 & 4 & 2 & 1 \end{pmatrix}, \quad \tau = \begin{pmatrix} 1 & 2 & 3 & 4 & 5 \\ 2 & 4 & 1 & 5 & 3 \end{pmatrix}$$

を考える．

(1)　$\sigma\tau$と$\tau\sigma$を求めよ．

(2)　σ^{-1}，τ^{-1}を求めよ．

3.2.2　以下の置換を互換の積として表し，偶置換か奇置換かを判定せよ．

(1)　$\begin{pmatrix} 1 & 2 & 3 & 4 \\ 2 & 3 & 1 & 4 \end{pmatrix}$　　(2)　$\begin{pmatrix} 1 & 2 & 3 & 4 & 5 & 6 \\ 5 & 1 & 6 & 2 & 4 & 3 \end{pmatrix}$

3.3　行列式の定義と性質

本講の目標

- 置換を用いた行列式の定義，および行列の積に関する基本的な性質を理解する．
- これらの性質は，具体的な手計算によって行列式を計算する際に必要になる．

3次の行列式を思い出そう．3次正方行列

$$A = \begin{pmatrix} a_{11} & a_{12} & a_{13} \\ a_{21} & a_{22} & a_{23} \\ a_{31} & a_{32} & a_{33} \end{pmatrix}$$

に対して，A の行列式は

$$\det A = a_{11}a_{22}a_{33} + a_{12}a_{23}a_{31} + a_{13}a_{32}a_{21} \\ - a_{11}a_{23}a_{32} - a_{13}a_{22}a_{31} - a_{12}a_{21}a_{33}$$

であった．

$$S_3 = \{\varepsilon, (1,2), (1,3), (2,3), (1,2,3), (1,3,2)\}$$

であり，

$$\mathrm{sgn}(\varepsilon) = \mathrm{sgn}((1,2,3)) = \mathrm{sgn}((1,3,2)) = 1$$
$$\mathrm{sgn}((1,2)) = \mathrm{sgn}((1,3)) = \mathrm{sgn}((2,3)) = -1$$

である．したがって，$\det A$ の各項は，

$$\mathrm{sgn}(\sigma)a_{1\sigma(1)}a_{2\sigma(2)}a_{3\sigma(3)}$$

という形をしていることが分かる．

そこで，n 次正方行列 $A = (a_{ij})$ に対して，

$$\sum_{\sigma \in S_n} \mathrm{sgn}(\sigma)a_{1\sigma(1)}a_{2\sigma(2)}\cdots a_{n\sigma(n)}$$

を A の**行列式**といい，$\det A$，$|A|$ などと表す*．ここで，和は σ が S_n のすべての元をわたるものとする．以下，行列式が満たす重要な性質を順に解説しよう．

転置行列の行列式

まず，転置行列の行列式はもとの行列の行列式に等しいことを示そう．そのために，逆置換に関して以下の事実を確認しておく．$n = 3$ のとき，σ が S_3 の元全体をわたるとき，σ^{-1} も S_3 の元全体をわたる．実際，

$$\sigma = \varepsilon, (1,2), (1,3), (2,3), (1,2,3), (1,3,2)$$

のとき，それぞれ

$$\sigma^{-1} = \varepsilon, (1,2), (1,3), (2,3), (1,3,2), (1,2,3)$$

となる．これが一般の S_n についても成り立つ．

---

* $|A|$ は記述に便利であるが，絶対値の記号と間違いやすいので注意が必要である．

定理 3.5 σ が S_n の元全体をわたるとき，σ^{-1} も S_n の元全体をわたる．

証明 これを示すには，$\sigma \mapsto \sigma^{-1}$ により定まる写像 $f: S_n \to S_n$ が一対一対応であることを示せばよい．

① 任意の（終域のほうの）S_n の元 τ に対して，（定義域のほうの）S_n の元 $\sigma = \tau^{-1}$ を考えると，$f(\sigma) = \sigma^{-1} = \tau$ である．すなわち，σ が（定義域のほうの）S_n の元全体をわたるとき，任意の（終域のほうの）S_n の元を少なくとも1回はわたる．

② 次に，対応 $\sigma \overset{f}{\mapsto} \sigma^{-1}$ に重複がないことを示そう．もし，（定義域のほうの）S_n の元 σ,τ に対して，$f(\sigma) = f(\tau)$，すなわち，$\sigma^{-1} = \tau^{-1}$ となったとすると，両辺の逆置換を考えれば $\sigma = \tau$ となる．つまり，対応 f には重複がない．

以上より，f は一対一対応である． ■

定理 3.6 **（転置行列の行列式）** n 次正方行列 A に対して，

$$\det {}^tA = \det A$$

が成り立つ．

証明 $n = 3$ の場合を考えよう．考え方は一般の場合も同じである．$A = (a_{ij})$ とおく．${}^tA = (b_{ij})$ とおくと $b_{ij} = a_{ji}$ であるから，

$$\det {}^tA = \sum_{\sigma \in S_3} \operatorname{sgn}(\sigma) b_{1\sigma(1)} b_{2\sigma(2)} b_{3\sigma(3)} = \sum_{\sigma \in S_3} \operatorname{sgn}(\sigma) a_{\sigma(1)1} a_{\sigma(2)2} a_{\sigma(3)3}$$

となる．そこで，$a_{\sigma(1)1} a_{\sigma(2)2} a_{\sigma(3)3}$ の部分を，

$$a_{1\tau(1)} a_{2\tau(2)} a_{3\tau(3)}$$

という形に書き直すことを考える．$\sigma(1),\sigma(2),\sigma(3)$ のどれかが1である．いま，$\sigma(i) = 1$ とすると，

$$i = \sigma^{-1}\sigma(i) = \sigma^{-1}(1)$$

である．よってこのとき，$a_{\sigma(i)i}$ は $a_{1\sigma^{-1}(1)}$ と書ける．同様にして，

$$\sigma(j) = 2 \Longrightarrow j = \sigma^{-1}(2)$$
$$\sigma(k) = 3 \Longrightarrow k = \sigma^{-1}(3)$$

であるので，$a_{\sigma(j)j} = a_{2\sigma^{-1}(2)}$，$a_{\sigma(k)k} = a_{3\sigma^{-1}(3)}$ となり，$\operatorname{sgn}(\sigma) = \operatorname{sgn}(\sigma^{-1})$ に

注意して，

$$\det {}^t A = \sum_{\sigma \in S_3} \mathrm{sgn}(\sigma) a_{1\sigma^{-1}(1)} a_{2\sigma^{-1}(2)} a_{3\sigma^{-1}(3)}$$
$$= \sum_{\sigma \in S_3} \mathrm{sgn}(\sigma^{-1}) a_{1\sigma^{-1}(1)} a_{2\sigma^{-1}(2)} a_{3\sigma^{-1}(3)}$$

を得る．σ が S_3 の元全体を動くとき，σ^{-1} も S_3 の元全体を動くので，$\tau = \sigma^{-1}$ とおき直せば，

$$\det {}^t A = \sum_{\tau \in S_3} \mathrm{sgn}(\tau) a_{1\tau(1)} a_{2\tau(2)} a_{3\tau(3)} = \det A$$

となる． ■

行列式の多重線形性など

ここでは，行列式を具体的に計算する上で大変有益な行列式の性質をいくつか解説する．そのために，置換に関する以下の事実を確認しておく．$n = 3$ のとき，σ が S_3 の元全体をわたるとき，$\sigma(2,3)$ も S_3 の元全体をわたる．実際，

$$\sigma = \varepsilon,\ (1,2),\ (1,3),\ (2,3),\ (1,2,3),\ (1,3,2)$$

のとき，それぞれ

$$\sigma(2,3) = (2,3),\ (1,2,3),\ (1,3,2),\ \varepsilon,\ (1,2),\ (1,3)$$

となる．これが一般の S_n についても成り立つ．

定理 3.7　$(i,j) \in S_n$ を互換とする．σ が S_n の元全体をわたるとき，$\sigma(i,j)$ も S_n の元全体をわたる．

証明　これを示すには，$\sigma \mapsto \sigma(i,j)$ により定まる写像 $f : S_n \to S_n$ が一対一対応であることを示せばよい．

① 任意の（終域のほうの）S_n の元 τ に対して，（定義域のほうの）S_n の元 $\sigma = \tau(i,j)$ を考えると，$\sigma(i,j) = \tau(i,j)^2 = \tau$ である．すなわち，σ が（定義域のほうの）S_n の元全体をわたるとき，任意の（終域のほうの）S_n の元を少なくとも 1 回はわたる．

② 次に，対応 $\sigma \overset{f}{\mapsto} \sigma(i,j)$ に重複がないことを示そう．もし定義域のほうの S_n の元 σ, τ に対して，$f(\sigma) = f(\tau)$，すなわち，$\sigma(i,j) = \tau(i,j)$ となったとすると，両辺に右から (i,j) を掛ければ $\sigma = \tau$ となる．よって，対応 f には

重複がない.

以上より, f は一対一対応である. ■

定理 3.8 (行に関する行列式の性質) (1) 行列式は, 各行に関して線形的である. すなわち,

$$\begin{vmatrix} a_{11} & \cdots & a_{1n} \\ \vdots & & \vdots \\ a_{i1}+b_{i1} & \cdots & a_{in}+b_{in} \\ \vdots & & \vdots \\ a_{n1} & \cdots & a_{nn} \end{vmatrix} = \begin{vmatrix} a_{11} & \cdots & a_{1n} \\ \vdots & & \vdots \\ a_{i1} & \cdots & a_{in} \\ \vdots & & \vdots \\ a_{n1} & \cdots & a_{nn} \end{vmatrix} + \begin{vmatrix} a_{11} & \cdots & a_{1n} \\ \vdots & & \vdots \\ b_{i1} & \cdots & b_{in} \\ \vdots & & \vdots \\ a_{n1} & \cdots & a_{nn} \end{vmatrix}$$

$$\begin{vmatrix} a_{11} & \cdots & a_{1n} \\ \vdots & & \vdots \\ ka_{i1} & \cdots & ka_{in} \\ \vdots & & \vdots \\ a_{n1} & \cdots & a_{nn} \end{vmatrix} = k\begin{vmatrix} a_{11} & \cdots & a_{1n} \\ \vdots & & \vdots \\ a_{i1} & \cdots & a_{in} \\ \vdots & & \vdots \\ a_{n1} & \cdots & a_{nn} \end{vmatrix}, \qquad k \in \boldsymbol{R}.$$

(2) 2つの行を入れ換えると行列式は -1 倍になる. すなわち,

$$\begin{vmatrix} a_{11} & \cdots & a_{1n} \\ \vdots & & \vdots \\ a_{j1} & \cdots & a_{jn} \\ \vdots & & \vdots \\ a_{i1} & \cdots & a_{in} \\ \vdots & & \vdots \\ a_{n1} & \cdots & a_{nn} \end{vmatrix} = -\begin{vmatrix} a_{11} & \cdots & a_{1n} \\ \vdots & & \vdots \\ a_{i1} & \cdots & a_{in} \\ \vdots & & \vdots \\ a_{j1} & \cdots & a_{jn} \\ \vdots & & \vdots \\ a_{n1} & \cdots & a_{nn} \end{vmatrix}.$$

(3) 2つの行が等しければ行列式は 0. すなわち,

$$\begin{vmatrix} a_{11} & \cdots & a_{1n} \\ \vdots & & \vdots \\ a_{i1} & \cdots & a_{in} \\ \vdots & & \vdots \\ a_{i1} & \cdots & a_{in} \\ \vdots & & \vdots \\ a_{n1} & \cdots & a_{nn} \end{vmatrix} = 0.$$

(4) ある行の成分がすべて 0 であれば行列式は 0. すなわち,

$$\begin{vmatrix} a_{11} & \cdots & a_{1n} \\ \vdots & & \vdots \\ 0 & \cdots & 0 \\ \vdots & & \vdots \\ a_{n1} & \cdots & a_{nn} \end{vmatrix} = 0.$$

(5) ある行（第 j 行とする）を k 倍して，別の行（第 i 行とする）に加えても行列式の値は変わらない．すなわち，

$$\begin{vmatrix} a_{11} & \cdots & a_{1n} \\ \vdots & & \vdots \\ a_{i1}+ka_{j1} & \cdots & a_{in}+ka_{jn} \\ \vdots & & \vdots \\ a_{j1} & \cdots & a_{jn} \\ \vdots & & \vdots \\ a_{n1} & \cdots & a_{nn} \end{vmatrix} = \begin{vmatrix} a_{11} & \cdots & a_{1n} \\ \vdots & & \vdots \\ a_{i1} & \cdots & a_{in} \\ \vdots & & \vdots \\ a_{j1} & \cdots & a_{jn} \\ \vdots & & \vdots \\ a_{n1} & \cdots & a_{nn} \end{vmatrix}, \quad k \in \boldsymbol{R}.$$

証明 すべて $n=3$ の具体的な場合で考える．一般の場合も同様である．

(1) $i=1$ とする．

$$\begin{aligned} \text{第 1 式左辺} &= \sum_{\sigma\in S_3} \operatorname{sgn}(\sigma)(a_{1\sigma(1)}+b_{1\sigma(1)})a_{2\sigma(2)}a_{3\sigma(3)} \\ &= \sum_{\sigma\in S_3} \operatorname{sgn}(\sigma)a_{1\sigma(1)}a_{2\sigma(2)}a_{3\sigma(3)} + \sum_{\sigma\in S_3} \operatorname{sgn}(\sigma)b_{1\sigma(1)}a_{2\sigma(2)}a_{3\sigma(3)} \\ &= \text{第 1 式右辺}, \\ \text{第 2 式左辺} &= \sum_{\sigma\in S_3} \operatorname{sgn}(\sigma)(ka_{1\sigma(1)})a_{2\sigma(2)}a_{3\sigma(3)} \\ &= k\sum_{\sigma\in S_3} \operatorname{sgn}(\sigma)a_{1\sigma(1)}a_{2\sigma(2)}a_{3\sigma(3)} \\ &= \text{第 2 式右辺}, \end{aligned}$$

となる．他の場合も同様である．

(2) $i=1,\ j=2$ の場合を考えよう．

$$\begin{aligned} \text{左辺} &= \sum_{\sigma\in S_3} \operatorname{sgn}(\sigma)a_{2\sigma(1)}a_{1\sigma(2)}a_{3\sigma(3)} \\ &= \sum_{\sigma\in S_3} \operatorname{sgn}(\sigma)a_{1\sigma(2)}a_{2\sigma(1)}a_{3\sigma(3)} \end{aligned}$$

となる．ここで，σ が S_3 の元全体を動くとき，$\tau=\sigma(1,2)$ も S_3 の元全体を動く．このとき，

$$\begin{cases} \tau(1) = \sigma(2) \\ \tau(2) = \sigma(1) \\ \tau(3) = \sigma(3) \end{cases}$$

となるので，$\sigma = \tau(1,2)$ に注意して，上式右辺は，

$$\sum_{\tau \in S_3} \mathrm{sgn}(\tau(1,2))a_{1\tau(1)}a_{2\tau(2)}a_{3\tau(3)}$$
$$= -\sum_{\tau \in S_3} \mathrm{sgn}(\tau)a_{1\tau(1)}a_{2\tau(2)}a_{3\tau(3)} = -(\text{右辺})$$

と変形できる．

(3)　i 行目と j 行目が等しい正方行列 A に対して，(2) の結果より，i 行目と j 行目を入れ換えることを考えると，$\det A = -\det A$ である．よって，$\det A = 0$.

(4)　第 i 行がすべて 0 である行列を A とする．(1) において，$a_{i1} = \cdots = a_{in} = b_{i1} = \cdots = b_{in} = 0$ として考えると，$\det A = \det A + \det A$ を得る．よって，$\det A = 0$.

(5)　左辺を (1) を用いて展開し，(3) を用いれば求める式を得る．■

定理 3.6 より，転置を考えれば，行列式に関して行に関して成り立つ性質はすべて，列に関しても成り立つことが分かる．以下，これをまとめておく．

定理 3.9　**（列に関する行列式の性質）**　$1 \leq j \leq n$ に対して，$\boldsymbol{a}_j, \boldsymbol{b}_j$ を n 項列ベクトルとする．このとき，

(1)　行列式は，各列に関して線形的である．すなわち，

$$|\boldsymbol{a}_1 \ \cdots \ \boldsymbol{a}_i + \boldsymbol{b}_i \ \cdots \ \boldsymbol{a}_n| = |\boldsymbol{a}_1 \ \cdots \ \boldsymbol{a}_i \ \cdots \ \boldsymbol{a}_n| + |\boldsymbol{a}_1 \ \cdots \ \boldsymbol{b}_i \ \cdots \ \boldsymbol{a}_n|$$
$$|\boldsymbol{a}_1 \ \cdots \ k\boldsymbol{a}_i \ \cdots \ \boldsymbol{a}_n| = k|\boldsymbol{a}_1 \ \cdots \ \boldsymbol{a}_i \ \cdots \ \boldsymbol{a}_n|, \qquad k \in \boldsymbol{R}.$$

(2)　2つの列を入れ換えると行列式は -1 倍になる．すなわち，

$$|\boldsymbol{a}_1 \ \cdots \ \boldsymbol{a}_j \ \cdots \ \boldsymbol{a}_i \ \cdots \ \boldsymbol{a}_n| = -|\boldsymbol{a}_1 \ \cdots \ \boldsymbol{a}_i \ \cdots \ \boldsymbol{a}_j \ \cdots \ \boldsymbol{a}_n|.$$

(3)　2つの列が等しければ行列式は 0．すなわち，

$$|\boldsymbol{a}_1 \ \cdots \ \boldsymbol{a}_i \ \cdots \ \boldsymbol{a}_i \ \cdots \ \boldsymbol{a}_n| = 0.$$

(4)　ある列の成分がすべて 0 であれば行列式は 0．すなわち，

$$|\boldsymbol{a}_1 \ \cdots \ \boldsymbol{0} \ \cdots \ \boldsymbol{a}_n| = 0.$$

(5)　ある列（第 j 列とする）を k 倍して，別の列（第 i 列とする）に加えても行列式の値は変わらない．すなわち，

$$|\boldsymbol{a}_1 \ \cdots \ \boldsymbol{a}_i + k\boldsymbol{a}_j \ \cdots \ \boldsymbol{a}_j \ \cdots \ \boldsymbol{a}_n| = |\boldsymbol{a}_1 \ \cdots \ \boldsymbol{a}_i \ \cdots \ \boldsymbol{a}_j \ \cdots \ \boldsymbol{a}_n|, \quad k \in \boldsymbol{R}.$$

例題 3.4 以下の行列式を計算せよ.

(1) $\begin{vmatrix} 2 & 25 & 0 \\ -18 & 70 & 0 \\ -9 & 13 & 0 \end{vmatrix}$ (2) $\begin{vmatrix} 1 & 1 & 1 \\ 43 & -67 & -33 \\ 3 & 3 & 3 \end{vmatrix}$ (3) $\begin{vmatrix} 2 & 4 & 1 & 0 \\ 3 & 6 & -1 & 5 \\ -1 & -2 & 1 & 0 \\ 1 & 2 & 5 & -3 \end{vmatrix}$

解答 (1) 第 3 列がすべて 0 であるから行列式は 0 である.

(2) 第 3 行に第 1 行の -3 倍を加えることにより,

$$\begin{vmatrix} 1 & 1 & 1 \\ 43 & -67 & -33 \\ 3 & 3 & 3 \end{vmatrix} = \begin{vmatrix} 1 & 1 & 1 \\ 43 & -67 & -33 \\ 0 & 0 & 0 \end{vmatrix} = 0$$

となる.

(3) 第 2 列に第 1 列の -2 倍を加えることにより,

$$\begin{vmatrix} 2 & 4 & 1 & 0 \\ 3 & 6 & -1 & 5 \\ -1 & -2 & 1 & 0 \\ 1 & 2 & 5 & -3 \end{vmatrix} = \begin{vmatrix} 2 & 0 & 1 & 0 \\ 3 & 0 & -1 & 5 \\ -1 & 0 & 1 & 0 \\ 1 & 0 & 5 & -3 \end{vmatrix} = 0$$

となる. ◆

行列の積と行列式

次に, 行列式の最も重要な性質である, 行列の積との関係について解説しよう. そのためにまず, 以下の定理を準備しておく.

定理 3.10 $A = (a_{ij})$ を n 次正方行列とし, $\sigma \in S_n$ とする. A のすべての成分の行番号に置換 σ を施して得られる行列の行列式は $\mathrm{sgn}(\sigma) \det A$ である. すなわち,

$$\begin{vmatrix} a_{\sigma(1)1} & \cdots & a_{\sigma(1)n} \\ \vdots & \cdots & \vdots \\ a_{\sigma(n)1} & \cdots & a_{\sigma(n)n} \end{vmatrix} = \mathrm{sgn}(\sigma)\det A.$$

証明　σ を互換の積で表して，$\sigma=(i_1,j_1)(i_2,j_2)\cdots(i_s,j_s)$ とおく．定理 3.8 の (2) より，行列式内の行番号に互換を 1 回施すと行列式は -1 倍される．したがって，求める値は $(-1)^s\det A=\mathrm{sgn}(\sigma)\det A$ である．■

転置をとって考えることにより，以下の定理が直ちに得られる．

定理 3.11　$A=(a_{ij})$ を n 次正方行列とし，$\sigma\in S_n$ とする．A のすべての成分の列番号に置換 σ を施して得られる行列の行列式は $\mathrm{sgn}(\sigma)\det A$ である．すなわち，

$$\begin{vmatrix} a_{1\sigma(1)} & \cdots & a_{1\sigma(n)} \\ \vdots & \cdots & \vdots \\ a_{n\sigma(1)} & \cdots & a_{n\sigma(n)} \end{vmatrix} = \mathrm{sgn}(\sigma)\det A.$$

これで，ようやく以下の定理を証明する準備が整った．

定理 3.12　**(行列の積の行列式)**　A,B を n 次正方行列とするとき，

$$\det AB=(\det A)(\det B)$$

が成り立つ*．

証明　$n=3$ の場合で示す．一般の場合も考え方はまったく同じである．$A=(a_{ij})$，$B=(b_{ij})$ とおく．すると，

$$\det AB=\begin{vmatrix} \sum_{k_1=1}^{3} a_{1k_1}b_{k_11} & \sum_{k_1=1}^{3} a_{1k_1}b_{k_12} & \sum_{k_1=1}^{3} a_{1k_1}b_{k_13} \\ \sum_{k_2=1}^{3} a_{2k_2}b_{k_21} & \sum_{k_2=1}^{3} a_{2k_2}b_{k_22} & \sum_{k_2=1}^{3} a_{2k_2}b_{k_23} \\ \sum_{k_3=1}^{3} a_{3k_3}b_{k_31} & \sum_{k_3=1}^{3} a_{3k_3}b_{k_32} & \sum_{k_3=1}^{3} a_{3k_3}b_{k_33} \end{vmatrix}$$

となる．ここで，右辺の 1 行目に注目すると，行ベクトルのスカラー倍たちの

* この性質は大変重要で，今後頻繁に用いるのでよく覚えておこう．

和として

$$\sum_{k_1=1}^{3} a_{1k_1}(b_{k_11} \quad b_{k_12} \quad b_{k_13})$$

と表されるので，定理 3.8 の (1) より，上式右辺は

$$\sum_{k_1=1}^{3} a_{1k_1} \begin{vmatrix} b_{k_11} & b_{k_12} & b_{k_13} \\ \sum_{k_2=1}^{3} a_{2k_2}b_{k_21} & \sum_{k_2=1}^{3} a_{2k_2}b_{k_22} & \sum_{k_2=1}^{3} a_{2k_2}b_{k_23} \\ \sum_{k_3=1}^{3} a_{3k_3}b_{k_31} & \sum_{k_3=1}^{3} a_{3k_3}b_{k_32} & \sum_{k_3=1}^{3} a_{3k_3}b_{k_33} \end{vmatrix}$$

と変形でき，第 2 行，第 3 行も同様に考えて，上式は

$$\sum_{k_1=1}^{3}\sum_{k_2=1}^{3}\sum_{k_3=1}^{3} a_{1k_1}a_{2k_2}a_{3k_3} \begin{vmatrix} b_{k_11} & b_{k_12} & b_{k_13} \\ b_{k_21} & b_{k_22} & b_{k_23} \\ b_{k_31} & b_{k_32} & b_{k_33} \end{vmatrix}$$

となる．ここで，上式において k_1,k_2,k_3 は独立に 1,2,3 の値をとるが，等しいものが 1 つでもあると，後ろの行列式は 0 であるのでその項は考えなくてもよいことが分かる．すなわち，上式の和は k_1,k_2,k_3 がすべて相異なるように 1,2,3 の値をとると考えてよい．つまり，いい換えれば次のようになる．

$$\begin{aligned} \text{上式} &= \sum_{\sigma \in S_3} a_{1\sigma(1)}a_{2\sigma(2)}a_{3\sigma(3)} \begin{vmatrix} b_{\sigma(1)1} & b_{\sigma(1)2} & b_{\sigma(1)3} \\ b_{\sigma(2)1} & b_{\sigma(2)2} & b_{\sigma(2)3} \\ b_{\sigma(3)1} & b_{\sigma(3)2} & b_{\sigma(3)3} \end{vmatrix} \\ &= \sum_{\sigma \in S_3} a_{1\sigma(1)}a_{2\sigma(2)}a_{3\sigma(3)} \operatorname{sgn}(\sigma) \det B \\ &= \det B \sum_{\sigma \in S_3} \operatorname{sgn}(\sigma) a_{1\sigma(1)}a_{2\sigma(2)}a_{3\sigma(3)} = (\det B)(\det A) \end{aligned}$$

となる．■

演習問題 3.3

3.3.1　以下の行列式を計算せよ．

(1) $\begin{vmatrix} 100 & 101 & 102 \\ 101 & 102 & 103 \\ 102 & 103 & 104 \end{vmatrix}$　　(2) $\begin{vmatrix} 1 & 2 & 3 \\ 1^2 & 2^2 & 3^2 \\ 1^3 & 2^3 & 3^3 \end{vmatrix}$

3.3.2　a,b,c を実数とするとき，以下の行列式を計算せよ．

(1) $\begin{vmatrix} 1 & a & b+c \\ 1 & b & c+a \\ 1 & c & a+b \end{vmatrix}$　　(2) $\begin{vmatrix} a+b & b & a \\ b+c & c & b \\ c+a & a & c \end{vmatrix}$

3.3.3　a,b,c を実数とするとき，以下の行列式を計算せよ．解は因数分解されたままでよい．

(1) $\begin{vmatrix} 1 & a & a^2 \\ 1 & b & b^2 \\ 1 & c & c^2 \end{vmatrix}$　　(2) $\begin{vmatrix} a & b & c \\ c & a & b \\ b & c & a \end{vmatrix}$

3.4　行列式の余因子展開

本講の目標

- **余因子展開**を利用して，与えられた行列の行列式を効率良く手計算で計算できるようになる．

この節では，実際に行列式を計算する際に有用な，余因子展開について解説する．n 次正方行列 $A=(a_{ij})$ から，その第 i 行と第 j 列を取り除いて得られる，$(n-1)$ 次の正方行列を $A_{\langle ij\rangle}$ とおく．すなわち，

$$A_{\langle ij\rangle} := \begin{pmatrix} a_{11} & \cdots & a_{1,j-1} & a_{1,j+1} & \cdots & a_{1n} \\ \vdots & & \vdots & \vdots & & \vdots \\ a_{i-1,1} & \cdots & a_{i-1,j-1} & a_{i-1,j+1} & \cdots & a_{i-1,n} \\ a_{i+1,1} & \cdots & a_{i+1,j-1} & a_{i+1,j+1} & \cdots & a_{i+1,n} \\ \vdots & & \vdots & \vdots & & \vdots \\ a_{n1} & \cdots & a_{n,j-1} & a_{n,j+1} & \cdots & a_{nn} \end{pmatrix}$$

である．さらに，

$$\tilde{a}_{ij} := (-1)^{i+j} \det A_{\langle ij\rangle}$$

とおき，これを A における a_{ij} の**余因子**という．

例 3.1　$n=2$ として，$A=\begin{pmatrix} a_{11} & a_{12} \\ a_{21} & a_{22} \end{pmatrix}$ を考える．すると，A における各余因子は以下のように計算される．

$$\tilde{a}_{11} = (-1)^{1+1}\det(a_{22}) = a_{22},$$
$$\tilde{a}_{12} = (-1)^{1+2}\det(a_{21}) = -a_{21},$$
$$\tilde{a}_{21} = (-1)^{2+1}\det(a_{12}) = -a_{12},$$
$$\tilde{a}_{22} = (-1)^{2+2}\det(a_{11}) = a_{11}.$$ ◆

さて，ここで，特別な形をした行列（第1列がある成分を除いてすべて0である行列である.）の行列式について考えよう.

命題 3.1 n 次正方行列

$$A = \begin{pmatrix} a_{11} & a_{12} & \cdots & a_{1n} \\ 0 & a_{22} & \cdots & a_{2n} \\ \vdots & \vdots & \cdots & \vdots \\ 0 & a_{n2} & \cdots & a_{nn} \end{pmatrix}$$

に対して，

$$\det A = a_{11}\begin{vmatrix} a_{22} & \cdots & a_{2n} \\ \vdots & \cdots & \vdots \\ a_{n2} & \cdots & a_{nn} \end{vmatrix} = a_{11}\tilde{a}_{11}$$

が成り立つ.

証明 $n=3$ の場合で考える．一般の場合も考え方はまったく同様である.

$$\text{左辺} = \sum_{\sigma\in S_3}\operatorname{sgn}(\sigma)a_{1\sigma(1)}a_{2\sigma(2)}a_{3\sigma(3)}$$

において，$i \neq 1$ のとき，$a_{i1} = 0$ である．したがって，$\sigma(1) \neq 1$ である $\sigma \in S_3$ に対しては $\sigma(2) = 1$ または $\sigma(3) = 1$ となるので，このような σ に対する項 $a_{1\sigma(1)}a_{2\sigma(2)}a_{3\sigma(3)}$ は0である．ゆえに，行列式の定義における和は，いまの場合，$\sigma(1) = 1$ となる $\sigma \in S_3$ についてのみ考えればよい．すなわち，

$$S = \{\sigma \in S_3 \mid \sigma(1) = 1\} \subset S_3$$

とおくと，

$$\begin{aligned}\text{左辺} &= \sum_{\sigma\in S}\operatorname{sgn}(\sigma)a_{11}a_{2\sigma(2)}a_{3\sigma(3)} \\ &= a_{11}\sum_{\sigma\in S}\operatorname{sgn}(\sigma)a_{2\sigma(2)}a_{3\sigma(3)}\end{aligned}$$

となる．このとき，S は2個（$n-1$ 個）の文字 2,3（$2,3,\cdots,n$）の置換全体の集合とみなせるので，行列式の定義から，上式右辺は

$$a_{11}\begin{vmatrix} a_{22} & a_{23} \\ a_{32} & a_{33} \end{vmatrix}$$

と変形できる．これより求める式が得られる．■

命題 3.2 n 次正方行列

$$A = \begin{pmatrix} 0 & a_{12} & \cdots & a_{1n} \\ \vdots & \vdots & \cdots & \vdots \\ a_{i1} & a_{i2} & \cdots & a_{in} \\ \vdots & \vdots & \cdots & \vdots \\ 0 & a_{n2} & \cdots & a_{nn} \end{pmatrix}$$

に対して，

$$\det A = (-1)^{i+1}\, a_{i1} \begin{vmatrix} a_{12} & \cdots & a_{1n} \\ \vdots & \vdots & \vdots \\ a_{i-1,2} & \cdots & a_{i-1,n} \\ a_{i+1,2} & \cdots & a_{i+1,n} \\ \vdots & \vdots & \vdots \\ a_{n2} & \cdots & a_{nn} \end{vmatrix} = a_{i1}\tilde{a}_{i1}$$

が成り立つ．

証明 A の第 i 行を 1 行ずつ入れ換えて一番上に持ってくることを考えると，$i-1$ 回入れ換えるので，$(-1)^{i-1} = (-1)^{i+1}$ に注意して，

$$\det A = (-1)^{i+1} \begin{vmatrix} a_{i1} & a_{i2} & \cdots & a_{in} \\ 0 & a_{12} & \cdots & a_{1n} \\ \vdots & \vdots & \cdots & \vdots \\ 0 & a_{i-1,2} & \cdots & a_{i-1,n} \\ 0 & a_{i+1,2} & \cdots & a_{i+1,n} \\ \vdots & \vdots & \cdots & \vdots \\ 0 & a_{n2} & \cdots & a_{nn} \end{vmatrix}$$

となる．よって，命題 3.1 より，上式は

$$
(-1)^{i+1}\, a_{i1} \begin{vmatrix} a_{12} & \cdots & a_{1n} \\ \vdots & \cdots & \vdots \\ a_{i-1,2} & \cdots & a_{i-1,n} \\ a_{i+1,2} & \cdots & a_{i+1,n} \\ \vdots & \cdots & \vdots \\ a_{n2} & \cdots & a_{nn} \end{vmatrix}
$$

となる．これより 2 つ目の等号も得られる． ■

以下の定理は行列式を実際に計算する上で大変実用的であり，線形代数学の中で最も重要な定理のうちの 1 つである．

定理 3.13 （**行列式の余因子展開**） n 次正方行列 $A = (a_{ij})$ に対して，

(1) $\det A = a_{i1}\tilde{a}_{i1} + a_{i2}\tilde{a}_{i2} + \cdots + a_{in}\tilde{a}_{in}, \quad 1 \leq i \leq n$

(2) $\det A = a_{1j}\tilde{a}_{1j} + a_{2j}\tilde{a}_{2j} + \cdots + a_{nj}\tilde{a}_{nj}, \quad 1 \leq j \leq n$

が成り立つ．このとき (1) を第 i 行に沿った**余因子展開**といい，(2) を第 j 列に沿った**余因子展開**という*．

証明 (2) を $n = 3$ として具体的な場合に示そう．他の場合も同様である．まず $j = 1$ のとき，A の第 1 列は

$$
\begin{pmatrix} a_{11} \\ a_{21} \\ a_{31} \end{pmatrix} = \begin{pmatrix} a_{11} \\ 0 \\ 0 \end{pmatrix} + \begin{pmatrix} 0 \\ a_{21} \\ 0 \end{pmatrix} + \begin{pmatrix} 0 \\ 0 \\ a_{31} \end{pmatrix}
$$

と書ける．よって，行列式の性質，および命題 3.2 から，

$$
\begin{aligned}
\det A &= \begin{vmatrix} a_{11} & a_{12} & a_{13} \\ 0 & a_{22} & a_{23} \\ 0 & a_{32} & a_{33} \end{vmatrix} + \begin{vmatrix} 0 & a_{12} & a_{13} \\ a_{21} & a_{22} & a_{23} \\ 0 & a_{32} & a_{33} \end{vmatrix} + \begin{vmatrix} 0 & a_{12} & a_{13} \\ 0 & a_{22} & a_{23} \\ a_{31} & a_{32} & a_{33} \end{vmatrix} \\
&= a_{11}\tilde{a}_{11} + a_{21}\tilde{a}_{21} + a_{31}\tilde{a}_{31}
\end{aligned}
$$

となる．

次に，$j \neq 1$ の場合を考える．ここでは $j = 3$ として考えてみよう*2．3 列目を 1 列ずつ入れ換えて 1 列目に持ってくることを考える．すると，2 回

---

* この定理は，どのような行や列に注目しても余因子展開の結果は同じで，$\det A$ になるということを示しており，大変強力な定理である．

*2 どの部分が j であるか分かりやすいように，あえて j と書いておく．

$(j-1$ 回) 入れ換えるので，$(-1)^{j-1}=(-1)^{j+1}$ に注意して，

$$\det A = (-1)^{j+1}\begin{vmatrix} a_{13} & a_{11} & a_{12} \\ a_{23} & a_{21} & a_{22} \\ a_{33} & a_{31} & a_{32} \end{vmatrix}$$

となる．そこで，前半に示した結果を使うと，

$$\begin{aligned}\det A &= (-1)^{j+1}\left(a_{13}\begin{vmatrix} a_{21} & a_{22} \\ a_{31} & a_{32} \end{vmatrix} - a_{23}\begin{vmatrix} a_{11} & a_{12} \\ a_{31} & a_{32} \end{vmatrix} + a_{33}\begin{vmatrix} a_{11} & a_{12} \\ a_{21} & a_{22} \end{vmatrix}\right) \\ &= a_{13}(-1)^{1+j}\det A_{\langle 13\rangle} \\ &\qquad + a_{23}(-1)^{2+j}\det A_{\langle 23\rangle} + a_{33}(-1)^{3+j}\det A_{\langle 33\rangle} \\ &= a_{13}\tilde{a}_{13} + a_{23}\tilde{a}_{23} + a_{33}\tilde{a}_{33}\end{aligned}$$

となる．他の場合も同様に示される．■

命題 3.3　n 次の上三角行列

$$A = \begin{pmatrix} a_{11} & a_{12} & \cdots & a_{1n} \\ 0 & a_{22} & \ddots & a_{2n} \\ \vdots & \ddots & \ddots & \vdots \\ 0 & 0 & 0 & a_{nn} \end{pmatrix}$$

に対して，

$$\det A = a_{11}a_{22}\cdots a_{nn}$$

が成り立つ．

証明　A の行列式を第 1 列で余因子展開すれば，

$$\det A = a_{11}\begin{vmatrix} a_{22} & \cdots & a_{2n} \\ 0 & \ddots & \vdots \\ 0 & 0 & a_{nn} \end{vmatrix}$$

となるので，これを繰り返せば求める結果を得る．■

より一般には，以下が成り立つ．

定理 3.14　A が m 次正方行列，B が n 次正方行列，C を (m,n) 行列とするとき，

$$\begin{vmatrix} A & C \\ O & B \end{vmatrix} = (\det A)(\det B)$$

証明 $m = 1$ のときは命題3.3より明らか．次に，$m = 2$ の場合を考えてみよう．すると，

$$\begin{vmatrix} A & C \\ O & B \end{vmatrix} = \begin{vmatrix} a_{11} & a_{12} & \\ a_{21} & a_{22} & C \\ O & & B \end{vmatrix}$$

となっている．そこで，右辺の行列式を第1列で展開することを考える．C から第 i 行を取り除いた行列を C_i とおくと，$m = 1$ の場合の結果を用いて

$$\begin{aligned} \text{右辺} &= a_{11}\begin{vmatrix} a_{22} & C_1 \\ O & B \end{vmatrix} - a_{21}\begin{vmatrix} a_{12} & C_2 \\ O & B \end{vmatrix} \\ &= a_{11}a_{22}|B| - a_{21}a_{12}|B| \\ &= |A||B| \end{aligned}$$

となるので，$m = 2$ のときも正しい．まったく同様に，m に関する帰納法を用いて一般の場合も示される． ■

余因子展開は，行列式の計算上有用だが，実際の計算においては直接適用するのではなく，以下のような操作を用いて行列を簡単なものに変形させてから用いるのが有効である．

ワンポイント 行列式を計算するときのコツ

(1) 2次の行列式は暗算ですぐに計算できるようにしておくこと．3次の行列式については，計算が得意であればサラスの展開を用いてもよいだろう．もし，成分が桁の大きい数であったり，分数などが混じるようであれば，計算ミスを極力減らすため，以下の (3) のような基本変形を行うほうがよい．

(2) 余因子展開を用いて行列式を計算しようとするとき，余因子展開の性質から，どの行またはどの列に関して展開を行っても行列式を計算できる．したがって，計算量を少なくするには，なるべく成分に0が多い行または列に適用するのがよい．

(3) 成分に0を持つような行 (または列) がないときは，行列の基本変形

(特に定理 3.8，定理 3.9 の (5)) を用いて**どれかの行 (または列) をある成分を除いてすべて 0 となるように変形してしまう**と，その後の計算が楽である．

(4)　与えられた行列の形によっては，特殊な工夫をすると素早く計算できたりすることもあるので，上記の操作がすべての場合において計算を簡略化するための最善の方法というわけではない．しかし，大抵の場合においては有効である．

例 3.2　$A = \begin{pmatrix} a & b \\ c & d \end{pmatrix}$ のとき，$\det A$ を二通りの方法で計算してみよう．

(1)　第 1 列で余因子展開．

$$\det A = a \cdot (-1)^{1+1} d + c \cdot (-1)^{2+1} b = ad - bc.$$

(2)　第 2 行で余因子展開．

$$\det A = c \cdot (-1)^{2+1} b + d \cdot (-1)^{2+2} a = ad - bc.$$

このように，どちらでも $\det A$ を計算できることが確認できる．◆

例題 3.5　2 次正方行列

$$A = \begin{pmatrix} 3 & 2 \\ 5 & 4 \end{pmatrix}$$

の行列式を計算せよ．

解答　たすきの差の公式を用いて，$\det A = 3 \times 4 - 2 \times 5 = 2$ となる．◈

例題 3.6　3 次正方行列

$$A = \begin{pmatrix} 1 & 3 & -1 \\ -1 & 1 & 2 \\ 2 & 2 & -1 \end{pmatrix}$$

の行列式を計算せよ．

解答　行列 A に以下のような行基本変形

①　2 行目に 1 行目の 1 倍を足す．

② 3 行目に 1 行目の -2 倍を足す.

③ 3 行目に 2 行目の 1 倍を足す.

を順に行った行列を A' とすると,

$$A' = \begin{pmatrix} 1 & 3 & -1 \\ 0 & 4 & 1 \\ 0 & 0 & 2 \end{pmatrix}$$

となる. したがって, $\det A = \det A' = 8$ を得る. ◆

演習問題 3.4

3.4.1 以下の行列 A の各余因子を計算せよ.

(1) $\begin{pmatrix} 1 & 3 \\ 0 & 4 \end{pmatrix}$　(2) $\begin{pmatrix} 1 & 0 & -1 \\ -3 & 2 & 1 \\ -1 & 5 & 0 \end{pmatrix}$

3.4.2 第 1 行で余因子展開を行うことにより, 以下の行列式を計算せよ.

(1) $\begin{vmatrix} 3 & 0 & 0 \\ -2 & 7 & 1 \\ 1 & 1 & -2 \end{vmatrix}$　(2) $\begin{vmatrix} 1 & 2 & 3 \\ 4 & -2 & 0 \\ -1 & 1 & -3 \end{vmatrix}$　(3) $\begin{vmatrix} -1 & 3 & 7 \\ -5 & 1 & -2 \\ 0 & 1 & 2 \end{vmatrix}$

3.4.3 余因子展開を行うことにより, 以下の行列式を計算せよ.

(1) $\begin{vmatrix} 11 & 9 & 0 \\ 2 & -3 & 0 \\ 7 & 5 & 2 \end{vmatrix}$　(2) $\begin{vmatrix} -5 & 2 & 3 \\ 0 & 1 & 0 \\ -1 & -2 & 4 \end{vmatrix}$　(3) $\begin{vmatrix} 23 & 3 & 0 & 3 \\ 16 & 1 & 3 & 3 \\ -13 & 2 & 1 & -1 \\ 1 & 0 & 0 & 0 \end{vmatrix}$

3.4.4 以下の行列式を計算せよ.

(1) $\begin{vmatrix} 2 & 4 & -6 \\ 5 & 9 & -7 \\ 8 & 14 & -8 \end{vmatrix}$　(2) $\begin{vmatrix} -3 & 2 & 0 \\ 7 & 4 & -6 \\ 9 & 2 & 5 \end{vmatrix}$　(3) $\begin{vmatrix} 5 & 10 & 15 \\ 0 & -1 & 4 \\ -7 & -14 & 7 \end{vmatrix}$

3.4.5 x を実数とするとき, 以下の行列式を計算せよ.

(1) $\begin{vmatrix} x & 1 & 1 & 1 \\ 1 & x & 1 & 1 \\ 1 & 1 & x & 1 \\ 1 & 1 & 1 & x \end{vmatrix}$　(2) $\begin{vmatrix} 0 & a^2 & b^2 & 1 \\ a^2 & 0 & c^2 & 1 \\ b^2 & c^2 & 0 & 1 \\ 1 & 1 & 1 & 0 \end{vmatrix}$

3.4.6 以下の n 次正方行列の行列式を計算せよ.

$$\begin{pmatrix} O & & 1 \\ & \iddots & \\ 1 & & O \end{pmatrix}$$

3.5 余因子行列を用いた逆行列の記述

本講の目標

- **余因子行列**を用いると正則行列の逆行列を記述できることを理解する.
- ただし，これは理論的に重要なことであって，実際の具体的な逆行列の計算に応用することはまずないことに注意する.

n 次正方行列 $A=(a_{ij})$ に対して，(i,j) 成分が A における a_{ji} の余因子 $\tilde{a}_{ji}$ となる行列

$$\widetilde{A} := (\tilde{a}_{ji})$$

を A の**余因子行列**という*.

例 3.3 $A=\begin{pmatrix} a & b \\ c & d \end{pmatrix}$ に対して，

$$\widetilde{A}=\begin{pmatrix} d & -b \\ -c & a \end{pmatrix}$$

である. ◆

この例を見ても分かるように，余因子行列とは，行列式の逆数倍のズレを除いた A の逆行列のようなものであることが分かる．実際，A が正則のときは A の余因子行列を用いて A の逆行列を記述することができる．そのために，次の定理を準備する.

定理 3.15 n 次正方行列 $A=(a_{ij})$ に対して，

(1) $a_{i1}\tilde{a}_{s1}+a_{i2}\tilde{a}_{s2}+\cdots+a_{in}\tilde{a}_{sn}=0, \qquad s\neq i$

* 行と列の添え字に注意！

(2) $a_{1j}\tilde{a}_{1t}+a_{2j}\tilde{a}_{2t}+\cdots+a_{nj}\tilde{a}_{nt}=0, \quad t\neq j$
が成り立つ.

証明 (2) を示そう. $n=3$ とし, $j=2$, $t=3$ の場合に考えてみよう. 他の場合もまったく同様である. $A=(\boldsymbol{a}_1\ \ \boldsymbol{a}_2\ \ \boldsymbol{a}_3)$ とおく. A の第3列 (第 t 列) を $\boldsymbol{a}_2$ (第 j 列) で置き換えた行列を $A'=(\boldsymbol{a}_1\ \ \boldsymbol{a}_2\ \ \boldsymbol{a}_2)$ とおく. すると, $\det A'=0$ である. 一方, $|\boldsymbol{a}_1\ \ \boldsymbol{a}_2\ \ \boldsymbol{a}_2|$ を第3列 (第 t 列) で余因子展開することを考えてみよう. すると, A' から第3列 (第 t 列) を取り除くことは A から第3列 (第 t 列) を取り除くことと同じであることに注意して,

$$\begin{aligned}0=\det A'&=a_{12}\begin{vmatrix}a_{21}&a_{22}\\a_{31}&a_{32}\end{vmatrix}-a_{22}\begin{vmatrix}a_{11}&a_{12}\\a_{31}&a_{32}\end{vmatrix}+a_{32}\begin{vmatrix}a_{11}&a_{12}\\a_{21}&a_{22}\end{vmatrix}\\&=a_{12}\tilde{a}_{13}+a_{22}\tilde{a}_{23}+a_{32}\tilde{a}_{33}\end{aligned}$$

となる. ■

定理 3.16 n 次正方行列 A に対して,

$$A\tilde{A}=\tilde{A}A=(\det A)E_n.$$

特に, $\det A\neq 0$ のとき,

$$A^{-1}=\frac{1}{\det A}\tilde{A}$$

となる.

証明 $A=(a_{ij})$ とおく. すると,

$$A\tilde{A}=(a_{ij})(\tilde{a}_{ji})=\left(\sum_{k=1}^{n}a_{ik}\tilde{a}_{jk}\right)$$

となるが, 定理 3.13, および定理 3.15 より,

$$\sum_{k=1}^{n}a_{ik}\tilde{a}_{jk}=\begin{cases}\det A, & i=j\\ 0, & i\neq j\end{cases}$$

となるので, $A\tilde{A}=(\det A)E_n$ である. $\tilde{A}A=(\det A)E_n$ についても同様である.

さらに, $\det A\neq 0$ であれば,

$$A\cdot\left(\frac{1}{\det A}\tilde{A}\right)=\left(\frac{1}{\det A}\tilde{A}\right)\cdot A=E_n$$

と書けるので，A は正則で，その逆行列は $\dfrac{1}{\det A}\widetilde{A}$ となることが分かる．■

以下の定理は行列式の名前の由来になった定理である．連立1次方程式への応用は次節で考える．

定理 3.17　A を n 次正方行列とする．このとき，

$$A \text{ が正則} \iff \det A \neq 0$$

が成り立つ．

証明　($\Longrightarrow$)　A が正則とすると，ある n 次正方行列 B が存在して，$AB = E_n$ となる．両辺の行列式をとって，$(\det A)(\det B) = 1$ となるので，$\det A \neq 0$.

($\Longleftarrow$)　$\det A \neq 0$ とすると，定理 3.16 より，A は正則である．■

演習問題 3.5

3.5.1　行列

$$A = \begin{pmatrix} 5 & 13 \\ -4 & -10 \end{pmatrix}$$

を考える．

(1)　A の行列式を計算せよ．

(2)　A の各余因子を計算し，A の逆行列を求めよ．

(3)　行列の基本変形を用いて，A の逆行列を求めよ．

3.5.2　行列

$$A = \begin{pmatrix} 2 & 3 & 3 \\ -2 & 2 & 1 \\ 4 & -1 & 1 \end{pmatrix}$$

を考える．

(1)　A の行列式を計算せよ．

(2)　A の各余因子を計算し，A の逆行列を求めよ．

(3)　行列の基本変形を用いて，A の逆行列を求めよ．

3.5.3　A,B を n 次正方行列とする．このとき，以下を示せ．

(1)　AB が正則であれば，A,B ともに正則である．

(2) ある自然数 $m \geq 1$ が存在して $A^m = E_n$ であれば，A は正則である．

(3) ある自然数 $m \geq 1$ が存在して $A^m = O$ であれば，A は正則ではない．

3.6 クラーメルの公式

本講の目標

- 連立1次方程式は，係数行列の行列式が0でないとき一意的に解が求まることを理解する．
- さらに，その解は行列式を用いて記述できることを理解する．ただし，これはあくまで理論的に記述できるというものであって，具体的な手計算で用いることはまれである．

本節では，変数の数と式の数が等しい連立1次方程式の解法について考える．連立1次方程式 (2.4) において，$n = m$ の場合を考えよう．

$$\begin{cases} a_{11}x_1 + \cdots + a_{1n}x_n = b_1 & \cdots\cdots ① \\ a_{21}x_1 + \cdots + a_{2n}x_n = b_2 & \cdots\cdots ② \\ \qquad\qquad \vdots & \\ a_{n1}x_1 + \cdots + a_{nn}x_n = b_n & \cdots\cdots ⓝ \end{cases}$$

この連立1次方程式の係数行列を A とし，A は正則 $(\det A \neq 0)$ とする．A の余因子行列を $\widetilde{A}$ とすると

$$A\boldsymbol{x} = \boldsymbol{b} \iff \boldsymbol{x} = A^{-1}\boldsymbol{b} = \frac{1}{\det A}\widetilde{A}\boldsymbol{b}$$

となるので，この連立1次方程式はただ1つの解を持ち，さらにそれは A の行列式と余因子行列を用いて記述できることが分かる．具体的には，

$$\boldsymbol{x} = \frac{1}{\det A}\begin{pmatrix} \tilde{a}_{11}b_1 + \tilde{a}_{21}b_2 + \cdots + \tilde{a}_{n1}b_n \\ \tilde{a}_{12}b_1 + \tilde{a}_{22}b_2 + \cdots + \tilde{a}_{n2}b_n \\ \vdots \\ \tilde{a}_{1n}b_1 + \tilde{a}_{2n}b_2 + \cdots + \tilde{a}_{nn}b_n \end{pmatrix}$$

となる．特に，

$$\boldsymbol{x} = \begin{pmatrix} x_1 \\ \vdots \\ x_n \end{pmatrix}$$

とおくと，各 $1 \leq i \leq n$ に対して，

$$\begin{aligned} x_i &= \frac{1}{\det A}(\tilde{a}_{1i}b_1 + \tilde{a}_{2i}b_2 + \cdots + \tilde{a}_{ni}b_n) \\ &= \frac{1}{\det A}\begin{vmatrix} a_{11} & \cdots & a_{1,i-1} & b_1 & a_{1,i+1} & \cdots & a_{1n} \\ a_{21} & \cdots & a_{2,i-1} & b_2 & a_{2,i+1} & \cdots & a_{2n} \\ \vdots & \vdots & \vdots & \vdots & \vdots & \vdots & \vdots \\ a_{n1} & \cdots & a_{n,i-1} & b_n & a_{n,i+1} & \cdots & a_{nn} \end{vmatrix} \end{aligned}$$

となる．

これを**クラーメルの公式**という．一般に，計算の煩雑さから，この公式を実際の方程式を解くのに使うことはまれで，あくまで理論的な公式である*．

演習問題 3.6

3.6.1 クラーメルの公式を用いて以下の連立1次方程式を解け．

(1) $\begin{cases} 2x - y = 1 \\ x - 2y = 1 \end{cases}$ (2) $\begin{cases} 3x + y = 1 \\ 2x - 3y = 2 \end{cases}$ (3) $\begin{cases} x + y + z = 1 \\ x - y + z = 2 \\ x + y - z = 3 \end{cases}$

3.6.2 以下の連立1次方程式が自明でない解を持つように実数 a を定めよ．

$$\begin{cases} (-1-a)x + 2y + 2z = 0 \\ 2x + (2-a)y + 2z = 0 \\ -3x - 6y + (-6-a)z = 0 \end{cases}$$

* 計算機に実装させる場合などに用いられるようである．

3.7　行列式の幾何学的意味

本講の目標

- 三角形の 3 辺の長さが与えられるとその三角形の面積を記述できる．これはヘロンの公式と呼ばれる．このヘロンの公式が行列式を用いた方法で導けることを確認する．
- 行列式の幾何学的な意味として，2 次の行列式が平行四辺形の面積として，3 次の行列式が平行六面体の体積として表せることを理解する．

この節では，2 次や 3 次の行列式の幾何学的な解釈についていくつか考察する．本節では，高校で学習した平面ベクトルの内積を用いる．すなわち，$\boldsymbol{a},\boldsymbol{b}$ を平面ベクトルとするとき，$\boldsymbol{a}$ と $\boldsymbol{b}$ の内積を

$$\boldsymbol{a}\cdot\boldsymbol{b} := \|\boldsymbol{a}\|\,\|\boldsymbol{b}\|\cos\theta$$

によって定める．ここで，$\|\boldsymbol{a}\|$ は $\boldsymbol{a}$ の長さを表し，$0 \leq \theta \leq \pi$ は $\boldsymbol{a}$ と $\boldsymbol{b}$ のなす角である．$\boldsymbol{a}$ と $\boldsymbol{b}$ の成分表示 $\boldsymbol{a} = \begin{pmatrix} a_1 \\ a_2 \end{pmatrix}$, $\boldsymbol{b} = \begin{pmatrix} b_1 \\ b_2 \end{pmatrix}$ を用いれば，$\boldsymbol{a}\cdot\boldsymbol{b} = a_1b_1 + a_2b_2$ である．力学的には，図 3.1 のように，(摩擦のない) 床に置かれている物体 X を，$\boldsymbol{a}$ の方向に $\|\boldsymbol{a}\|$ の大きさの力で引っ張りながら床の上を $\boldsymbol{b}$ 方向に $\|\boldsymbol{b}\|$ の距離だけ動かすときの仕事量が $\|\boldsymbol{a}\cdot\boldsymbol{b}\|$ であり，図の長方形の面積に等しい．

内積や計量に関する体系的な解説は，第 7 章を参照されたい．

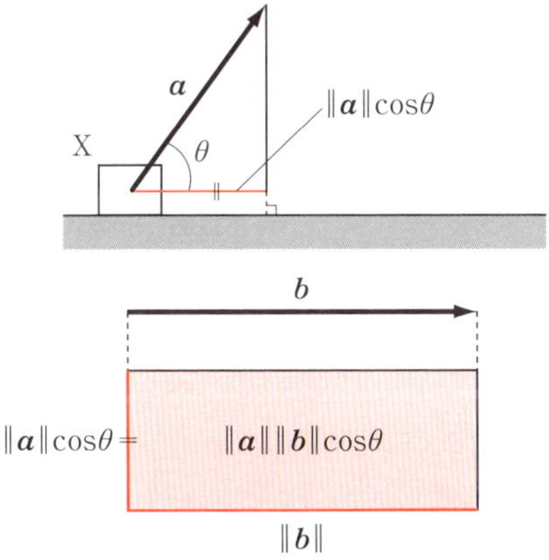

図 3.1

3.7.1　平面内の三角形の面積とヘロンの公式

一般に，三角形は 3 辺が与えられれば一意的に定まる．つまり，3 辺の長さが等しい 2 つの三角形は合同である．したがって，3 辺の長さから三角形の面

積が求まるはずである．実際，このような公式が存在し，ヘロンの公式と呼ばれている．この項では，行列式の考え方を用いてヘロンの公式を証明しよう*．まずは，三角形の面積に関する簡単な事実から解説する．

命題 3.4　$\boldsymbol{R}^2$ 内のベクトル

$$\boldsymbol{a} = \begin{pmatrix} a_1 \\ a_2 \end{pmatrix}, \quad \boldsymbol{b} = \begin{pmatrix} b_1 \\ b_2 \end{pmatrix}$$

が定める三角形の面積 S は，

$$S = \frac{1}{2}|\det(\boldsymbol{a}\ \boldsymbol{b})| = \frac{1}{2}\left|\begin{vmatrix} a_1 & b_1 \\ a_2 & b_2 \end{vmatrix}\right|$$

で与えられる*2．

証明　ベクトル $\boldsymbol{a}$ と $\boldsymbol{b}$ のなす角を θ とすれば，

$$S = \frac{1}{2}\|\boldsymbol{a}\|\,\|\boldsymbol{b}\|\sin\theta$$

であるので，

$$\begin{aligned} S^2 &= \frac{1}{4}\|\boldsymbol{a}\|^2\|\boldsymbol{b}\|^2(1-\cos^2\theta) \\ &= \frac{1}{4}\{\|\boldsymbol{a}\|^2\|\boldsymbol{b}\|^2 - \|\boldsymbol{a}\|^2\|\boldsymbol{b}\|^2\cos^2\theta\} \\ &= \frac{1}{4}\{(a_1{}^2+a_2{}^2)(b_1{}^2+b_2{}^2)-(a_1b_1+a_2b_2)^2\} \end{aligned}$$

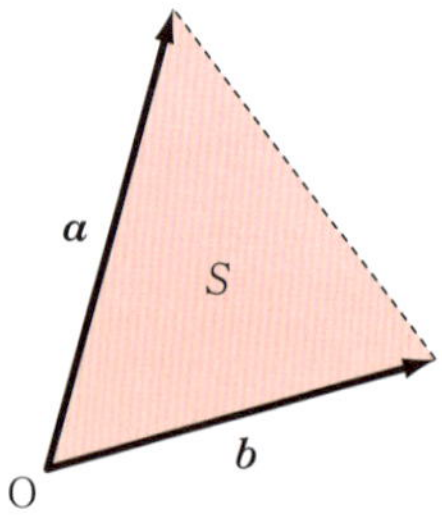

図 3.2

である．一方，$A = (\boldsymbol{a}\ \boldsymbol{b})$ とおくと，

$$\begin{aligned} (\det A)^2 = (\det A)(\det {}^tA) &= \begin{vmatrix} a_1 & b_1 \\ a_2 & b_2 \end{vmatrix}\begin{vmatrix} a_1 & a_2 \\ b_1 & b_2 \end{vmatrix} \\ &= \begin{vmatrix} a_1{}^2+a_2{}^2 & a_1b_1+a_2b_2 \\ a_1b_1+a_2b_2 & b_1{}^2+b_2{}^2 \end{vmatrix} \end{aligned}$$

---

*　この部分は
http://aozoragakuen.sakura.ne.jp/taiwa/taiwaNch03/enteiri/node4.html
を参考にさせて頂きました．

*2　上記右辺の外側の縦線は絶対値の記号である．つまり，行列式の絶対値をとることを示している．すぐ下のベクトルの長さを表す記号と混同しないように注意する．

であるから，$S^2 = \dfrac{1}{4}(\det A)^2$ となり，求める式を得る．■

さて，以下のような三角形を考えよう．

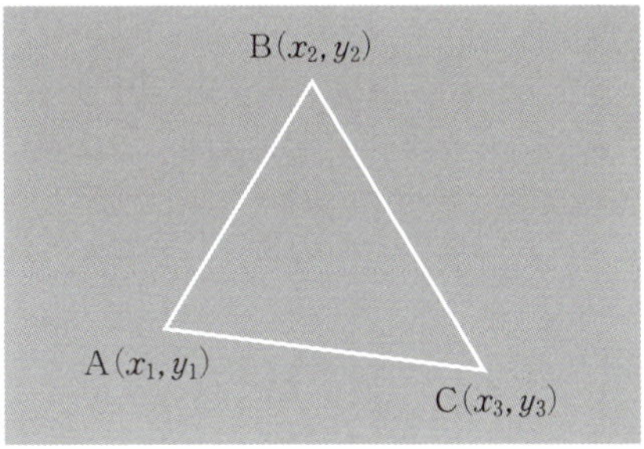

図 3.3

命題 3.5　三角形 ABC に対して，その面積を S とすると以下が成り立つ．

(1)　$S = \dfrac{1}{2}\left\|\begin{vmatrix} x_2 - x_1 & x_3 - x_1 \\ y_2 - y_1 & y_3 - y_1 \end{vmatrix}\right\|$

(2)　$S = \dfrac{1}{2}\left\|\begin{vmatrix} x_1 & y_1 & 1 \\ x_2 & y_2 & 1 \\ x_3 & y_3 & 1 \end{vmatrix}\right\|$

証明　(1)

$$\overrightarrow{\mathrm{AB}} = \begin{pmatrix} x_2 - x_1 \\ y_2 - y_1 \end{pmatrix}, \qquad \overrightarrow{\mathrm{AC}} = \begin{pmatrix} x_3 - x_1 \\ y_3 - y_1 \end{pmatrix}$$

であるので，命題 3.4 より直ちに求める式を得る．

(2)　基本変形，および転置をとることで，

$$\begin{vmatrix} x_1 & y_1 & 1 \\ x_2 & y_2 & 1 \\ x_3 & y_3 & 1 \end{vmatrix} = \begin{vmatrix} 0 & 0 & 1 \\ x_2 - x_1 & y_2 - y_1 & 1 \\ x_3 - x_1 & y_3 - y_1 & 1 \end{vmatrix} = \begin{vmatrix} x_2 - x_1 & y_2 - y_1 \\ x_3 - x_1 & y_3 - y_1 \end{vmatrix}$$

$$= \begin{vmatrix} x_2 - x_1 & x_3 - x_1 \\ y_2 - y_1 & y_3 - y_1 \end{vmatrix}$$

と変形できるので，(1) の結果より直ちに求める式を得る．■

命題 3.6　図 3.3 のような三角形 ABC に対して，その面積を S とすると

以下が成り立つ.

$$-16S^2 = \begin{vmatrix} 0 & c^2 & b^2 & 1 \\ c^2 & 0 & a^2 & 1 \\ b^2 & a^2 & 0 & 1 \\ 1 & 1 & 1 & 0 \end{vmatrix}.$$

ここで，a は辺 BC の長さ，b は辺 CA の長さ，c は辺 AB の長さを表す.

証明 簡単のため，C = O の場合を考えよう*．すなわち，$x_3 = y_3 = 0$ である．命題 3.5 (2) から

$$t = \begin{vmatrix} x_1 & y_1 & 1 \\ x_2 & y_2 & 1 \\ 0 & 0 & 1 \end{vmatrix}$$

とおくと，$|t| = 2S$ であり，

$$t = \begin{vmatrix} x_1 & y_1 & 1 & 0 \\ x_2 & y_2 & 1 & 0 \\ 0 & 0 & 1 & 0 \\ 0 & 0 & 0 & 1 \end{vmatrix}$$

である．ここで，以下の式の左辺において，第 1 行，第 2 行を -2 でくくり，第 3 行と第 4 行を入れ換えると，

$$\begin{vmatrix} -2x_1 & -2x_2 & 0 & 0 \\ -2y_1 & -2y_2 & 0 & 0 \\ 0 & 0 & 0 & 1 \\ 1 & 1 & 1 & 0 \end{vmatrix} = -4 \begin{vmatrix} x_1 & x_2 & 0 & 0 \\ y_1 & y_2 & 0 & 0 \\ 1 & 1 & 1 & 0 \\ 0 & 0 & 0 & 1 \end{vmatrix} = -4t$$

となるので，

$$-4t^2 = \begin{vmatrix} x_1 & y_1 & 1 & 0 \\ x_2 & y_2 & 1 & 0 \\ 0 & 0 & 1 & 0 \\ 0 & 0 & 0 & 1 \end{vmatrix} \begin{vmatrix} -2x_1 & -2x_2 & 0 & 0 \\ -2y_1 & -2y_2 & 0 & 0 \\ 0 & 0 & 0 & 1 \\ 1 & 1 & 1 & 0 \end{vmatrix}$$

* 点 C が原点 O に来るように平行移動したと考えてよい.

$$= \begin{vmatrix} -2({x_1}^2+{y_1}^2) & -2(x_1x_2+y_1y_2) & 0 & 1 \\ -2(x_1x_2+y_1y_2) & -2({x_2}^2+{y_2}^2) & 0 & 1 \\ 0 & 0 & 0 & 1 \\ 1 & 1 & 1 & 0 \end{vmatrix}$$

$$= \begin{vmatrix} -{x_1}^2-{y_1}^2 & {x_2}^2+{y_2}^2-2(x_1x_2+y_1y_2) & 0 & 1 \\ {x_1}^2+{y_1}^2-2(x_1x_2+y_1y_2) & -{x_2}^2-{y_2}^2 & 0 & 1 \\ {x_1}^2+{y_1}^2 & {x_2}^2+{y_2}^2 & 0 & 1 \\ 1 & 1 & 1 & 0 \end{vmatrix}$$

（第 1 列＋$({x_1}^2+{y_1}^2)$×第 4 列，第 2 列＋$({x_2}^2+{y_2}^2)$×第 4 列）

$$= \begin{vmatrix} 0 & (x_2-x_1)^2+(y_2-y_1)^2 & {x_1}^2+{y_1}^2 & 1 \\ (x_2-x_1)^2+(y_2-y_1)^2 & 0 & {x_2}^2+{y_2}^2 & 1 \\ {x_1}^2+{y_1}^2 & {x_2}^2+{y_2}^2 & 0 & 1 \\ 1 & 1 & 1 & 0 \end{vmatrix}$$

（第 1 行＋$({x_1}^2+{y_1}^2)$×第 4 行，第 2 行＋$({x_2}^2+{y_2}^2)$×第 4 行）

$$= \begin{vmatrix} 0 & c^2 & b^2 & 1 \\ c^2 & 0 & a^2 & 1 \\ b^2 & a^2 & 0 & 1 \\ 1 & 1 & 1 & 0 \end{vmatrix}$$

を得る． ■

定理 3.18　**（ヘロンの公式）**　三角形 ABC に対して，その面積を S とすると，

$$S = \sqrt{s(s-a)(s-b)(s-c)}.$$

ここで，$a = \overline{\mathrm{BC}}$，$b = \overline{\mathrm{CA}}$，$c = \overline{\mathrm{AB}}$，$s = \dfrac{a+b+c}{2}$ である．

証明　命題 3.6 から，基本変形を用いて，

$$\begin{vmatrix} 0 & c^2 & b^2 & 1 \\ c^2 & 0 & a^2 & 1 \\ b^2 & a^2 & 0 & 1 \\ 1 & 1 & 1 & 0 \end{vmatrix} = \begin{vmatrix} 0 & c^2 & b^2 & 1 \\ c^2 & -c^2 & a^2-b^2 & 0 \\ b^2 & a^2-c^2 & -b^2 & 0 \\ 1 & 1 & 1 & 0 \end{vmatrix}$$

（第 3 行－第 1 行，第 2 行－第 1 行）

$$= -\begin{vmatrix} c^2 & -c^2 & a^2-b^2 \\ b^2 & a^2-c^2 & -b^2 \\ 1 & 1 & 1 \end{vmatrix} \quad \text{（第 4 列で余因子展開）}$$

$$= -\begin{vmatrix} c^2 & -2c^2 & a^2-b^2-c^2 \\ b^2 & a^2-b^2-c^2 & -2b^2 \\ 1 & 0 & 0 \end{vmatrix}$$

（第 2 列－第 1 列，第 3 列－第 1 列）

$$= -\begin{vmatrix} -2c^2 & a^2-b^2-c^2 \\ a^2-b^2-c^2 & -2b^2 \end{vmatrix} \quad \text{（第 3 行で余因子展開）}$$

$$= \{a^2-(b^2+c^2)\}^2 - 4b^2c^2$$
$$= \{a^2-(b^2+c^2)+2bc\}\{a^2-(b^2+c^2)-2bc\}$$
$$= \{a^2-(b-c)^2\}\{a^2-(b+c)^2\}$$
$$= (a+b-c)(a-b+c)(a+b+c)(a-b-c)$$

となるので，命題 3.6 より，

$$16S^2 = (a+b-c)(a-b+c)(a+b+c)(-a+b+c)$$

となる．これより求める式を得る． ■

三角形の面積公式の応用として，以下の定理を得る．

定理 3.19 座標平面上の点，$\mathrm{A}(x_1,y_1)$，$\mathrm{B}(x_2,y_2)$，$\mathrm{C}(x_3,y_3)$ に対して，

$$a=\overline{\mathrm{BC}}, \qquad b=\overline{\mathrm{CA}}, \qquad c=\overline{\mathrm{AB}}$$

とおくとき，

$$\text{A,B,C が同一直線上にある} \iff \begin{vmatrix} x_2-x_1 & x_3-x_1 \\ y_2-y_1 & y_3-y_1 \end{vmatrix} = 0$$

$$\iff \begin{vmatrix} x_1 & y_1 & 1 \\ x_2 & y_2 & 1 \\ x_3 & y_3 & 1 \end{vmatrix} = 0$$

$$\iff \begin{vmatrix} 0 & c^2 & b^2 & 1 \\ c^2 & 0 & a^2 & 1 \\ b^2 & a^2 & 0 & 1 \\ 1 & 1 & 1 & 0 \end{vmatrix} = 0.$$

3.7.2 空間ベクトルの外積と平行六面体の体積

$\boldsymbol{R}^3$ のベクトル

$$\boldsymbol{a}=\begin{pmatrix}a_1\\a_2\\a_3\end{pmatrix},\qquad \boldsymbol{b}=\begin{pmatrix}b_1\\b_2\\b_3\end{pmatrix}$$

に対して,

$$\boldsymbol{a}\times\boldsymbol{b}:=\begin{pmatrix}a_2b_3-a_3b_2\\a_3b_1-a_1b_3\\a_1b_2-a_2b_1\end{pmatrix}$$

を $\boldsymbol{a}$ と $\boldsymbol{b}$ の**外積**, または**ベクトル積**という. たとえば,

$$\boldsymbol{e}_1=\begin{pmatrix}1\\0\\0\end{pmatrix},\qquad \boldsymbol{e}_2=\begin{pmatrix}0\\1\\0\end{pmatrix}$$

に対して,

$$\boldsymbol{e}_1\times\boldsymbol{e}_2=\begin{pmatrix}0\\0\\1\end{pmatrix}=\boldsymbol{e}_3$$

である.

平面ベクトルの場合とまったく同様に, 空間ベクトルに対しても内積が

$$\boldsymbol{a}\cdot\boldsymbol{b}:=\|\boldsymbol{a}\|\,\|\boldsymbol{b}\|\cos\theta$$

によって定義される. ここで, θ は $\boldsymbol{a}$ と $\boldsymbol{b}$ のなす角であり, $\|\boldsymbol{a}\|:=\sqrt{\boldsymbol{a}\cdot\boldsymbol{a}}$ は $\boldsymbol{a}$ の長さである. また, 成分表示を用いれば,

$$\boldsymbol{a}\cdot\boldsymbol{b}=a_1b_1+a_2b_2+a_3b_3$$

が成り立つ.

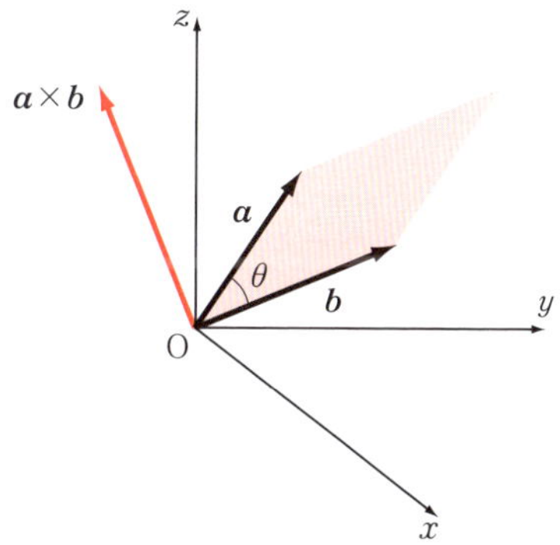

図 3.4

いま,

$$\begin{aligned}\boldsymbol{a}\cdot(\boldsymbol{a}\times\boldsymbol{b})&=a_1(a_2b_3-a_3b_2)+a_2(a_3b_1-a_1b_3)+a_3(a_1b_2-a_2b_1)\\&=0\end{aligned}$$

となるので，$\boldsymbol{a}\times\boldsymbol{b}$ は $\boldsymbol{a}$ と直交している．同様に，$\boldsymbol{a}\times\boldsymbol{b}$ は $\boldsymbol{b}$ とも直交していることも分かる．したがって，ベクトル $\boldsymbol{a}\times\boldsymbol{b}$ は，$\boldsymbol{a}$ と $\boldsymbol{b}$ が張る平面に直交している．

また，$\boldsymbol{a}\times\boldsymbol{b}$ の大きさは次のように計算される．

$$
\begin{aligned}
\|\boldsymbol{a}\times\boldsymbol{b}\|^2 &= (\boldsymbol{a}\times\boldsymbol{b})\cdot(\boldsymbol{a}\times\boldsymbol{b})\\
&= (a_2b_3-a_3b_2)^2+(a_3b_1-a_1b_3)^2+(a_1b_2-a_2b_1)^2\\
&= ({a_1}^2+{a_2}^2+{a_3}^2)({b_1}^2+{b_2}^2+{b_3}^2)-(a_1b_1+a_2b_2+a_3b_3)^2\\
&= \|\boldsymbol{a}\|^2\|\boldsymbol{b}\|^2-(\boldsymbol{a}\cdot\boldsymbol{b})^2\\
&= \|\boldsymbol{a}\|^2\|\boldsymbol{b}\|^2-\|\boldsymbol{a}\|^2\|\boldsymbol{b}\|^2\cos^2\theta\\
&= \|\boldsymbol{a}\|^2\|\boldsymbol{b}\|^2\sin^2\theta
\end{aligned}
$$

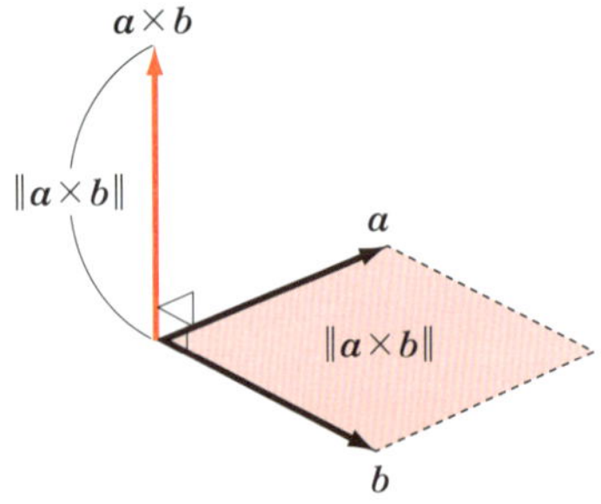

図 3.5

であり，$0\leq\theta\leq\pi$ であるから，$\sin\theta\geq 0$ であることに注意すると，

$$\|\boldsymbol{a}\times\boldsymbol{b}\| = \|\boldsymbol{a}\|\,\|\boldsymbol{b}\|\sin\theta$$

となることが分かる．つまり，$\boldsymbol{a}$ と $\boldsymbol{b}$ の外積ベクトルの大きさは，$\boldsymbol{a}$ と $\boldsymbol{b}$ が張る平行四辺形の面積に等しい．

さて，空間ベクトル

$$\boldsymbol{a}=\begin{pmatrix}a_1\\a_2\\a_3\end{pmatrix},\quad \boldsymbol{b}=\begin{pmatrix}b_1\\b_2\\b_3\end{pmatrix},\quad \boldsymbol{c}=\begin{pmatrix}c_1\\c_2\\c_3\end{pmatrix}$$

が与えられたとき，これらを3辺とするような平行六面体の体積を考えよう．図3.6のような状況を考える．

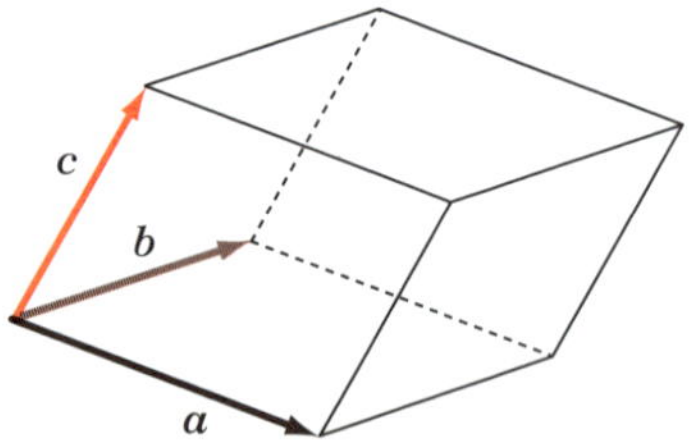

図 3.6

定理 3.20　上の状況のもと，平行六面体の体積を V とすると，

$$V = |\det(\boldsymbol{a}\ \boldsymbol{b}\ \boldsymbol{c})|.$$

証明　一般に，平行六面体の体積は，底面の平行四辺形の面積に高さを掛けたものに等しい．いま，底面の面積は $\|\boldsymbol{a}\times\boldsymbol{b}\|$ である．また，$\boldsymbol{a}\times\boldsymbol{b}$ と $\boldsymbol{c}$ のな

す角を φ とすると，この平行六面体の高さは $\|\boldsymbol{c}\|\,|\cos\varphi|$ である．したがって，

$$
\begin{aligned}
V &= \|\boldsymbol{a}\times\boldsymbol{b}\|\,\|\boldsymbol{c}\|\,|\cos\varphi| \\
&= |(\boldsymbol{a}\times\boldsymbol{b})\cdot\boldsymbol{c}|
\end{aligned}
$$

となる．

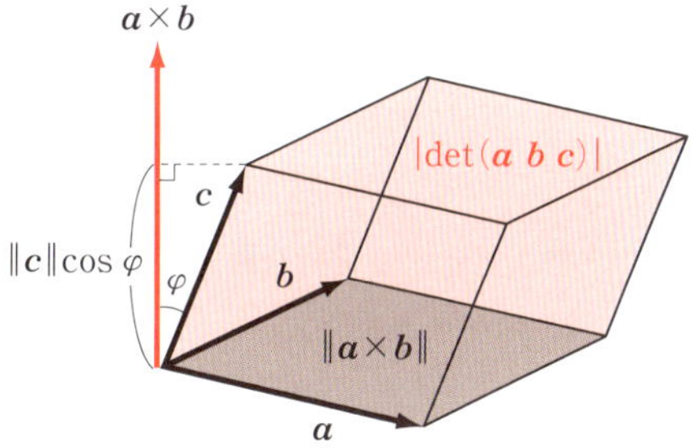

図 3.7

一方，

$$
\begin{aligned}
(\boldsymbol{a}\times\boldsymbol{b})\cdot\boldsymbol{c} &= (a_2b_3-a_3b_2)c_1 \\
&\quad + (a_3b_1-a_1b_3)c_2 \\
&\quad + (a_1b_2-a_2b_1)c_3 \\
&= a_1b_2c_3+b_1c_2a_3+c_1a_2b_3-a_1b_3c_2-b_1c_3a_2-c_1a_3b_2 \\
&= \begin{vmatrix} a_1 & b_1 & c_1 \\ a_2 & b_2 & c_2 \\ a_3 & b_3 & c_3 \end{vmatrix}
\end{aligned}
$$

であるので，これより求める式を得る． ■

演習問題 3.7

3.7.1 座標平面上の点，A(3,1)，B(−1,2)，C(1,5) を頂点とする三角形の面積を求めよ．

3.7.2 座標平面上の点，A(1,1)，B(a,2)，C(1,a) が同一直線上にあるように，実数 a を定めよ．

3.7.3 3 辺の長さが以下で与えられる三角形の面積をヘロンの公式を用いて求めよ．

(1) (3,4,5)　　(2) (2,5,5)　　(3) (3,5,6)

3.7.4 $\boldsymbol{R}^3$ のベクトル

$$
\boldsymbol{a}=\begin{pmatrix}1\\-1\\0\end{pmatrix},\quad \boldsymbol{b}=\begin{pmatrix}2\\0\\1\end{pmatrix},\quad \boldsymbol{c}=\begin{pmatrix}0\\2\\1\end{pmatrix}
$$

に対して，以下を計算せよ．

(1) $\boldsymbol{a}\times\boldsymbol{b}$　　(2) $(\boldsymbol{a}\times\boldsymbol{b})\times\boldsymbol{c}$

3.7.5 $\boldsymbol{R}^3$ のベクトル $\boldsymbol{a},\boldsymbol{b},\boldsymbol{c}$ に対して，以下を示せ．

(1) $\boldsymbol{b}\times\boldsymbol{a}=-\boldsymbol{a}\times\boldsymbol{b}$　　(2) $\boldsymbol{a}\times\boldsymbol{a}=\boldsymbol{0}$

(3) $(\boldsymbol{a}+\boldsymbol{b})\times\boldsymbol{c}=\boldsymbol{a}\times\boldsymbol{c}+\boldsymbol{b}\times\boldsymbol{c}$

3.7.6 $\boldsymbol{R}^3$ のベクトル

$$\boldsymbol{a} = \begin{pmatrix} 1 \\ 0 \\ -1 \end{pmatrix}, \quad \boldsymbol{b} = \begin{pmatrix} 0 \\ 2 \\ 1 \end{pmatrix}, \quad \boldsymbol{c} = \begin{pmatrix} -3 \\ 5 \\ 1 \end{pmatrix}$$

を 3 辺とする平行六面体の体積を求めよ.

3.7.7 $\boldsymbol{R}^3$ のベクトル

$$\boldsymbol{a} = \begin{pmatrix} -x \\ -4 \\ 4 \end{pmatrix}, \quad \boldsymbol{b} = \begin{pmatrix} 1 \\ 4-x \\ -3 \end{pmatrix}, \quad \boldsymbol{c} = \begin{pmatrix} 1 \\ 2 \\ -1-x \end{pmatrix}$$

が同一平面上にあるように実数 x を定めよ.

4
Chapter

ベクトル空間

一般に，与えられた集合が何らかの付加構造を持っているときに，数学では「空間」ということがある．たとえば，通常の座標平面のように，2つの実数の組たちからなる集合

$$\{(x,y) \mid x,y \in \boldsymbol{R}\}$$

には，2点間のユークリッド距離

$$d((x_1,y_1),(x_2,y_2)) := \sqrt{(x_1 - x_2)^2 + (y_1 - y_2)^2}$$

が定義される．これは平面内の図形の幾何的，解析的考察を行う場合に大変有益である．単なる実数の組の集合ではなく，ユークリッド距離も合わせて数学的考察をするとき，座標平面を2次元ユークリッド空間と呼ぶ．座標空間についても同様にユークリッド距離が定義され，このとき3次元ユークリッド空間と呼ばれる．

本章では，代数的な演算を持つ集合について考える．一般に，和とスカラー倍の構造を持つ集合をベクトル空間といい，その元をベクトルという．ここでは，第1章で考察した，2次元の数ベクトルを n 次元に一般化して，様々な代数的考察を行う．特に，連立1次方程式の解を簡明に記述するなどのために，ベクトル空間の基底という概念が重要であり，斉次連立1次方程式の解を記述したり，行列の固有空間を記述する際にも重宝される．

4.1　数ベクトル空間と部分空間

■本講の目標■

- **和**と**スカラー倍**の構造を持つ，**数ベクトル空間**を理解する．
- 数ベクトル空間の**部分空間**を理解する．

自然数 $n \geq 1$ に対して，n 項列ベクトル全体の集合を

$$\boldsymbol{R}^n := \left\{ \begin{pmatrix} a_1 \\ \vdots \\ a_n \end{pmatrix} \middle| \, a_1, \cdots, a_n \in \boldsymbol{R} \right\}$$

と表す．行列の場合と同様に，$\boldsymbol{R}^n$ の 2 つのベクトル

$$\boldsymbol{a} = \begin{pmatrix} a_1 \\ \vdots \\ a_n \end{pmatrix}, \quad \boldsymbol{b} = \begin{pmatrix} b_1 \\ \vdots \\ b_n \end{pmatrix} \quad \in \boldsymbol{R}^n$$

が等しいのは，それぞれの成分が等しいときである．すなわち，

$$a_i = b_i, \quad 1 \leq i \leq n$$

のとき $\boldsymbol{a} = \boldsymbol{b}$ である．

$\boldsymbol{R}^n$ には，**和**と**スカラー倍**が次のようにして自然に定義される．

$$\begin{pmatrix} a_1 \\ a_2 \\ \vdots \\ a_n \end{pmatrix} + \begin{pmatrix} b_1 \\ b_2 \\ \vdots \\ b_n \end{pmatrix} := \begin{pmatrix} a_1 + b_1 \\ a_2 + b_2 \\ \vdots \\ a_n + b_n \end{pmatrix}$$

$$k \begin{pmatrix} a_1 \\ a_2 \\ \vdots \\ a_n \end{pmatrix} := \begin{pmatrix} ka_1 \\ ka_2 \\ \vdots \\ ka_n \end{pmatrix}, \quad k \in \boldsymbol{R}.$$

また，$\boldsymbol{0} := \begin{pmatrix} 0 \\ \vdots \\ 0 \end{pmatrix}$ を**零ベクトル**といい，各 $\boldsymbol{a} = \begin{pmatrix} a_1 \\ \vdots \\ a_n \end{pmatrix}$ に対して，$-\boldsymbol{a} :=$

$\begin{pmatrix} -a_1 \\ \vdots \\ -a_n \end{pmatrix}$ を $\boldsymbol{a}$ の**逆ベクトル**という．一般に，$\boldsymbol{a}+(-\boldsymbol{b})$ を $\boldsymbol{a}-\boldsymbol{b}$ と書く*．

2 次元の数ベクトルと同じように，$\boldsymbol{R}^n$ は以下の性質*2を満たす．

(V1) $(\boldsymbol{a}+\boldsymbol{b})+\boldsymbol{c}=\boldsymbol{a}+(\boldsymbol{b}+\boldsymbol{c})$ （加法の結合法則）

(V2) $\boldsymbol{a}+\boldsymbol{0}=\boldsymbol{0}+\boldsymbol{a}=\boldsymbol{a}$

(V3) $\boldsymbol{a}+(-\boldsymbol{a})=(-\boldsymbol{a})+\boldsymbol{a}=\boldsymbol{0}$

(V4) $\boldsymbol{a}+\boldsymbol{b}=\boldsymbol{b}+\boldsymbol{a}$ （加法の交換法則）

(V5) $k(\boldsymbol{a}+\boldsymbol{b})=k\boldsymbol{a}+k\boldsymbol{b},\quad k\in\boldsymbol{R}$ （分配法則）

(V6) $(k+h)\boldsymbol{a}=k\boldsymbol{a}+h\boldsymbol{a},\quad k,h\in\boldsymbol{R}$ （分配法則）

(V7) $(kh)\boldsymbol{a}=k(h\boldsymbol{a}),\quad k,h\in\boldsymbol{R}$

(V8) $1\boldsymbol{a}=\boldsymbol{a}$

このように，単に列ベクトルの集合としてではなく，和とスカラー倍の構造も合わせて考えた $\boldsymbol{R}^n$ のことを，n 次元の**数**(すう)**ベクトル空間**といい，このとき，$\boldsymbol{R}^n$ の元を n 次元の**数ベクトル**という．

以下の定理は当たり前のことのように思えるかもしれないが，すべて上の (V1)～(V8) を用いて示されることであり，定義ではない．もちろん，こんなことをいつも意識していたらわずらわしくてかなわないが，最初の 1 回くらいはどういう原理で導かれるのかということを確認しておくとよいだろう．

定理 4.1 $\boldsymbol{R}^n$ の数ベクトル $\boldsymbol{a},\boldsymbol{b},\boldsymbol{c}$ に対して，以下のことが成り立つ．

(1) $\boldsymbol{a}+\boldsymbol{b}=\boldsymbol{a}+\boldsymbol{c}$ ならば $\boldsymbol{b}=\boldsymbol{c}$.

(2) $\boldsymbol{a}+\boldsymbol{b}=\boldsymbol{a}$ ならば $\boldsymbol{b}=\boldsymbol{0}$.

(3) $k\boldsymbol{0}=\boldsymbol{0},\quad k\in\boldsymbol{R}$.

(4) $0\boldsymbol{a}=\boldsymbol{0}$.

(5) $(-1)\boldsymbol{a}=-\boldsymbol{a}$.

---

* これが差（減法）の定義である．

*2 ベクトル空間の公理と呼ばれるものである．

証明　(1)　次の式変形から得られる．

$$\boldsymbol{b} = \boldsymbol{0} + \boldsymbol{b} = (-\boldsymbol{a} + \boldsymbol{a}) + \boldsymbol{b} = -\boldsymbol{a} + (\boldsymbol{a} + \boldsymbol{b})$$
$$= -\boldsymbol{a} + (\boldsymbol{a} + \boldsymbol{c}) = (-\boldsymbol{a} + \boldsymbol{a}) + \boldsymbol{c} = \boldsymbol{0} + \boldsymbol{c} = \boldsymbol{c}.$$

(2)　$\boldsymbol{a} + \boldsymbol{b} = \boldsymbol{a} = \boldsymbol{a} + \boldsymbol{0}$ であるので，(1) の結果から $\boldsymbol{b} = \boldsymbol{0}$ を得る．

(3)　$\boldsymbol{0} + \boldsymbol{0} = \boldsymbol{0}$ の両辺に左から k を掛けて以下のように変形すればよい．

$$\begin{aligned} k(\boldsymbol{0} + \boldsymbol{0}) = k\boldsymbol{0} &\Longrightarrow k\boldsymbol{0} + k\boldsymbol{0} = k\boldsymbol{0} \\ &\Longrightarrow (k\boldsymbol{0} + k\boldsymbol{0}) + (-k\boldsymbol{0}) = k\boldsymbol{0} + (-k\boldsymbol{0}) \\ &\Longrightarrow k\boldsymbol{0} + (k\boldsymbol{0} + (-k\boldsymbol{0})) = k\boldsymbol{0} + (-k\boldsymbol{0}) \\ &\Longrightarrow k\boldsymbol{0} + \boldsymbol{0} = \boldsymbol{0} \\ &\Longrightarrow k\boldsymbol{0} = \boldsymbol{0}. \end{aligned}$$

(4)　$0 + 0 = 0$ に注意して，

$$0\boldsymbol{a} = (0 + 0)\boldsymbol{a} = 0\boldsymbol{a} + 0\boldsymbol{a}$$

であるから，(2) より $0\boldsymbol{a} = \boldsymbol{0}$ を得る．

(5)　$1 + (-1) = 0$ より，

$$1\boldsymbol{a} + (-1)\boldsymbol{a} = 0\boldsymbol{a}$$

となる．(V8) より，$1\boldsymbol{a} = \boldsymbol{a}$ であり，(4) より $0\boldsymbol{a} = \boldsymbol{0}$ であるので，

$$\boldsymbol{a} + (-1)\boldsymbol{a} = \boldsymbol{0}$$

となる．両辺に左から $-\boldsymbol{a}$ を加えれば求める式を得る．■

次に，数ベクトル空間の部分集合 W で，和とスカラー倍で閉じているものを考えよう．W が

(1)　$\boldsymbol{0} \in W$
(2)　$\boldsymbol{a}, \boldsymbol{b} \in W \Longrightarrow \boldsymbol{a} + \boldsymbol{b} \in W$
(3)　$\boldsymbol{a} \in W$，$k \in \boldsymbol{R} \Longrightarrow k\boldsymbol{a} \in W$

を満たすとき，W を $\boldsymbol{R}^n$ の**部分空間**であるという．たとえば，極端な例として，$W = \{\boldsymbol{0}\}$ のとき，

$$\boldsymbol{0} + \boldsymbol{0} = \boldsymbol{0}, \qquad k\boldsymbol{0} = \boldsymbol{0}, \qquad k \in \boldsymbol{R}$$

であるから，W は $\boldsymbol{R}^n$ の部分空間である．これを**自明な部分空間**という．また，$\boldsymbol{R}^n$ 自身も $\boldsymbol{R}^n$ の部分空間である．部分空間 W が $\{\boldsymbol{0}\}$ でも $\boldsymbol{R}^n$ でもないと

き，**真の部分空間**という．以下特に断らない限り，簡単のため，単にベクトル空間といえば数ベクトル空間 $\boldsymbol{R}^n$，またはその部分空間を表すことにする．

例題 4.1　ベクトル空間 $\boldsymbol{R}^2$ において，

$$W = \left\{ \begin{pmatrix} x \\ x \end{pmatrix} \middle| \, x \in \boldsymbol{R} \right\}$$

は $\boldsymbol{R}^2$ の部分空間であることを示せ．

解答　(1) について，$\boldsymbol{0} \in W$ は明らか．

(2), (3) について，$\boldsymbol{x} = \begin{pmatrix} x \\ x \end{pmatrix}$，$\boldsymbol{y} = \begin{pmatrix} y \\ y \end{pmatrix} \in W$ とすると，

$$\boldsymbol{x} + \boldsymbol{y} = \begin{pmatrix} x \\ x \end{pmatrix} + \begin{pmatrix} y \\ y \end{pmatrix} = \begin{pmatrix} x+y \\ x+y \end{pmatrix} \in W,$$

$$k\boldsymbol{x} = \begin{pmatrix} kx \\ kx \end{pmatrix} \in W$$

となる．

以上より，W は $\boldsymbol{R}^2$ の部分空間である．◆

例題 4.2　ベクトル空間 $\boldsymbol{R}^2$ において，

$$W = \left\{ \begin{pmatrix} x \\ y \end{pmatrix} \in \boldsymbol{R}^2 \middle| \, x + y = 1 \right\}$$

は $\boldsymbol{R}^2$ の部分空間ではないことを示せ．

解答　$\boldsymbol{0} \notin W$ であるので，W は部分空間でない．◆

例題 4.3　ベクトル空間 $\boldsymbol{R}^3$ において，

$$W = \left\{ \begin{pmatrix} x \\ y \\ z \end{pmatrix} \in \boldsymbol{R}^3 \middle| \, x - y + z = 0 \right\}$$

は $\boldsymbol{R}^3$ の部分空間であることを示せ．

解答　(1) について，$\boldsymbol{0} \in W$ は明らか．

(2) については，任意の $\boldsymbol{x}_1 = \begin{pmatrix} x_1 \\ y_1 \\ z_1 \end{pmatrix}$, $\boldsymbol{x}_2 = \begin{pmatrix} x_2 \\ y_2 \\ z_2 \end{pmatrix} \in W$ に対して，

$$\boldsymbol{x}_1 + \boldsymbol{x}_2 = \begin{pmatrix} x_1 \\ y_1 \\ z_1 \end{pmatrix} + \begin{pmatrix} x_2 \\ y_2 \\ z_2 \end{pmatrix} = \begin{pmatrix} x_1 + x_2 \\ y_1 + y_2 \\ z_1 + z_2 \end{pmatrix}$$

であり，

$$\begin{aligned}(x_1 + x_2) - (y_1 + y_2) + (z_1 + z_2) &= (x_1 - y_1 + z_1) + (x_2 - y_2 + z_2) \\ &= 0\end{aligned}$$

であるから，$\boldsymbol{x}_1 + \boldsymbol{x}_2 \in W$.

(3) については，任意の $\boldsymbol{x} = \begin{pmatrix} x \\ y \\ z \end{pmatrix}$, および任意の $k \in \boldsymbol{R}$ に対して，

$$k\boldsymbol{x} = k\begin{pmatrix} x \\ y \\ z \end{pmatrix} = \begin{pmatrix} kx \\ ky \\ kz \end{pmatrix}$$

であり，

$$kx - ky + kz = k(x - y + z) = 0$$

であるから，$k\boldsymbol{x} \in W$.

以上より，W は $\boldsymbol{R}^3$ の部分空間である．◆

例題 4.4　ベクトル空間 $\boldsymbol{R}^3$ において，

$$W = \left\{ \begin{pmatrix} x \\ y \\ z \end{pmatrix} \in \boldsymbol{R}^3 \;\middle|\; x + y + z \geq 0 \right\}$$

は $\boldsymbol{R}^3$ の部分空間ではないことを示せ．

解答　たとえば，$\boldsymbol{x} = \begin{pmatrix} 1 \\ 0 \\ 0 \end{pmatrix} \in W$ であるが，$(-1)\boldsymbol{x} = \begin{pmatrix} -1 \\ 0 \\ 0 \end{pmatrix} \notin W$ である．

よって，W は $\boldsymbol{R}^3$ の部分空間ではない．◆

演習問題 4.1

4.1.1　ベクトル空間 $\boldsymbol{R}^2$ において，

$$W = \left\{ \begin{pmatrix} x \\ y \end{pmatrix} \in \boldsymbol{R}^2 \;\middle|\; 2x - y = 0,\ \ x - 3y = 0 \right\}$$

は $\boldsymbol{R}^2$ の部分空間であることを示せ．

4.1.2　ベクトル空間 $\boldsymbol{R}^3$ において，

$$W = \left\{ \begin{pmatrix} x \\ y \\ z \end{pmatrix} \in \boldsymbol{R}^3 \;\middle|\; 2x - y + 3z = 0,\ \ x - 3y + z = 0 \right\}$$

は $\boldsymbol{R}^3$ の部分空間であることを示せ．

4.1.3　ベクトル空間 $\boldsymbol{R}^2$ の以下の部分集合 V は，部分空間かどうか，理由をつけて答えよ．

(1)　$\left\{ \begin{pmatrix} x \\ y \end{pmatrix} \;\middle|\; x \leq y \right\}$　　(2)　$\left\{ \begin{pmatrix} x \\ y \end{pmatrix} \;\middle|\; x = y \right\}$　　(3)　$\left\{ \begin{pmatrix} x \\ y \end{pmatrix} \;\middle|\; xy \geq 0 \right\}$

4.1.4　ベクトル空間 $\boldsymbol{R}^2$ の部分空間

$$V := \left\{ \begin{pmatrix} x \\ x \end{pmatrix} \;\middle|\; x \in \boldsymbol{R} \right\}, \qquad W := \left\{ \begin{pmatrix} x \\ -x \end{pmatrix} \;\middle|\; x \in \boldsymbol{R} \right\}$$

を考える．$V \cup W$，および $V \cap W$ は $\boldsymbol{R}^2$ の部分空間かどうか，それぞれ理由をつけて述べよ．

4.1.5　ベクトル空間 U の部分空間 V, W に対して，$V \cap W$ は U の部分空間であることを示せ．

4.2　1 次独立と 1 次従属

本講の目標

- ベクトル空間における 1 次独立と 1 次従属の概念を理解する．
- 特に，数ベクトルの 1 次独立性が行列の階数を計算することで判定できることを理解する．

ともに零ベクトルでない平面ベクトル $\boldsymbol{a}, \boldsymbol{b}$ に対して，$\boldsymbol{a}$ と $\boldsymbol{b}$ が同一直線上になければ，平面上のすべてのベクトルを $\boldsymbol{a}$ と $\boldsymbol{b}$ を用いて表すことができる．

たとえば，図4.1のように，任意のベクトル $\boldsymbol{p}$ に対して，$\boldsymbol{p}$ を $\boldsymbol{a}$ 方向と $\boldsymbol{b}$ 方向に分解したベクトルをそれぞれ $k\boldsymbol{a}, l\boldsymbol{b}$ とすれば，$\boldsymbol{p} = k\boldsymbol{a} + l\boldsymbol{b}$ である．

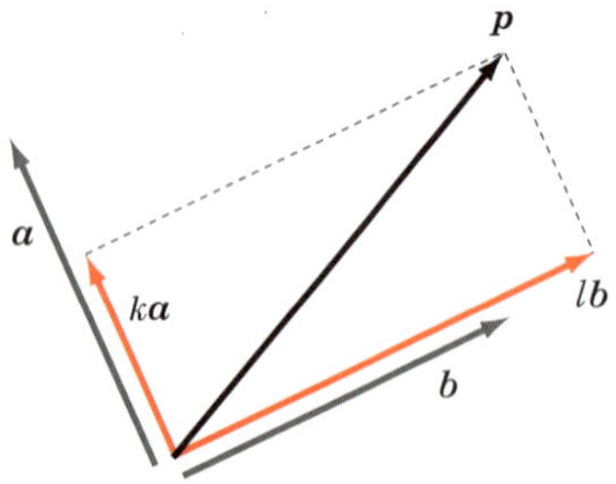

図 4.1

$\boldsymbol{a}$ と $\boldsymbol{b}$ が同一直線上にあれば，このようなことができないことは直感的にも明らかだろう．では，$\boldsymbol{a}$ と $\boldsymbol{b}$ が同一直線上にないということを，どのように代数的に記述できるだろうか．もし $\boldsymbol{a}$ と $\boldsymbol{b}$ が同一直線上にあれば，簡単な試行錯誤から，適当なスカラー $k \in \boldsymbol{R}$ をとれば，$k\boldsymbol{a} = \boldsymbol{b}$ と表されることが分かる．よってこのようなことが起こらないということを定式化してやればよい．この条件は，($\boldsymbol{a}$ や $\boldsymbol{b}$ が零ベクトルの場合も考慮に入れると) ともに0でないようなスカラー k, l をどのようにとっても

$$k\boldsymbol{a} + l\boldsymbol{b} = \boldsymbol{0}$$

とはならないということができる．対偶をとれば，

$$k\boldsymbol{a} + l\boldsymbol{b} = \boldsymbol{0} \Longrightarrow k = l = 0$$

となる．なぜこのような抽象的な記述を考えなければならないのか．それは，1次独立という概念を，幾何学的な直感が働かないような高次元のベクトル空間 (特にここでは $\boldsymbol{R}^n$) の場合に一般化したいからである．

V をベクトル空間とする*．$\boldsymbol{a}_1, \boldsymbol{a}_2, \cdots, \boldsymbol{a}_m$ を V のベクトルとする．実数 $k_1, k_2, \cdots, k_m$ に対して，ベクトル

$$k_1\boldsymbol{a}_1 + k_2\boldsymbol{a}_2 + \cdots + k_m\boldsymbol{a}_m$$

を $\boldsymbol{a}_1, \boldsymbol{a}_2, \cdots, \boldsymbol{a}_m$ の**1次結合**という．

$\boldsymbol{a}_1, \boldsymbol{a}_2, \cdots, \boldsymbol{a}_m$ の1次結合が $\boldsymbol{0}$ になるのは，すべての k_i たちが0の場合に限るとき，すなわち，

$$k_1\boldsymbol{a}_1 + k_2\boldsymbol{a}_2 + \cdots + k_m\boldsymbol{a}_m = \boldsymbol{0}$$

ならば

---

* すなわち，ここでは V は $\boldsymbol{R}^n$ もしくはその部分空間である．

$$k_1 = k_2 = \cdots = k_m = 0$$

となるとき，$\boldsymbol{a}_1, \boldsymbol{a}_2, \cdots, \boldsymbol{a}_m$ は **1 次独立**であるという．また，V のベクトル $\boldsymbol{a}_1, \boldsymbol{a}_2, \cdots, \boldsymbol{a}_m$ が 1 次独立でないとき，**1 次従属**であるという．すなわち，少なくとも 1 つが 0 でないような実数 $k_1, k_2, \cdots, k_m$ に対して，

$$k_1\boldsymbol{a}_1 + k_2\boldsymbol{a}_2 + \cdots + k_m\boldsymbol{a}_m = \boldsymbol{0}$$

が成り立つとき，$\boldsymbol{a}_1, \boldsymbol{a}_2, \cdots, \boldsymbol{a}_m$ は 1 次従属である．

1 次独立，1 次従属の幾何学的な意味

本節の冒頭でも少し述べたが，改めて 1 次従属の幾何学的意味を考えてみよう．$\boldsymbol{R}^2$ のベクトル $\boldsymbol{a}, \boldsymbol{b}$ を例にとって考えてみよう．$\boldsymbol{a}, \boldsymbol{b}$ が 1 次従属であるとすると，少なくとも一方は 0 でないような実数 k_1, k_2 が存在して，

$$k_1\boldsymbol{a} + k_2\boldsymbol{b} = \boldsymbol{0}$$

となる．$k_1 \neq 0$ と仮定しよう．この場合，

$$\boldsymbol{a} = -\frac{k_2}{k_1}\boldsymbol{b}$$

と書ける．すなわち，$\boldsymbol{a}$ と $\boldsymbol{b}$ は同一直線上にある．$k_2 \neq 0$ の場合も同様である．逆に，$\boldsymbol{a}$ と $\boldsymbol{b}$ が同一直線上にあれば，ある実数 k に対して，

$$\boldsymbol{a} = k\boldsymbol{b} \quad \text{または} \quad \boldsymbol{b} = k\boldsymbol{a}$$

と書けるので，$\boldsymbol{a} + (-k)\boldsymbol{b} = \boldsymbol{0}$ または $(-k)\boldsymbol{a} + \boldsymbol{b} = \boldsymbol{0}$ となり，$\boldsymbol{a}, \boldsymbol{b}$ が 1 次従属となる．したがって，$\boldsymbol{a}, \boldsymbol{b}$ が 1 次独立であることと，$\boldsymbol{a}, \boldsymbol{b}$ が同一直線上にないことは同値である．以上をまとめると次のようになる．

> $\boldsymbol{a}, \boldsymbol{b}$ が 1 次従属 $\Longleftrightarrow$ $\boldsymbol{a}$ と $\boldsymbol{b}$ が同一直線上にある，
> $\boldsymbol{a}, \boldsymbol{b}$ が 1 次独立 $\Longleftrightarrow$ $\boldsymbol{a}$ と $\boldsymbol{b}$ が同一直線上にない．

同様にして，$\boldsymbol{R}^3$ の 3 つのベクトル $\boldsymbol{a}, \boldsymbol{b}, \boldsymbol{c}$ に対して，

> $\boldsymbol{a}, \boldsymbol{b}, \boldsymbol{c}$ が 1 次従属 $\Longleftrightarrow$ $\boldsymbol{a}, \boldsymbol{b}, \boldsymbol{c}$ が同一平面上にある，
> $\boldsymbol{a}, \boldsymbol{b}, \boldsymbol{c}$ が 1 次独立 $\Longleftrightarrow$ $\boldsymbol{a}, \boldsymbol{b}, \boldsymbol{c}$ が同一平面上にない

ことも示される．

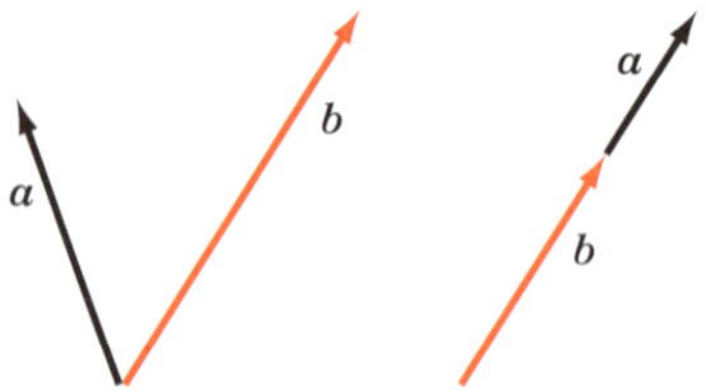

図 4.2

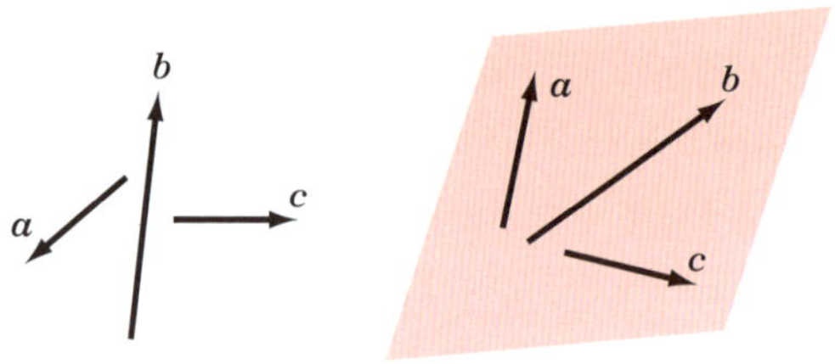

図 4.3

例題 4.5　$\boldsymbol{R}^2$ のベクトル

$$\boldsymbol{a}_1 = \begin{pmatrix} 1 \\ 2 \end{pmatrix}, \quad \boldsymbol{a}_2 = \begin{pmatrix} 3 \\ 4 \end{pmatrix}$$

を考える．

(1)　$\boldsymbol{a}_1, \boldsymbol{a}_2$ は1次独立であることを示せ．

(2)　$\boldsymbol{R}^2$ の任意のベクトル $\boldsymbol{b}$ に対して，$\boldsymbol{b}$ は $\boldsymbol{a}_1, \boldsymbol{a}_2$ の1次結合で表されることを示せ．

解答　(1)　実数 k_1, k_2 に対して，$k_1\boldsymbol{a}_1 + k_2\boldsymbol{a}_2 = \boldsymbol{0}$ が成り立つとする．すると，連立1次方程式

$$\begin{cases} k_1 + 3k_2 = 0 \\ 2k_1 + 4k_2 = 0 \end{cases}$$

を得る．この連立1次方程式は自明な解 $k_1 = k_2 = 0$ しか持たないので，$\boldsymbol{a}_1, \boldsymbol{a}_2$ は1次独立である．

(2)
$$\boldsymbol{b} = \begin{pmatrix} b_1 \\ b_2 \end{pmatrix}$$
とおく．未定係数法により，実数 k_1, k_2 に対して $k_1\boldsymbol{a}_1 + k_2\boldsymbol{a}_2 = \boldsymbol{b}$ とおいて k_1, k_2 を求めよう．すると，連立1次方程式
$$\begin{cases} k_1 + 3k_2 = b_1 \\ 2k_1 + 4k_2 = b_2 \end{cases}$$
を得る．この連立1次方程式は
$$k_1 = \frac{-4b_1 + 3b_2}{2}, \qquad k_2 = \frac{2b_1 - b_2}{2}$$
なる解をもつ．よって題意が示された． ◆

1次独立性と連立1次方程式

上の例題からも分かるように，与えられた数ベクトルが1次独立であるかどうかということを，連立1次方程式の言葉を用いて記述できる．
$$\boldsymbol{a}_1 = \begin{pmatrix} a_{11} \\ a_{21} \\ \vdots \\ a_{n1} \end{pmatrix}, \quad \boldsymbol{a}_2 = \begin{pmatrix} a_{12} \\ a_{22} \\ \vdots \\ a_{n2} \end{pmatrix}, \quad \cdots, \quad \boldsymbol{a}_m = \begin{pmatrix} a_{1m} \\ a_{2m} \\ \vdots \\ a_{nm} \end{pmatrix}$$
をベクトル空間 V のベクトルとするとき，連立1次方程式
$$\begin{cases} a_{11}x_1 + a_{12}x_2 + \cdots + a_{1m}x_m = 0 \\ a_{21}x_1 + a_{22}x_2 + \cdots + a_{2m}x_m = 0 \\ \qquad\qquad \vdots \qquad\qquad\qquad \vdots \\ a_{n1}x_1 + a_{n2}x_2 + \cdots + a_{nm}x_m = 0 \end{cases} \tag{4.1}$$
を考える．これは
$$x_1\boldsymbol{a}_1 + x_2\boldsymbol{a}_2 + \cdots + x_m\boldsymbol{a}_m = \boldsymbol{0}$$
と表すこともできる．この連立1次方程式は自明な解 $\boldsymbol{x} = \boldsymbol{0}$ を持つことに注意する．よって，

ワンポイント

$\boldsymbol{a}_1, \cdots, \boldsymbol{a}_m$ が1次独立 $\iff$ 連立方程式 (4.1) が自明な解しか持たない
$\iff \mathrm{rank}(\boldsymbol{a}_1 \ \cdots \ \boldsymbol{a}_m) = m$

特に，$\boldsymbol{a}_1,\cdots,\boldsymbol{a}_m$ が m 次元の数ベクトルであれば，上の条件は以下の条件とも同値である．

$$\det(\boldsymbol{a}_1 \ \cdots \ \boldsymbol{a}_m) \neq 0.$$

となる．これは，与えられた数ベクトルが1次独立かどうかを判定する際に極めて頻繁に用いるのでよく覚えておくとよいだろう．

直感的には，ベクトル $\boldsymbol{a}_1,\cdots,\boldsymbol{a}_m$ が1次独立とは，$\boldsymbol{a}_1,\cdots,\boldsymbol{a}_m$ たちが m 次元の座標系（直交座標とは限らない）を定めることと同値である．たとえば，$\boldsymbol{a}_1,\boldsymbol{a}_2$ が同一直線上にあれば，2次元の座標系を定めないので1次独立ではない．したがって，座標平面内の1次独立なベクトルの最大個数は2個であり，座標空間内の1次独立なベクトルの最大個数は3個であることが想像できる．これが一般に成り立つ．それを示すために以下の定理を考える．

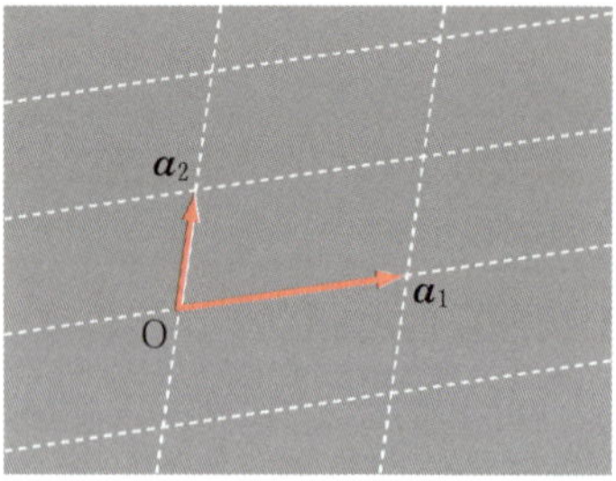

図4.4

定理 4.2 連立1次方程式 (4.1) は，$m > n$ のとき自明でない解を持つ．

証明 n についての帰納法による．$n = 1$ のとき，方程式

$$a_{11}x_1 + a_{12}x_2 + \cdots + a_{1m}x_m = 0$$

について，

$$\begin{pmatrix} x_1 \\ x_2 \\ \vdots \\ x_m \end{pmatrix} = \begin{cases} \begin{pmatrix} 1 \\ 0 \\ \vdots \\ 0 \end{pmatrix}, & a_{11} = 0 \text{ のとき} \\ \begin{pmatrix} -a_{12} \\ a_{11} \\ 0 \\ \vdots \\ 0 \end{pmatrix}, & a_{11} \neq 0 \text{ のとき} \end{cases}$$

は自明でない解である．

次に，$n=2$ の場合を示してみよう．$m \geq 3$ に対して，連立1次方程式

$$\begin{cases} a_{11}x_1 + a_{12}x_2 + \cdots + a_{1m}x_m = 0 & \cdots\cdots ① \\ a_{21}x_1 + a_{22}x_2 + \cdots + a_{2m}x_m = 0 & \cdots\cdots ② \end{cases}$$

を考える．$a_{11} = a_{21} = 0$ のときは

$$\begin{pmatrix} x_1 \\ x_2 \\ \vdots \\ x_m \end{pmatrix} = \begin{pmatrix} 1 \\ 0 \\ \vdots \\ 0 \end{pmatrix}$$

が自明でない解である．$a_{11} \neq 0$ または $a_{21} \neq 0$ のとき，必要であれば方程式の順序を入れ換えて $a_{11} \neq 0$ としてよい．このとき，

$$①' = ① \times a_{11}{}^{-1}, \qquad ②' = ② - ①' \times a_{21}$$

を考えることにより，

$$\begin{cases} x_1 + a_{12}'x_2 + \cdots + a_{1m}'x_m = 0 & \cdots\cdots ①' \\ \qquad\quad a_{22}'x_2 + \cdots + a_{2m}'x_m = 0 & \cdots\cdots ②' \end{cases}$$

を得る．ここで，

$$a_{1i}' = a_{1i}a_{11}{}^{-1}, \qquad a_{2i}' = a_{2i} - a_{1i}'a_{21}, \qquad 2 \leq i \leq m$$

である．また，明らかに

$$① \text{ かつ } ② \iff ①' \text{ かつ } ②'$$

である．

さて，$n=1$ の場合より，（$(x_2,\cdots,x_m)$ の方程式を考えると，）

$$a_{22}'x_2 + \cdots + a_{2m}'x_m = 0$$

は自明でない解 $(\alpha_2,\cdots,\alpha_m)$ を持つ．そこで，

$$\alpha_1 = -(a_{22}'\alpha_2 + \cdots + a_{2m}'\alpha_m)$$

とおくと，$(x_1,x_2,\cdots,x_m) = (\alpha_1,\alpha_2,\cdots,\alpha_m)$ は①′，②′を満たすので，①，②も満たす．すなわち，これは連立1次方程式①，②の自明でない解である．

一般に，上述の議論と同様の方法により，$n \geq 1$ の場合を仮定して $n+1$ の場合が示される．■

この定理の系として以下が得られる．

系 4.1　$\boldsymbol{R}^n$ の m 個のベクトル $\boldsymbol{a}_1,\cdots,\boldsymbol{a}_m$ は，$m > n$ のとき1次従属である．すなわち，対偶を考えることで，$\boldsymbol{R}^n$ のベクトル $\boldsymbol{a}_1,\cdots,\boldsymbol{a}_m$ が1次独立であれば $m \leq n$ である．

特に，$\boldsymbol{R}^n$ の n 個のベクトル

$$\boldsymbol{e}_1 = \begin{pmatrix} 1 \\ 0 \\ 0 \\ \vdots \\ 0 \end{pmatrix}, \quad \boldsymbol{e}_2 = \begin{pmatrix} 0 \\ 1 \\ 0 \\ \vdots \\ 0 \end{pmatrix}, \quad \cdots, \quad \boldsymbol{e}_n = \begin{pmatrix} 0 \\ 0 \\ \vdots \\ 0 \\ 1 \end{pmatrix}$$

は1次独立であることが簡単な計算から分かる．したがって，$\boldsymbol{R}^n$ の1次独立なベクトルの最大個数は n である．各 $\boldsymbol{e}_i$ を $\boldsymbol{R}^n$ の**基本ベクトル**という．

演習問題 4.2

4.2.1　(1)　$\boldsymbol{R}^2$ において，$\boldsymbol{a}_1 = \begin{pmatrix} 1 \\ 1 \end{pmatrix}$，$\boldsymbol{a}_2 = \begin{pmatrix} 1 \\ -1 \end{pmatrix}$ は1次独立であることを示せ．

(2)　$\boldsymbol{b} = \begin{pmatrix} 2 \\ -5 \end{pmatrix}$ を $\boldsymbol{a}_1$ と $\boldsymbol{a}_2$ の1次結合として表せ．

4.2.2　(1)　$\boldsymbol{R}^3$ において，$\boldsymbol{a}_1 = \begin{pmatrix} 1 \\ 0 \\ 1 \end{pmatrix}$，$\boldsymbol{a}_2 = \begin{pmatrix} 1 \\ 1 \\ -1 \end{pmatrix}$，$\boldsymbol{a}_3 = \begin{pmatrix} 2 \\ 1 \\ 1 \end{pmatrix}$ は1次独立であることを示せ．

(2)　$\boldsymbol{b} = \begin{pmatrix} 7 \\ 2 \\ 5 \end{pmatrix}$ を $\boldsymbol{a}_1,\boldsymbol{a}_2,\boldsymbol{a}_3$ の1次結合として表せ．

4.2.3　$\boldsymbol{R}^2$ のベクトル

$$\boldsymbol{a}_1 = \begin{pmatrix} 1 \\ -1 \end{pmatrix}, \quad \boldsymbol{a}_2 = \begin{pmatrix} 1 \\ 1 \end{pmatrix}, \quad \boldsymbol{a}_3 = \begin{pmatrix} -1 \\ 1 \end{pmatrix}$$

を考える．

(1)　$\boldsymbol{a}_1,\boldsymbol{a}_3$ は1次従属であることを示せ．

(2)　$\boldsymbol{a}_1,\boldsymbol{a}_2$ は1次独立であることを示せ．

(3) $\boldsymbol{R}^2$ のベクトル $\boldsymbol{b} = \begin{pmatrix} 2 \\ 4 \end{pmatrix}$ に対して，$\boldsymbol{b}$ を

$$\boldsymbol{b} = c_1\boldsymbol{a}_1 + c_2\boldsymbol{a}_2$$

の形に表せ．

4.2.4 実数 a に対して，以下のベクトルが 1 次従属であるための必要十分条件を求めよ．

(1) $\boldsymbol{R}^2$ のベクトル $\boldsymbol{a}_1 = \begin{pmatrix} 1 \\ a \end{pmatrix}$，$\boldsymbol{a}_2 = \begin{pmatrix} a \\ 1 \end{pmatrix}$.

(2) $\boldsymbol{R}^3$ のベクトル $\boldsymbol{a}_1 = \begin{pmatrix} a \\ 1 \\ 1 \end{pmatrix}$，$\boldsymbol{a}_2 = \begin{pmatrix} 1 \\ a \\ 1 \end{pmatrix}$，$\boldsymbol{a}_3 = \begin{pmatrix} 1 \\ 1 \\ a \end{pmatrix}$.

4.2.5 V をベクトル空間とする．このとき，$\boldsymbol{v} \in V$ に対して，

$$\boldsymbol{v} \text{ が 1 次独立である} \iff \boldsymbol{v} \neq \boldsymbol{0}$$

を示せ．

4.3 基底と次元

本講の目標

- ベクトル空間の**基底**と**成分表示**を理解する．
- $\boldsymbol{R}^n$ の n 個の 1 次独立なベクトルが $\boldsymbol{R}^n$ の基底になることを理解する．
- ベクトル空間の**次元**の定義を理解する．
- ベクトル空間における 1 次独立なベクトルの最大個数が次元に等しいことを理解し，n 次元のベクトル空間における n 個の 1 次独立なベクトルは基底であることを理解する．

前述したように，1 次独立なベクトルはある種の座標系を定める．このことから，1 次独立なベクトルは他のベクトルを一意的に表すために用いることができる．よって一般に，ベクトル空間においてどれだけ多くの 1 次独立なベクトルをとってこれるかということは大変重要な問題である．$\boldsymbol{R}^n$ では n 個であった．このような概念を一般のベクトル空間において考察するために，基底と次元という概念を解説する．

ベクトル空間 V のベクトル $\boldsymbol{a}_1, \boldsymbol{a}_2, \cdots, \boldsymbol{a}_n$ が次の 2 つの条件

(1)　$\boldsymbol{a}_1, \boldsymbol{a}_2, \cdots, \boldsymbol{a}_n$ は1次独立.

(2)　V の任意の元は $\boldsymbol{a}_1, \boldsymbol{a}_2, \cdots, \boldsymbol{a}_n$ の1次結合で書ける．すなわち，任意の $\boldsymbol{v} \in V$ に対して，ある実数 $k_1, k_2, \cdots, k_n$ が存在して，

$$\boldsymbol{v} = k_1\boldsymbol{a}_1 + k_2\boldsymbol{a}_2 + \cdots + k_n\boldsymbol{a}_n.$$

を満たすとき，$\boldsymbol{a}_1, \boldsymbol{a}_2, \cdots, \boldsymbol{a}_n$ は V の**基底**であるという*．零ベクトル $\mathbf{0}$ だけからなるベクトル空間 $\{\mathbf{0}\}$ には1次独立なベクトルが存在しないので，基底という概念はない*2．以下特に断らない限り，この節ではベクトル空間は $\{\mathbf{0}\}$ ではないとする．

例 4.1　$\boldsymbol{R}^n$ の基本ベクトルたち $\boldsymbol{e}_1, \cdots, \boldsymbol{e}_n$ は $\boldsymbol{R}^n$ の基底になる．これを $\boldsymbol{R}^n$ の**標準基底**という．◆

$\boldsymbol{R}^n$ の基底のとり方は無数にある．これを確認するために次の2つの定理を準備する．

> **定理 4.3**　$\boldsymbol{a}_1, \cdots, \boldsymbol{a}_m$ をベクトル空間 V の1次独立なベクトルとし，$\boldsymbol{b}$ を V の任意のベクトルとする．このとき，次は同値.
>
> (1)　$\boldsymbol{a}_1, \cdots, \boldsymbol{a}_m, \boldsymbol{b}$ は1次従属.
>
> (2)　$\boldsymbol{b}$ が $\boldsymbol{a}_1, \cdots, \boldsymbol{a}_m$ たちの1次結合で書ける.

証明　(1) を仮定すると，少なくとも1つは0でない実数 $k_1, \cdots, k_m, k$ が存在して，

$$k_1\boldsymbol{a}_1 + \cdots + k_m\boldsymbol{a}_m + k\boldsymbol{b} = \mathbf{0}$$

となる．もし $k = 0$ とすると，$(k_1, \cdots, k_m) \neq (0, \cdots, 0)$ かつ，$k_1\boldsymbol{a}_1 + \cdots + k_m\boldsymbol{a}_m = \mathbf{0}$ となるので，これは $\boldsymbol{a}_1, \cdots, \boldsymbol{a}_m$ が1次独立であることに反する．したがって，$k \neq 0$ であり，$(-k)\boldsymbol{b} = k_1\boldsymbol{a}_1 + \cdots + k_m\boldsymbol{a}_m$ より，

---

*　しばしば，基底を $\{\boldsymbol{a}_1, \boldsymbol{a}_2, \cdots, \boldsymbol{a}_n\}$ のように表す文献があるが，これは厳密には誤りであり注意が必要である．というのは，{　} は通常，集合を表す記号であり，基底という概念には単にベクトルの組合わせという意味だけでなくその順序も含まれていて，(　) のほうがまだ好ましい．たとえば，座標空間では，基底の順序を用いて右手系や左手系といった向きを考えることができる．

*2　これまでに数回ほど，「零ベクトルが基底である」という答案を見てショックを受けたことがある．

$$\boldsymbol{b} = (-k)^{-1}k_1\boldsymbol{a}_1 + \cdots + (-k)^{-1}k_m\boldsymbol{a}_m$$

を得る．

(2) を仮定すると，$\boldsymbol{b} = k_1\boldsymbol{a}_1 + \cdots + k_m\boldsymbol{a}_m$ と書ける．両辺に $-\boldsymbol{b} = (-1)\boldsymbol{b}$ を加えると，

$$\boldsymbol{0} = k_1\boldsymbol{a}_1 + \cdots + k_m\boldsymbol{a}_m + (-1)\boldsymbol{b}$$

であり，$(k_1,\cdots,k_m,-1) \neq (0,\cdots,0)$ となる*． ■

定理 4.4 $\boldsymbol{a}_1,\boldsymbol{a}_2,\cdots,\boldsymbol{a}_n$ が $\boldsymbol{R}^n$ の 1 次独立なベクトルのとき，$\boldsymbol{a}_1,\boldsymbol{a}_2,\cdots,\boldsymbol{a}_n$ は $\boldsymbol{R}^n$ の基底である．

証明 $\boldsymbol{R}^n$ の任意のベクトル $\boldsymbol{b}$ に対して，系 4.1 により，$\boldsymbol{a}_1,\cdots,\boldsymbol{a}_n,\boldsymbol{b}$ は $\boldsymbol{R}^n$ において 1 次従属である．よって，定理 4.3 より，$\boldsymbol{b}$ は $\boldsymbol{a}_1,\cdots,\boldsymbol{a}_n$ の 1 次結合で書ける．すなわち，$\boldsymbol{a}_1,\cdots,\boldsymbol{a}_n$ は $\boldsymbol{R}^n$ の基底である． ■

たとえば，$\boldsymbol{e}_1,\boldsymbol{e}_2,\cdots,\boldsymbol{e}_n$ を $\boldsymbol{R}^n$ の標準基底とするとき，任意の 0 でない $a \in \boldsymbol{R}$ に対して，$a\boldsymbol{e}_1,a\boldsymbol{e}_2,\cdots,a\boldsymbol{e}_n \in \boldsymbol{R}^n$ は 1 次独立であるから，これらは $\boldsymbol{R}^n$ の基底である．つまり，$\boldsymbol{R}^n$ の基底は無数に存在する．定理 4.4 と同様のことが一般のベクトル空間でも成り立つが，これについては後述する．ここまでをまとめると，以下のようになる．

ワンポイント n 次元数ベクトル空間 $\boldsymbol{R}^n$ において，n 個の 1 次独立なベクトルは $\boldsymbol{R}^n$ の基底になる．特に，$\boldsymbol{R}^n$ の基底は無数にある．

例題 4.6 $\boldsymbol{R}^3$ のベクトル

$$\boldsymbol{a}_1 = \begin{pmatrix} 1 \\ 0 \\ 1 \end{pmatrix}, \quad \boldsymbol{a}_2 = \begin{pmatrix} 0 \\ 1 \\ 0 \end{pmatrix}, \quad \boldsymbol{a}_3 = \begin{pmatrix} 1 \\ 0 \\ -1 \end{pmatrix}$$

は $\boldsymbol{R}^3$ の基底であることを示せ．

解答 $\boldsymbol{R}^3$ における 3 つのベクトルを考えているので，$\boldsymbol{a}_1,\boldsymbol{a}_2,\boldsymbol{a}_3$ が 1 次独立

---

* (2) $\Longrightarrow$ (1) は，$\boldsymbol{a}_1,\cdots,\boldsymbol{a}_m$ の 1 次独立性がなくても成立する．

であることを示せばよい．このとき，連立1次方程式

$$\begin{cases} x_1 + x_3 = 0 \\ x_2 = 0 \\ x_1 - x_3 = 0 \end{cases}$$

が自明な解しか持たないことを示せばよいが，簡単な計算によりこれは明らかである．したがって，$\boldsymbol{a}_1,\boldsymbol{a}_2,\boldsymbol{a}_3$ は $\boldsymbol{R}^3$ の基底である．◈

ベクトルの成分表示

$\boldsymbol{a}_1,\cdots,\boldsymbol{a}_n$ をベクトル空間 V の基底とする．すると，任意のベクトル $\boldsymbol{x} \in V$ に対して，ある $x_1,\cdots,x_n \in \boldsymbol{R}$ が存在して，

$$\boldsymbol{x} = x_1\boldsymbol{a}_1 + \cdots + x_n\boldsymbol{a}_n \tag{4.2}$$

と書ける．このとき，このような表し方は一意的である．実際，$\boldsymbol{x}$ がもう1つの形

$$\boldsymbol{x} = y_1\boldsymbol{a}_1 + \cdots + y_n\boldsymbol{a}_n$$

と表されたとすると，

$$x_1\boldsymbol{a}_1 + \cdots + x_n\boldsymbol{a}_n = y_1\boldsymbol{a}_1 + \cdots + y_n\boldsymbol{a}_n$$

より，

$$(x_1 - y_1)\boldsymbol{a}_1 + \cdots + (x_n - y_n)\boldsymbol{a}_n = \boldsymbol{0}$$

となる．すると，$\boldsymbol{a}_1,\cdots,\boldsymbol{a}_n$ の1次独立性から $x_i - y_i = 0$ $(1 \leq i \leq n)$ を得る．つまり，各 i に対して y_i と x_i は一致する．そこで，$x_1,\cdots,x_n$ を $\boldsymbol{x}$ の基底 $\boldsymbol{a}_1,\cdots,\boldsymbol{a}_n$ に関する**成分**といい，(4.2) を $\boldsymbol{x}$ の $\boldsymbol{a}_1,\cdots,\boldsymbol{a}_n$ に関する**成分表示**という*．

以下の例が示すように，一般に，成分は基底が変われば異なる．

例 4.2　$\boldsymbol{R}^2$ のベクトル $\boldsymbol{x} = \begin{pmatrix} 2 \\ 3 \end{pmatrix}$ を考える．

(1)　$\boldsymbol{x}$ の標準基底 $\boldsymbol{e}_1,\boldsymbol{e}_2$ に関する成分表示は $\boldsymbol{x} = 2\boldsymbol{e}_1 + 3\boldsymbol{e}_2$.

(2)　例題4.5での考察を思い出すと，$\boldsymbol{a}_1 = \begin{pmatrix} 1 \\ 2 \end{pmatrix}$, $\boldsymbol{a}_2 = \begin{pmatrix} 3 \\ 4 \end{pmatrix}$ は $\boldsymbol{R}^2$ の基底であ

* 基底が与えられると1つの座標系が定まるが，$\boldsymbol{x}$ の成分 $x_1,\cdots,x_n$ は，言わば $\boldsymbol{a}_1,\cdots,\boldsymbol{a}_n$ に関する $\boldsymbol{x}$ の住所である．

る．$\boldsymbol{x}$ のこの基底に関する成分表示は，$\boldsymbol{x} = \frac{1}{2}\boldsymbol{a}_1 + \frac{1}{2}\boldsymbol{a}_2$ である． ◆

ベクトル空間の基底を構成するベクトルの個数

成分表示の際にも述べたことであるが，数学ではしばしば，「一意性」や「一意的な存在」という概念が登場する．方程式の解の一意性や，逆行列の一意性など，たった1つしかないということが理論的に示されていれば，それだけに焦点を絞って議論ができる．しかしながら，ベクトル空間の基底は無数に存在し，基底を変えるごとに成分も変わってしまう．このままでは，いつまでも場当たり的な論理になってしまい，普遍的な数学の理論を構築できそうにない．このようなとき，数学では，互いに共通するような性質を見出すことを考える．つまり，見かけが異なる基底たちの間に共通するような性質は何かないだろうか．ここではその答えとして，基底におけるベクトルの個数に着目する．

定理 4.5　ベクトル空間 V において，$\boldsymbol{b}_1, \cdots, \boldsymbol{b}_m$ を 1 次独立なベクトルとする．$\boldsymbol{a}_1, \cdots, \boldsymbol{a}_n$ を V のベクトルとし，各 $\boldsymbol{b}_i$ $(1 \leq i \leq m)$ が $\boldsymbol{a}_1, \cdots, \boldsymbol{a}_n$ の 1 次結合で書けるとする．このとき，$m \leq n$ である．

つまり，1 次独立なベクトルたち $\boldsymbol{b}_1, \cdots, \boldsymbol{b}_m$ を別のベクトルたちの 1 次結合で表すためには，もとのベクトルの個数 m 以上のベクトルが必要になるということである．

証明　対偶を示す．つまり，$m > n$ として，$\boldsymbol{b}_i, \boldsymbol{a}_j$ たちが題意の条件を満たすとき，$\boldsymbol{b}_1, \cdots, \boldsymbol{b}_m$ が 1 次従属となることを示す．ここでは，$m = 3$，$n = 2$ として考える．一般の場合もまったく同じである．仮定より，

$$\begin{aligned} \boldsymbol{b}_1 &= p_{11}\boldsymbol{a}_1 + p_{12}\boldsymbol{a}_2, \\ \boldsymbol{b}_2 &= p_{21}\boldsymbol{a}_1 + p_{22}\boldsymbol{a}_2, \\ \boldsymbol{b}_3 &= p_{31}\boldsymbol{a}_1 + p_{32}\boldsymbol{a}_2 \end{aligned}$$

となる $p_{ij} \in \boldsymbol{R}$ がとれる．このとき，

$$\begin{vmatrix} p_{11} & p_{12} & 0 \\ p_{21} & p_{22} & 0 \\ p_{31} & p_{32} & 0 \end{vmatrix} = 0$$

であるので，行ベクトルたちの間に自明でない関係式

$$k_1(p_{11} \quad p_{12} \quad 0) + k_2(p_{21} \quad p_{22} \quad 0) + k_3(p_{31} \quad p_{32} \quad 0) = (0 \quad 0 \quad 0)$$

が存在する*．したがって，

$$\begin{aligned} k_1\boldsymbol{b}_1 + k_2\boldsymbol{b}_2 + k_3\boldsymbol{b}_3 &= (k_1p_{11} + k_2p_{21} + k_3p_{31})\boldsymbol{a}_1 + (k_1p_{12} + k_2p_{22} + k_3p_{32})\boldsymbol{a}_2 \\ &= 0\boldsymbol{a}_1 + 0\boldsymbol{a}_2 = \boldsymbol{0} \end{aligned}$$

となる．これは $\boldsymbol{b}_1, \boldsymbol{b}_2, \boldsymbol{b}_3$ が 1 次従属であることを示している． ■

定理 4.6　ベクトル空間 V において，$\boldsymbol{a}_1, \cdots, \boldsymbol{a}_n$ および，$\boldsymbol{b}_1, \cdots, \boldsymbol{b}_m$ をそれぞれ基底とする．このとき，$m = n$ である．

証明　$\boldsymbol{b}_1, \cdots, \boldsymbol{b}_m$ はそれぞれ $\boldsymbol{a}_1, \cdots, \boldsymbol{a}_n$ の 1 次結合で書けるので，定理 4.5 より，$n \geq m$ である．同様に，$\boldsymbol{a}_1, \cdots, \boldsymbol{a}_n$ はそれぞれ $\boldsymbol{b}_1, \cdots, \boldsymbol{b}_m$ の 1 次結合で書けるので，$m \geq n$ である．よって，$m = n$ を得る． ■

以上の議論から次のことが分かる．

ワンポイント　ベクトル空間 V に基底があれば，V の基底を構成するベクトルの個数は一定である．

そこで，ベクトル空間 V に対して，V の基底に含まれるベクトルの個数を V の**次元** (dimension) といい，$\dim V$ と表す*2．便宜的に，零ベクトルだけからなるベクトル空間 $\{\boldsymbol{0}\}$ の次元は 0 と定める．

例 4.3　$\boldsymbol{R}^n$ の次元は n である．実際，標準基底を考えればよい． ◆

これまで，ベクトル空間に基底があればそれに含まれるベクトルの個数は一定であることは示したが，そもそも基底はいつでもとれるのか，また，とれるのであればどうやって見つけてくるのかといった疑問が未解決のままである*3．これを解決するために以下の定理を準備する．

---

* 一般に，行列式が 0 であれば，列ベクトルたちが 1 次従属になるので，自明でない関係式が存在する．ところが，行列式は転置をとっても変わらないので，列に関して成り立つ性質は行についても成り立つ．

*2 V が $\boldsymbol{R}$ 上のベクトル空間であることを強調したい場合には，$\dim_{\boldsymbol{R}} V$ と表すことがある．

*3 （標準基底を考えることで）$\boldsymbol{R}^n$ の場合はすでに解決済みである．

定理 4.7 ベクトル空間 V において，V の中から選べる 1 次独立なベクトルの最大個数が n とする．このとき，$\dim V = n$ である．

証明 $\boldsymbol{a}_1, \cdots, \boldsymbol{a}_n$ を V の 1 次独立なベクトルとする．このとき，任意のベクトル $\boldsymbol{a} \in V$ に対して，$\boldsymbol{a}_1, \cdots, \boldsymbol{a}_n, \boldsymbol{a}$ は 1 次従属である．よって，少なくとも 1 つは 0 でない $\boldsymbol{R}$ の元 $k_1, \cdots, k_n, k$ が存在して，

$$k_1\boldsymbol{a}_1 + \cdots + k_n\boldsymbol{a}_n + k\boldsymbol{a} = \boldsymbol{0}$$

となる．もし，$k = 0$ とすると，$\boldsymbol{a}_1, \cdots, \boldsymbol{a}_n$ の 1 次独立性から $k_1 = \cdots = k_n = 0$ となり，上の条件に矛盾するので $k \neq 0$ である．よって，適当な変形を行うことで，$\boldsymbol{a}$ は $\boldsymbol{a}_1, \cdots, \boldsymbol{a}_n$ の 1 次結合で書けることが分かる．つまり，$\boldsymbol{a}_1, \cdots, \boldsymbol{a}_n$ は V の基底である．よって，$n = \dim V$ である． ■

この定理によって，原理的に，与えられた $\{\boldsymbol{0}\}$ でないベクトル空間 V の基底を見つけることができる．つまり，まず，非自明なベクトル $\boldsymbol{a}_1 \in V$ をとる．次に，$\boldsymbol{a}_1$ のスカラー倍で表せないようなベクトルがあればそれを 1 つとり，$\boldsymbol{a}_2$ とする．さらに，$\boldsymbol{a}_1, \boldsymbol{a}_2$ の 1 次結合で表せないようなベクトルがあれば，それを 1 つとり $\boldsymbol{a}_3$ とする．以下，これを続ければいずれどこかで止まる*．しかしながら，具体的な問題を考える際に，しらみつぶしにベクトルを調べるということはなく，計算過程などから自然に見つかる場合がほとんどであるので安心してほしい．

この節の最後に，定理 4.4 と同様のことが一般のベクトル空間でも成り立つことを示そう．

定理 4.8 V を n 次元のベクトル空間とする．$\boldsymbol{a}_1, \cdots, \boldsymbol{a}_n$ が 1 次独立であれば，これらは V の基底である．

証明 $\boldsymbol{a}_1, \cdots, \boldsymbol{a}_n$ が基底ではないと仮定して矛盾を導く．すると，$\boldsymbol{a}_1, \cdots, \boldsymbol{a}_n$ の 1 次結合では表せないベクトル $\boldsymbol{a} \in V$ が存在する．このとき，$\boldsymbol{a}_1, \cdots, \boldsymbol{a}_n, \boldsymbol{a}$ は 1

* 本書で扱うベクトル空間は，ある数ベクトル空間 $\boldsymbol{R}^m$ の部分空間のみであり，$\boldsymbol{R}^m$ の 1 次独立なベクトルの最大個数は m 個（有限個）であるから，このような操作はいずれ停止する．

次独立である．実際，

$$k_1\boldsymbol{a}_1 + \cdots + k_n\boldsymbol{a}_n + k\boldsymbol{a} = \boldsymbol{0}$$

と仮定する．すると，$k \neq 0$ であれば $\boldsymbol{a}$ が $\boldsymbol{a}_1, \cdots, \boldsymbol{a}_n$ の 1 次結合で表せてしまうので，$k = 0$ である．よって，$\boldsymbol{a}_1, \cdots, \boldsymbol{a}_n$ の 1 次独立性から $k_1 = \cdots = k_n = 0$ も分かる．

このとき，定理 4.7 より，$\dim V \geq n + 1$ となり，仮定に矛盾する．よって，$\boldsymbol{a}_1, \cdots, \boldsymbol{a}_n$ は V の基底である．■

演習問題 4.3

4.3.1 以下のベクトルは $\boldsymbol{R}^2$ の基底かどうか理由をつけて答えよ．

(1) $\boldsymbol{a}_1 = \begin{pmatrix} 1 \\ 1 \end{pmatrix}$, $\boldsymbol{a}_2 = \begin{pmatrix} 1 \\ -1 \end{pmatrix}$

(2) $\boldsymbol{a}_1 = \begin{pmatrix} 1 \\ 1 \end{pmatrix}$, $\boldsymbol{a}_2 = \begin{pmatrix} 2 \\ 2 \end{pmatrix}$

4.3.2 以下のベクトルは $\boldsymbol{R}^3$ の基底かどうか理由をつけて答えよ．

(1) $\boldsymbol{a}_1 = \begin{pmatrix} 1 \\ 0 \\ 1 \end{pmatrix}$, $\boldsymbol{a}_2 = \begin{pmatrix} 1 \\ 1 \\ 1 \end{pmatrix}$

(2) $\boldsymbol{a}_1 = \begin{pmatrix} 1 \\ -1 \\ 1 \end{pmatrix}$, $\boldsymbol{a}_2 = \begin{pmatrix} 2 \\ 0 \\ -3 \end{pmatrix}$, $\boldsymbol{a}_3 = \begin{pmatrix} 1 \\ 2 \\ 1 \end{pmatrix}$

(3) $\boldsymbol{a}_1 = \begin{pmatrix} 1 \\ 0 \\ 1 \end{pmatrix}$, $\boldsymbol{a}_2 = \begin{pmatrix} 1 \\ 1 \\ 0 \end{pmatrix}$, $\boldsymbol{a}_3 = \begin{pmatrix} 0 \\ -1 \\ 1 \end{pmatrix}$

4.3.3 $\boldsymbol{R}^2$ の基底 $\boldsymbol{a}_1 = \begin{pmatrix} -2 \\ 1 \end{pmatrix}$, $\boldsymbol{a}_2 = \begin{pmatrix} 1 \\ -1 \end{pmatrix}$ に対して，基本ベクトル $\boldsymbol{e}_1 = \begin{pmatrix} 1 \\ 0 \end{pmatrix}$, $\boldsymbol{e}_2 = \begin{pmatrix} 0 \\ 1 \end{pmatrix}$ の成分表示を求めよ．

4.3.4 $\boldsymbol{R}^2$ の部分空間，

$$W = \left\{ \begin{pmatrix} x \\ y \end{pmatrix} \in \boldsymbol{R}^2 \;\middle|\; 2x - y = 0 \right\}$$

の基底を求めよ．

4.3.5 $\boldsymbol{R}^3$ の部分空間,

$$W = \left\{ \begin{pmatrix} x \\ y \\ z \end{pmatrix} \in \boldsymbol{R}^3 \,\middle|\, 2x - y + 3z = 0,\ x - 3y + z = 0 \right\}$$

の基底を求めよ.

4.3.6 $\boldsymbol{R}^2$ の部分空間は $\{\mathbf{0}\}$, $\boldsymbol{R}^2$, および, 原点を通る直線のいずれかであることを示せ.

5 Chapter

線形写像

本章ではベクトル空間どうしの間の関係について考察する．ベクトル空間は単なる集合ではなく，和とスカラー倍という付加構造が入った集合であった．したがって，ベクトル空間の様々な性質を調べる際には，これらの演算と両立するような，「特別な」写像を考えることが重要になる．本章ではそのような写像として線形写像を考える．

線形写像は平面内の 1 次変換を一般化したものであり，純粋に数学的にも，また，他の学問への応用を考える上でも非常に大切である．

5.1 線形写像の定義と性質

本講の目標

- 和とスカラー倍を保つという**線形写像**の定義と性質を理解する．
- 特に，線形写像は零ベクトルを零ベクトルに，逆ベクトルを逆ベクトルに写すことを理解する．

V, W をベクトル空間とする．V から W への写像 $f : V \to W$ が 2 つの条件

(1) V の任意のベクトル $\boldsymbol{x}, \boldsymbol{y}$ に対して，

$$f(\boldsymbol{x} + \boldsymbol{y}) = f(\boldsymbol{x}) + f(\boldsymbol{y}).$$

(2) 任意の実数 $k \in \boldsymbol{R}$ および，任意のベクトル $\boldsymbol{x} \in V$ に対して

$$f(k\boldsymbol{x}) = kf(\boldsymbol{x})$$

を満たすとき，f を**線形写像**または**1次写像**という．特に，V から自分自身への線形写像 $f : V \to V$ を V 上の**線形変換**または，**1次変換**という．

例題 5.1 以下の写像は線形写像かどうか，理由をつけて答えよ．

(1) $f : \boldsymbol{R} \to \boldsymbol{R}$; $f(x) = 2x$

(2) $g : \boldsymbol{R} \to \boldsymbol{R}$; $g(x) = x + 1$

解答 (1) f は線形写像である．和については，任意の $x, y \in \boldsymbol{R}$ に対して，

$$f(x + y) = 2(x + y) = 2x + 2y = f(x) + f(y)$$

となる．スカラー倍についても，任意の $x \in \boldsymbol{R}$ と任意の $k \in \boldsymbol{R}$ に対して，

$$f(kx) = 2(kx) = k(2x) = kf(x)$$

となる．したがって，f は線形写像である．

(2) 任意の $x, y \in \boldsymbol{R}$ に対して，

$$g(x + y) = (x + y) + 1 = x + y + 1$$

となるが，これは一般に，$g(x) + g(y)$ と等しくない．たとえば，

$$g(0) + g(1) = 1 + 2 = 3 \neq 2 = g(0 + 1)$$

である．よって，g は線形写像ではない． ◈

上の例題の (1) とまったく同様にして，任意の (m, n) 行列 A に対して，写像

$$f_A : \boldsymbol{R}^n \to \boldsymbol{R}^m \ ; \ f_A(\boldsymbol{x}) = A\boldsymbol{x}$$

は線形写像であることが分かる．この，行列を左から掛けることで定まる線形写像が非常に重要である．というのは，任意の線形写像は，ベクトル空間のしかるべき「同一視」を行うと，すべてこの形の線形写像と同値になるからである．

補題 5.1 $f : V \to W$ を線形写像とする．このとき，

(1) $f(\boldsymbol{0}) = \boldsymbol{0}$.

(2) 任意の $\boldsymbol{v} \in V$ に対して，$f(-\boldsymbol{v}) = -f(\boldsymbol{v})$.

標語的にいえば，線形写像は零ベクトルを零ベクトルに，逆ベクトルを逆

ベクトルに写す.

証明　(1)
$$f(\mathbf{0}) = f(\mathbf{0}+\mathbf{0}) = f(\mathbf{0}) + f(\mathbf{0})$$
であるから，両辺に $-f(\mathbf{0})$ を加えて，求める結果を得る.

(2)　(1) の結果より,
$$\mathbf{0} = f(\mathbf{0}) = f(\boldsymbol{v} + (-\boldsymbol{v})) = f(\boldsymbol{v}) + f(-\boldsymbol{v})$$
となる．よって，両辺に $-f(\boldsymbol{v})$ を加えれば求める式を得る. ■

演習問題 5.1

5.1.1　以下の写像 $f:\boldsymbol{R}\to\boldsymbol{R}$ は線形写像かどうか，理由をつけて答えよ.

(1)　$f(x) = x^2$　　(2)　$f(x) = \sin x$　　(3)　$f(x) = 5x$

(4)　$f(x) = 0$　（定数関数）

5.1.2　以下の写像 $f:\boldsymbol{R}^2\to\boldsymbol{R}$ は線形写像かどうか，理由をつけて答えよ.

(1)　$f(\begin{pmatrix} x \\ y \end{pmatrix}) = x + y$　　(2)　$f(\begin{pmatrix} x \\ y \end{pmatrix}) = xy$

(3)　$f(\begin{pmatrix} x \\ y \end{pmatrix}) = x + y - 1$

5.1.3　以下の写像 $f:\boldsymbol{R}^2\to\boldsymbol{R}^2$ は線形写像かどうか，理由をつけて答えよ.

(1)　$f(\begin{pmatrix} x \\ y \end{pmatrix}) = \begin{pmatrix} 0 \\ x+y \end{pmatrix}$　　(2)　$f(\begin{pmatrix} x \\ y \end{pmatrix}) = \begin{pmatrix} xy \\ y \end{pmatrix}$

(3)　$f(\begin{pmatrix} x \\ y \end{pmatrix}) = \begin{pmatrix} x+1 \\ y-2 \end{pmatrix}$

5.1.4　$f:V\to V$ を線形変換とする．あるベクトル $\boldsymbol{v}\in V$ で，$f(-\boldsymbol{v}) = f(\boldsymbol{v})$ となったとする．このとき，$f(\boldsymbol{v}) = \mathbf{0}$ であることを示せ.

5.1.5　$f:V\to W$ を線形写像とする．$\boldsymbol{v}_1,\cdots,\boldsymbol{v}_m\in V$ に対して，$f(\boldsymbol{v}_1),\cdots,f(\boldsymbol{v}_m)\in W$ が1次独立であれば，$\boldsymbol{v}_1,\cdots,\boldsymbol{v}_m$ が1次独立であることを示せ.

5.2　線形写像の像と核

本講の目標

- 線形写像の像と核が部分空間になることを理解する.

- 線形写像の像と核の次元を合わせると定義域のベクトル空間の次元になるという，**次元公式**を理解する．

本節では，線形写像を理解する上で重要な，像と核の概念について解説する．線形写像 $f : V \to W$ に対して，

$$\mathrm{Im}(f) := \{f(\boldsymbol{x}) \in W \mid \boldsymbol{x} \in V\} \subset W$$

を f の**像** (image) という．また，

$$\mathrm{Ker}(f) := \{\boldsymbol{x} \in V \mid f(\boldsymbol{x}) = \boldsymbol{0}\} \subset V$$

を f の**核** (kernel) という．

例 5.1 $\boldsymbol{R}^2$ から $\boldsymbol{R}$ への線形写像 $f : \boldsymbol{R}^2 \to \boldsymbol{R}$ を

$$f(\begin{pmatrix} x \\ y \end{pmatrix}) = x + y$$

で定める．すると，f の像は $\boldsymbol{R}$ である．実際，任意の $x \in \boldsymbol{R}$ に対して，

$$f(\begin{pmatrix} x \\ 0 \end{pmatrix}) = x + 0 = x$$

である．一方，

$$\begin{pmatrix} x \\ y \end{pmatrix} \in \mathrm{Ker}(f)$$

とすると，定義より，$x + y = 0$．すなわち，$y = -x$ である．よって，

$$\mathrm{Ker}(f) = \left\{ \begin{pmatrix} x \\ -x \end{pmatrix} \middle| \, x \in \boldsymbol{R} \right\} \subset \boldsymbol{R}^2$$

となることが分かる．◆

線形写像 f の像と核に注目する最大の理由は以下の定理にある．

定理 5.1 線形写像 $f : V \to W$ に対して，

(1) $\mathrm{Im}(f)$ は W の部分空間である．

(2) $\mathrm{Ker}(f)$ は V の部分空間である．

証明 どちらも，部分空間となることを定義に従って示していけばよい．

(1) まず，$\boldsymbol{0} = f(\boldsymbol{0}) \in \mathrm{Im}(f)$ である．次に，任意の $\boldsymbol{x}, \boldsymbol{y} \in \mathrm{Im}(f)$ に対し

て，ある $\boldsymbol{x}', \boldsymbol{y}' \in V$ が存在して，

$$\boldsymbol{x} = f(\boldsymbol{x}'), \qquad \boldsymbol{y} = f(\boldsymbol{y}')$$

となる．このとき，f が線形写像であることに注意して，

$$\boldsymbol{x} + \boldsymbol{y} = f(\boldsymbol{x}') + f(\boldsymbol{y}') = f(\boldsymbol{x}' + \boldsymbol{y}') \in \mathrm{Im}(f)$$

となる．さらに，任意の $k \in \boldsymbol{R}$ に対して，

$$k\boldsymbol{x} = kf(\boldsymbol{x}') = f(k\boldsymbol{x}') \in \mathrm{Im}(f)$$

となる．したがって，$\mathrm{Im}(f)$ は W の部分空間である．

(2)　$f(\boldsymbol{0}) = \boldsymbol{0}$ より，$\boldsymbol{0} \in \mathrm{Ker}(f)$ である．また，任意の $\boldsymbol{x}, \boldsymbol{y} \in \mathrm{Ker}(f)$ に対して，

$$f(\boldsymbol{x} + \boldsymbol{y}) = f(\boldsymbol{x}) + f(\boldsymbol{y}) = \boldsymbol{0} + \boldsymbol{0} = \boldsymbol{0}$$

であるから，$\boldsymbol{x} + \boldsymbol{y} \in \mathrm{Ker}(f)$ となる．一方，任意の $\boldsymbol{x} \in \mathrm{Ker}(f)$，および $k \in \boldsymbol{R}$ に対して，

$$f(k\boldsymbol{x}) = kf(\boldsymbol{x}) = k\boldsymbol{0} = \boldsymbol{0}$$

となるので，$k\boldsymbol{x} \in \mathrm{Ker}(f)$ である．したがって，$\mathrm{Ker}(f)$ は V の部分空間である．■

線形写像の像と核に関しては，学生のレポートや試験の結果を見ても一目瞭然なように，最も抽象的で理解が難しい単元のうちの1つである*．なので，たくさんの簡単な例題を解いて感覚を養うことが肝要である．

例題 5.2　線形写像 $f : \boldsymbol{R}^2 \to \boldsymbol{R}$ を

$$f(\begin{pmatrix} x \\ y \end{pmatrix}) = x - y$$

で定める．

(1)　$\mathrm{Im}(f) = \boldsymbol{R}$ を示せ．

(2)　$\mathrm{Ker}(f)$ の基底をひと組求めよ．

解答　(1)　任意の $a \in \boldsymbol{R}$ に対して，

$$f(\begin{pmatrix} a \\ 0 \end{pmatrix}) = a$$

* このことは，学科や学部の違いによらないことはもとより，大学の違いにもよらないことが著者の過去の経験から認められる．

であるから，$a \in \mathrm{Im}(f)$ となる．つまり，$\boldsymbol{R} \subset \mathrm{Im}(f)$．逆の包含関係は明らかなので，$\mathrm{Im}(f) = \boldsymbol{R}$．

(2)　$\boldsymbol{x} = \begin{pmatrix} x \\ y \end{pmatrix} \in \mathrm{Ker}(f)$ とすると，$0 = f(\boldsymbol{x}) = x - y$ より，$y = x$．したがって，

$$\mathrm{Ker}(f) = \left\{ \begin{pmatrix} x \\ x \end{pmatrix} \in \boldsymbol{R}^2 \,\middle|\, x \in \boldsymbol{R} \right\}$$

となる．任意の $\boldsymbol{x} = \begin{pmatrix} x \\ x \end{pmatrix}$ は

$$\boldsymbol{x} = x \begin{pmatrix} 1 \\ 1 \end{pmatrix}$$

と書けることに注意して，

$$\boldsymbol{a}_1 = \begin{pmatrix} 1 \\ 1 \end{pmatrix}$$

とおき，$\boldsymbol{a}_1$ が $\mathrm{Ker}(f)$ の基底になることを示そう．

まず，$k\boldsymbol{a}_1 = \boldsymbol{0}$ とおくと，明らかに $k = 0$ となるので $\boldsymbol{a}_1$ は 1 次独立．一方，上で述べたように，$\mathrm{Ker}(f)$ の任意の元は $\boldsymbol{a}_1$ のスカラー倍で書ける．よって，$\boldsymbol{a}_1$ は $\mathrm{Ker}(f)$ の基底である．◆

例題 5.3　線形写像 $f : \boldsymbol{R}^3 \to \boldsymbol{R}$ を

$$f\left(\begin{pmatrix} x \\ y \\ z \end{pmatrix}\right) = x + y + z$$

で定める．

(1)　$\mathrm{Im}(f) = \boldsymbol{R}$ を示せ．

(2)　$\mathrm{Ker}(f)$ の基底をひと組求めよ．

解答　(1)　任意の $a \in \boldsymbol{R}$ に対して，

$$\begin{pmatrix} 0 \\ 0 \\ a \end{pmatrix} \in \boldsymbol{R}^3$$

を考えると，

$$f\left(\begin{pmatrix}0\\0\\a\end{pmatrix}\right)=a$$

となるので，$a \in \mathrm{Im}(f)$．よって，$\mathrm{Im}(f)=\boldsymbol{R}$ となる．

(2)
$$\boldsymbol{x}=\begin{pmatrix}x\\y\\z\end{pmatrix}\in \mathrm{Ker}\,(f)$$

とすると，$0=f(\boldsymbol{x})=x+y+z$ より，$z=-x-y$ となる．よって，

$$\boldsymbol{x}=\begin{pmatrix}x\\y\\z\end{pmatrix}=\begin{pmatrix}x\\y\\-x-y\end{pmatrix}=\begin{pmatrix}x\\0\\-x\end{pmatrix}+\begin{pmatrix}0\\y\\-y\end{pmatrix}$$
$$=x\begin{pmatrix}1\\0\\-1\end{pmatrix}+y\begin{pmatrix}0\\1\\-1\end{pmatrix}$$

となる．したがって，

$$\mathrm{Ker}\,(f)=\left\{x\begin{pmatrix}1\\0\\-1\end{pmatrix}+y\begin{pmatrix}0\\1\\-1\end{pmatrix}\middle|\, x,y\in\boldsymbol{R}\right\}$$

である．そこで，

$$\boldsymbol{a}_1=\begin{pmatrix}1\\0\\-1\end{pmatrix},\quad \boldsymbol{a}_2=\begin{pmatrix}0\\1\\-1\end{pmatrix}\quad \in \mathrm{Ker}\,(f)$$

とおいて，$\boldsymbol{a}_1,\boldsymbol{a}_2$ が $\mathrm{Ker}\,(f)$ の基底となることを示そう．

まず，上の議論より，$\mathrm{Ker}\,(f)$ の任意の元は $\boldsymbol{a}_1,\boldsymbol{a}_2$ の 1 次結合で書ける．そこで，$\boldsymbol{a}_1,\boldsymbol{a}_2$ が 1 次独立であることを示そう．実数 k_1,k_2 に対して，$k_1\boldsymbol{a}_1+k_2\boldsymbol{a}_2=\boldsymbol{0}$ とすると，連立 1 次方程式

$$\begin{cases}k_1=0\\k_2=0\\-k_1-k_2=0\end{cases}$$

を得るが，簡単な計算により $(k_1,k_2)=(0,0)$ を得る．よって，$\boldsymbol{a}_1,\boldsymbol{a}_2$ は 1 次独立である．したがって，$\boldsymbol{a}_1,\boldsymbol{a}_2$ は $\mathrm{Ker}\,(f)$ の基底となる． ◆

例題 5.4 $\boldsymbol{R}^3$ 上の線形変換 $f:\boldsymbol{R}^3\to\boldsymbol{R}^3$ を

$$f\left(\begin{pmatrix} x \\ y \\ z \end{pmatrix}\right)=\begin{pmatrix} x-y+z \\ 0 \\ x+y-z \end{pmatrix}$$

で定める．

(1) $\mathrm{Im}(f)$ の基底をひと組求めよ．

(2) $\mathrm{Ker}(f)$ の基底をひと組求めよ．

解答 (1) $$\begin{pmatrix} x-y+z \\ 0 \\ x+y-z \end{pmatrix}=x\begin{pmatrix} 1 \\ 0 \\ 1 \end{pmatrix}+y\begin{pmatrix} -1 \\ 0 \\ 1 \end{pmatrix}+z\begin{pmatrix} 1 \\ 0 \\ -1 \end{pmatrix}$$

であるので，$\mathrm{Im}(f)$ の任意の元は

$$\boldsymbol{b}_1=\begin{pmatrix} 1 \\ 0 \\ 1 \end{pmatrix},\quad \boldsymbol{b}_2=\begin{pmatrix} -1 \\ 0 \\ 1 \end{pmatrix},\quad \boldsymbol{b}_3=\begin{pmatrix} 1 \\ 0 \\ -1 \end{pmatrix}\quad\in\mathrm{Im}(f)$$

の 1 次結合で表せる．さらに，$\boldsymbol{b}_3=-\boldsymbol{b}_2$ であるので，$\mathrm{Im}(f)$ の任意の元は $\boldsymbol{b}_1,\boldsymbol{b}_2$ の 1 次結合で書ける．また，実数 k_1,k_2 に対して，$k_1\boldsymbol{b}_1+k_2\boldsymbol{b}_2=\boldsymbol{0}$ とすると，簡単な計算により $k_1=k_2=0$ であることが確かめられるので，$\boldsymbol{b}_1,\boldsymbol{b}_2$ は 1 次独立，したがって基底である．

(2) 任意の $\boldsymbol{x}=\begin{pmatrix} x \\ y \\ z \end{pmatrix}\in\mathrm{Ker}(f)$ に対して，

$$\boldsymbol{0}=f(\boldsymbol{x})=\begin{pmatrix} x-y+z \\ 0 \\ x+y-z \end{pmatrix}$$

であるから，

$$\begin{cases} x-y+z=0 \\ x+y-z=0 \end{cases}$$

となる．これより，$x=0$，$y=z$ を得るので，

$$\mathrm{Ker}(f)=\left\{ y\begin{pmatrix} 0 \\ 1 \\ 1 \end{pmatrix} \,\middle|\, y\in\boldsymbol{R} \right\}$$

となる．つまり，Ker (f) の任意の元は

$$\boldsymbol{a}_1 = \begin{pmatrix} 0 \\ 1 \\ 1 \end{pmatrix} \in \mathrm{Ker}\,(f)$$

の1次結合で書ける．$\boldsymbol{a}_1$ は1次独立であるので，Ker (f) の基底である．

◆

これらの例題の計算でも分かるように，すべての場合で

$$\dim(\mathrm{Ker}\,(f)) + \dim(\mathrm{Im}(f))$$

が f の定義域のベクトル空間の次元に一致していることが分かる．実は，これは一般に成り立つ．

定理 5.2　**(次元公式)**　線形写像 $f : \boldsymbol{R}^n \to \boldsymbol{R}^m$ に対して，

$$\dim(\mathrm{Ker}\,(f)) + \dim(\mathrm{Im}(f)) = n$$

が成り立つ．

証明　$\boldsymbol{a}_1,\cdots,\boldsymbol{a}_p$ と，$\boldsymbol{b}_1,\cdots,\boldsymbol{b}_q$ をそれぞれ，Ker (f)，Im (f) の基底とする．$\boldsymbol{b}_1,\cdots,\boldsymbol{b}_q \in \mathrm{Im}(f)$ であるので，ある $\boldsymbol{c}_1,\cdots,\boldsymbol{c}_q \in \boldsymbol{R}^n$ が存在して，

$$\boldsymbol{b}_j = f(\boldsymbol{c}_j), \qquad 1 \leq j \leq q$$

となる．そこで，

$$\boldsymbol{a}_1,\cdots,\boldsymbol{a}_p,\boldsymbol{c}_1,\cdots,\boldsymbol{c}_q$$

が $\boldsymbol{R}^n$ の基底であることを示そう．

そこで，まず，任意の $\boldsymbol{x} \in \boldsymbol{R}^n$ をとる．すると，$f(\boldsymbol{x}) \in \mathrm{Im}(f)$ であるので，

$$f(\boldsymbol{x}) = k_1\boldsymbol{b}_1 + \cdots + k_q\boldsymbol{b}_q$$

と書ける．このとき，

$$\boldsymbol{y} = \boldsymbol{x} - (k_1\boldsymbol{c}_1 + \cdots + k_q\boldsymbol{c}_q)$$

とおくと，

$$\begin{aligned} f(\boldsymbol{y}) &= f(\boldsymbol{x} - (k_1\boldsymbol{c}_1 + \cdots + k_q\boldsymbol{c}_q)) \\ &= f(\boldsymbol{x}) - (k_1\boldsymbol{b}_1 + \cdots + k_q\boldsymbol{b}_q) = \boldsymbol{0} \end{aligned}$$

となるので，$\boldsymbol{y} \in \mathrm{Ker}\,(f)$ である．よって，

$$\boldsymbol{y} = l_1\boldsymbol{a}_1 + \cdots + l_p\boldsymbol{a}_p$$

と書けるので，

$$\boldsymbol{x} = l_1\boldsymbol{a}_1 + \cdots + l_p\boldsymbol{a}_p + k_1\boldsymbol{c}_1 + \cdots + k_q\boldsymbol{c}_q$$

となる．

一方，

$$l_1\boldsymbol{a}_1 + \cdots + l_p\boldsymbol{a}_p + k_1\boldsymbol{c}_1 + \cdots + k_q\boldsymbol{c}_q = \boldsymbol{0}$$

と仮定すると，両辺を f で写して，

$$k_1\boldsymbol{b}_1 + \cdots + k_q\boldsymbol{b}_q = \boldsymbol{0}$$

となる．$\boldsymbol{b}_1,\cdots,\boldsymbol{b}_q$ は 1 次独立なので，$k_1 = \cdots = k_q = 0$ である．よって，

$$l_1\boldsymbol{a}_1 + \cdots + l_p\boldsymbol{a}_p = \boldsymbol{0}$$

となり，$\boldsymbol{a}_1,\cdots,\boldsymbol{a}_p$ の 1 次独立性から $l_1 = \cdots = l_p = 0$ を得る．したがって，$\boldsymbol{a}_1,\cdots,\boldsymbol{a}_p,\boldsymbol{c}_1,\cdots,\boldsymbol{c}_q$ は 1 次独立であり，$\boldsymbol{R}^n$ の基底である．よって次元を比べて，$p + q = n$ を得る．■

この定理の主張をイメージで表すと図 5.1 のようになる．

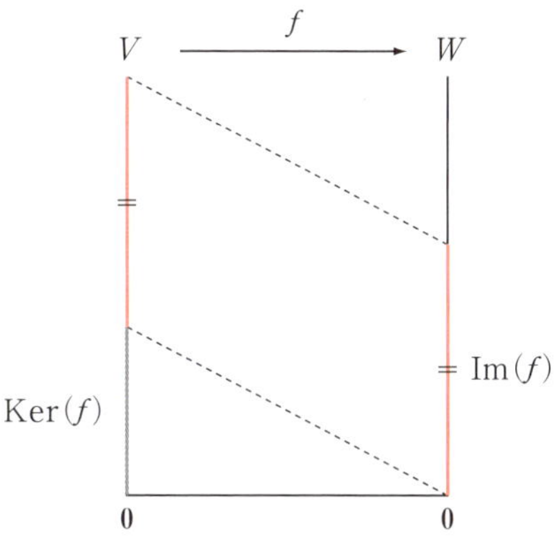

図 5.1

演習問題 5.2

5.2.1 線形写像 $f : \boldsymbol{R}^2 \to \boldsymbol{R}$ を

$$f\left(\begin{pmatrix} x \\ y \end{pmatrix}\right) = 3x - 2y$$

で定める．

(1) $\mathrm{Im}(f) = \boldsymbol{R}$ を示せ．

(2) $\mathrm{Ker}(f)$ の基底をひと組求めよ．

5.2.2 線形写像 $f : \boldsymbol{R}^2 \to \boldsymbol{R}$ を

$$f\left(\begin{pmatrix} x \\ y \end{pmatrix}\right) = 0$$

で定める．このとき，$\mathrm{Ker}(f)$ の基底をひと組求めよ．

5.2.3 実数を成分とする 2 次正方行列

$$A = \begin{pmatrix} 1 & -2 \\ 2 & -4 \end{pmatrix}$$

に対して，線形変換 $f_A : \boldsymbol{R}^2 \to \boldsymbol{R}^2$ の像と核の基底，および次元を求めよ．

5.2.4 実数を成分とする 3 次正方行列

$$A = \begin{pmatrix} 3 & 1 & 2 \\ 1 & -3 & 4 \\ 9 & 13 & -4 \end{pmatrix}$$

に対して，線形変換 $f_A : \boldsymbol{R}^3 \to \boldsymbol{R}^3$ の像と核の基底，および次元を求めよ．

5.2.5 $\boldsymbol{R}^3$ 上の線形変換 $f : \boldsymbol{R}^3 \to \boldsymbol{R}^3$ を，

$$f\left(\begin{pmatrix} x \\ y \\ z \end{pmatrix}\right) = \begin{pmatrix} x+y+z \\ x+y+z \\ x+y+z \end{pmatrix}$$

で定める．

(1)　$\mathrm{Im}(f)$ の基底と次元を求めよ．

(2)　$\mathrm{Ker}(f)$ の基底と次元を求めよ．

5.3　斉次連立 1 次方程式の解空間

本講の目標

- 斉次連立 1 次方程式の解全体がベクトル空間になり，**解空間**と呼ばれることを理解する．
- 解空間が，係数行列が定める線形写像の核と一致することを理解する．
- 斉次連立 1 次方程式の解を，**基本解**と呼ばれる基底を用いて記述できることを理解する．

ここでは，以前に取り上げた話題である斉次連立 1 次方程式の解について再考してみよう．連立 1 次方程式

$$\begin{cases} a_{11}x_1 + \cdots + a_{1n}x_n = 0 \\ a_{21}x_1 + \cdots + a_{2n}x_n = 0 \\ \qquad \vdots \qquad\qquad\quad \vdots \\ a_{m1}x_1 + \cdots + a_{mn}x_n = 0 \end{cases}$$

の係数行列を

$$A = \begin{pmatrix} a_{11} & a_{12} & \cdots & a_{1n} \\ a_{21} & a_{22} & \cdots & a_{2n} \\ \vdots & \vdots & \vdots & \vdots \\ a_{m1} & a_{m2} & \cdots & a_{mn} \end{pmatrix}$$

とおくと，この連立1次方程式は，

$$A\boldsymbol{x} = \boldsymbol{0}$$

と表すことができた．したがって，A が定める線形写像 $f_A : \boldsymbol{R}^n \to \boldsymbol{R}^m$; $f_A(\boldsymbol{x}) = A\boldsymbol{x}$ を考えると，上の連立1次方程式の解全体の集合 $W(A)$ は $\mathrm{Ker}\,(f_A)$ に他ならないことが分かる．すなわち，$W(A)$ は $\boldsymbol{R}^n$ の部分空間である．そこで，これを連立1次方程式 $A\boldsymbol{x} = \boldsymbol{0}$ の**解空間**という．また，解空間のひと組の基底を $A\boldsymbol{x} = \boldsymbol{0}$ の**基本解**という．（基本解は一意的ではなく無数にあることに注意せよ．）

A に行基本変形を施して，

$$A \to A' = \begin{pmatrix} E_r & B \\ O & O \end{pmatrix}$$

となったとする．$(r, n-r)$ 行列 B を列ベクトル表示して，$B = (\boldsymbol{b}_{r+1} \ \ \boldsymbol{b}_{r+2} \ \ \cdots \ \ \boldsymbol{b}_n)$ とするとき，$A\boldsymbol{x} = \boldsymbol{0}$ の一般解は，

$$\boldsymbol{x} = \alpha_{r+1}\begin{pmatrix} -\boldsymbol{b}_{r+1} \\ 1 \\ 0 \\ \vdots \\ 0 \end{pmatrix} + \alpha_{r+2}\begin{pmatrix} -\boldsymbol{b}_{r+2} \\ 0 \\ 1 \\ \vdots \\ 0 \end{pmatrix} + \cdots + \alpha_n\begin{pmatrix} -\boldsymbol{b}_n \\ 0 \\ 0 \\ \vdots \\ 1 \end{pmatrix}$$

と書けた．ここで，$\alpha_{r+1}, \cdots, \alpha_n$ は任意定数である．

$$k_{r+1}\begin{pmatrix} -\boldsymbol{b}_{r+1} \\ 1 \\ 0 \\ \vdots \\ 0 \end{pmatrix} + \cdots + k_n\begin{pmatrix} -\boldsymbol{b}_n \\ 0 \\ 0 \\ \vdots \\ 1 \end{pmatrix} = \boldsymbol{0}$$

とすると，$r+1$ 行目から n 行目に注目して $k_{r+1} = \cdots = k_n = 0$ となるので，

$$\begin{pmatrix} -\boldsymbol{b}_{r+1} \\ 1 \\ 0 \\ \vdots \\ 0 \end{pmatrix}, \quad \cdots, \quad \begin{pmatrix} -\boldsymbol{b}_n \\ 0 \\ 0 \\ \vdots \\ 1 \end{pmatrix}$$

は1次独立であり，したがって $W(A)$ の基底になることが分かる．すなわち，基本解である．したがって，

$$\dim(W(A)) = n - r$$

となることが分かる．

> **ワンポイント**　(1)　行列 A に対して，$\mathrm{Ker}(f_A)$ の基底を求めることと，連立方程式 $A\boldsymbol{x} = \boldsymbol{0}$ の基本解を求めることは本質的に同じことである．
> (2)　基本解とは解空間の基底のひと組のことで，1つの解という意味ではない．解空間の次元が1次元である場合には，基本解を与えることと非自明な解を1つ与えることは本質的に同値であるが，これはあくまでも特殊な場合であることに注意されたい．

基本解を用いれば，連立1次方程式の解を簡明に記述できる．以前に取り上げた問題 (59ページの例題2.9) を再度考えてみよう．

> **例題 5.5**
>
> $$A = \begin{pmatrix} 1 & 2 & 1 \\ 2 & 1 & 1 \\ 3 & 3 & 2 \end{pmatrix}, \qquad \boldsymbol{b} = \begin{pmatrix} 1 \\ 0 \\ 1 \end{pmatrix}$$
>
> に対して，次の問いに答えよ．
> (1)　$A\boldsymbol{x} = \boldsymbol{0}$ の基本解をひと組求めよ．
> (2)　$A\boldsymbol{x} = \boldsymbol{b}$ を解け．

解答　(1)　拡大係数行列 $(A \quad \boldsymbol{b})$ に行基本変形を施すと

$$\begin{pmatrix} 1 & 0 & \frac{1}{3} & -\frac{1}{3} \\ 0 & 1 & \frac{1}{3} & \frac{2}{3} \\ 0 & 0 & 0 & 0 \end{pmatrix}$$

となる．ゆえに，

$$\begin{pmatrix} -\frac{1}{3} \\ -\frac{1}{3} \\ 1 \end{pmatrix}$$

が基本解である．

(2)　(1) の結果より，求める解は，

$$\boldsymbol{x} = \alpha \begin{pmatrix} -\frac{1}{3} \\ -\frac{1}{3} \\ 1 \end{pmatrix} + \begin{pmatrix} -\frac{1}{3} \\ \frac{2}{3} \\ 0 \end{pmatrix} \qquad (\text{ただし，}\alpha\text{ は任意定数})$$

となる．◈

演習問題 5.3

5.3.1

$$A = \begin{pmatrix} 1 & -1 \\ -1 & 1 \end{pmatrix}, \qquad \boldsymbol{b} = \begin{pmatrix} 1 \\ -1 \end{pmatrix}$$

に対して，次の問いに答えよ．

(1)　$A\boldsymbol{x} = \boldsymbol{0}$ の基本解をひと組求めよ．

(2)　$A\boldsymbol{x} = \boldsymbol{b}$ を解け．

5.3.2

$$A = \begin{pmatrix} 1 & 0 & 1 \\ -1 & 1 & -1 \\ 1 & 2 & 1 \end{pmatrix}, \qquad \boldsymbol{b} = \begin{pmatrix} 2 \\ 1 \\ 8 \end{pmatrix}$$

に対して，次の問いに答えよ．

(1)　$A\boldsymbol{x} = \boldsymbol{0}$ の基本解をひと組求めよ．

(2) $A\boldsymbol{x} = \boldsymbol{b}$ を解け．

5.3.3

$$A = \begin{pmatrix} 1 & 4 & 2 & 3 \\ 2 & 3 & 4 & 1 \\ 3 & 2 & 1 & 4 \\ 4 & 1 & 3 & 2 \end{pmatrix}, \quad \boldsymbol{b} = \begin{pmatrix} 1 \\ -2 \\ 3 \\ 0 \end{pmatrix}$$

とおく．

(1) $A\boldsymbol{x} = \boldsymbol{0}$ の基本解をひと組求めよ．

(2) $A\boldsymbol{x} = \boldsymbol{b}$ を解け．

5.3.4

$$A = \begin{pmatrix} 1 & 2 & 3 & 4 \\ 4 & 3 & 2 & 1 \\ 2 & -3 & -8 & -13 \\ 5 & 1 & -3 & -7 \end{pmatrix}, \quad \boldsymbol{b} = \begin{pmatrix} 3 \\ 7 \\ -1 \\ 6 \end{pmatrix}$$

とおく．

(1) $A\boldsymbol{x} = \boldsymbol{0}$ の基本解をひと組求めよ．

(2) $A\boldsymbol{x} = \boldsymbol{b}$ を解け．

5.4 線形写像の表現行列

本講の目標

- 定義域と終域の基底を選んで固定することによって，線形写像は**表現行列**と呼ばれる行列と1対1に対応することを理解する．
- 表現行列は基底のとり方によるが，線形写像のいろいろな性質を定量的に調べる上で大変重要である．ここでは，与えられた線形写像の表現行列を計算できるようになる．

一般に，線形写像で最も扱いやすいものは，(m,n) 行列 A を左から掛けることで定まる線形写像 $f_A : \boldsymbol{R}^n \to \boldsymbol{R}^m$; $\boldsymbol{x} \mapsto A\boldsymbol{x}$ である．本書では，ベクトル空間といえば数ベクトル空間かその部分空間しか扱わないのであまり実感が沸かないかもしれないが，一般には，多項式たちのなすベクトル空間や数列たちのなすベクトル空間など，数ベクトル空間以外のベクトル空間もたくさん存在する．ではそのような（有限次元の）ベクトル空間の間の線形写像はどのような形をしているだろうか．実は，本質的には行列を左から掛けることで定まる線形写像とたいして変わらないどころか，同一視すらできるのである．本節ではあまり深入りはしないが，ベクトル空間の基底を固定すれば線形写像が行列で表せることを解説する*.

V, W をベクトル空間とし，$\boldsymbol{v}_1, \cdots, \boldsymbol{v}_n$ を V の基底，$\boldsymbol{w}_1, \cdots, \boldsymbol{w}_m$ を W の基底とし，固定しておく．このとき

$$\dim V = n, \qquad \dim W = m$$

である．線形写像 $f : V \to W$ に対して，$f(\boldsymbol{v}_1), \cdots, f(\boldsymbol{v}_n)$ は W のベクトルであるから，W の基底 $\boldsymbol{w}_1, \cdots, \boldsymbol{w}_m$ の 1 次結合として一意的に

$$\begin{aligned} f(\boldsymbol{v}_1) &= a_{11}\boldsymbol{w}_1 + a_{12}\boldsymbol{w}_2 + \cdots + a_{1m}\boldsymbol{w}_m \\ f(\boldsymbol{v}_2) &= a_{21}\boldsymbol{w}_1 + a_{22}\boldsymbol{w}_2 + \cdots + a_{2m}\boldsymbol{w}_m \\ &\ \ \vdots \qquad\qquad \vdots \\ f(\boldsymbol{v}_n) &= a_{n1}\boldsymbol{w}_1 + a_{n2}\boldsymbol{w}_2 + \cdots + a_{nm}\boldsymbol{w}_m \end{aligned}$$

と書ける．ここで，

$$A = \begin{pmatrix} a_{11} & a_{21} & \cdots & a_{n1} \\ a_{12} & a_{22} & \cdots & a_{n2} \\ \vdots & \vdots & \vdots & \vdots \\ a_{1m} & a_{2m} & \cdots & a_{nm} \end{pmatrix}$$

とおく．（行と列の添え字に注意！） すると，

$$\begin{pmatrix} f(\boldsymbol{v}_1) & \cdots & f(\boldsymbol{v}_n) \end{pmatrix} = \begin{pmatrix} \boldsymbol{w}_1 & \cdots & \boldsymbol{w}_m \end{pmatrix} A \qquad \text{（基底の間の関係）}$$

が成り立つ．

次に，この行列 A を用いて成分の間の関係について考察しよう．$\boldsymbol{x}$ を V の任意のベクトルとし，$\boldsymbol{v}_1, \cdots, \boldsymbol{v}_n$ に関する成分たちの数ベクトルを $\begin{pmatrix} x_1 \\ \vdots \\ x_n \end{pmatrix}$ とする．すなわち，

* 興味ある読者は以下で解説する表現行列の定義が数ベクトル空間に限定したものではないことに注意しながら読まれるとよい．

$$\boldsymbol{x} = x_1\boldsymbol{v}_1 + \cdots + x_n\boldsymbol{v}_n = (\boldsymbol{v}_1 \ \cdots \ \boldsymbol{v}_n)\begin{pmatrix} x_1 \\ \vdots \\ x_n \end{pmatrix}$$

である．同様に，$\boldsymbol{y} = f(\boldsymbol{x})$ の $\boldsymbol{w}_1,\cdots,\boldsymbol{w}_m$ に関する成分たちの数ベクトルを $\begin{pmatrix} y_1 \\ \vdots \\ y_m \end{pmatrix}$ とすると，

$$\boldsymbol{y} = y_1\boldsymbol{w}_1 + \cdots + y_m\boldsymbol{w}_m = (\boldsymbol{w}_1 \ \cdots \ \boldsymbol{w}_m)\begin{pmatrix} y_1 \\ \vdots \\ y_m \end{pmatrix}$$

である．一方，

$$\begin{aligned} \boldsymbol{y} &= f(\boldsymbol{x}) = x_1 f(\boldsymbol{v}_1) + \cdots + x_n f(\boldsymbol{v}_n) \\ &= (f(\boldsymbol{v}_1) \ \cdots \ f(\boldsymbol{v}_n))\begin{pmatrix} x_1 \\ \vdots \\ x_n \end{pmatrix} = (\boldsymbol{w}_1 \ \cdots \ \boldsymbol{w}_m)A\begin{pmatrix} x_1 \\ \vdots \\ x_n \end{pmatrix} \end{aligned}$$

であるから，成分表示の一意性から

$$\begin{pmatrix} y_1 \\ \vdots \\ y_m \end{pmatrix} = A\begin{pmatrix} x_1 \\ \vdots \\ x_n \end{pmatrix} \qquad \text{（成分の間の関係）}$$

となることが分かる*．この行列 A を，V の基底 $\boldsymbol{v}_1,\cdots,\boldsymbol{v}_n$，および W の基底 $\boldsymbol{w}_1,\cdots,\boldsymbol{w}_m$ に関する線形写像 f の**表現行列**という*2．

特に，定義域と終域が同じベクトル空間であるような線形写像 $f: V \to V$ で，ともに同じ V の基底 $\boldsymbol{v}_1,\cdots,\boldsymbol{v}_n$ を用いるときは，上記の A を，V の基底 $\boldsymbol{v}_1,\cdots,\boldsymbol{v}_n$ に関する f の**表現行列**という．

---

* つまり，（ベクトルの成分は基底に対して一意的に定まるので）各ベクトルにその成分たちの数ベクトルを対応させることで，V，W をそれぞれ $\boldsymbol{R}^n$，$\boldsymbol{R}^m$ と同一視すれば，f は f_A とみなせることを示している．これは数学的に大変有益な事実である．

*2 名称の下りが長すぎるように感じられるかもしれないが，表現行列は基底のとり方によって変わるので，どのような基底を用いているのかをはっきりと明示しなくてはならない．

例題 5.6 線形写像 $f : \boldsymbol{R}^2 \to \boldsymbol{R}^2$ を

$$f(\begin{pmatrix} x \\ y \end{pmatrix}) = \begin{pmatrix} x - y \\ 2x + y \end{pmatrix}$$

によって定める．このとき，

(1) $\boldsymbol{R}^2$ の標準基底 $\boldsymbol{e}_1, \boldsymbol{e}_2$ に関する f の表現行列 A を求めよ．

(2) $\boldsymbol{R}^2$ の基底

$$\boldsymbol{a}_1 = \begin{pmatrix} 1 \\ -1 \end{pmatrix}, \quad \boldsymbol{a}_2 = \begin{pmatrix} 1 \\ 1 \end{pmatrix}$$

に関する f の表現行列 B を求めよ．

解答 (1) 混乱がないように，ここでは，定義域の $\boldsymbol{R}^2$ の標準基底を $\boldsymbol{e}_1, \boldsymbol{e}_2$，終域の $\boldsymbol{R}^2$ の標準基底を $\boldsymbol{e}_1{}', \boldsymbol{e}_2{}'$ と表す．すると，

$$f(\boldsymbol{e}_1) = \begin{pmatrix} 1 \\ 2 \end{pmatrix} = 1 \cdot \boldsymbol{e}_1{}' + 2 \cdot \boldsymbol{e}_2{}', \quad f(\boldsymbol{e}_2) = \begin{pmatrix} -1 \\ 1 \end{pmatrix} = -1 \cdot \boldsymbol{e}_1{}' + 1 \cdot \boldsymbol{e}_2{}'$$

となるので，求める表現行列は

$$A = \begin{pmatrix} 1 & -1 \\ 2 & 1 \end{pmatrix}.$$

(2) 混乱がないように，ここでは，定義域の $\boldsymbol{R}^2$ の基底を $\boldsymbol{a}_1, \boldsymbol{a}_2$，終域の $\boldsymbol{R}^2$ の基底を $\boldsymbol{a}_1{}', \boldsymbol{a}_2{}'$ と表す．いま，

$$f(\boldsymbol{a}_1) = \begin{pmatrix} 1 \\ 2 \end{pmatrix} = x \cdot \boldsymbol{a}_1{}' + y \cdot \boldsymbol{a}_2{}' = \begin{pmatrix} x + y \\ -x + y \end{pmatrix}$$

$$f(\boldsymbol{a}_2) = \begin{pmatrix} -1 \\ 1 \end{pmatrix} = z \cdot \boldsymbol{a}_1{}' + w \cdot \boldsymbol{a}_2{}' = \begin{pmatrix} z + w \\ -z + w \end{pmatrix}$$

とおき，x, y, z, w を求めると

$$x = -\frac{1}{2}, \quad y = \frac{3}{2}, \quad z = -1, \quad w = 0$$

となるので，求める表現行列は

$$B = \begin{pmatrix} x & z \\ y & w \end{pmatrix} = \begin{pmatrix} -\frac{1}{2} & -1 \\ \frac{3}{2} & 0 \end{pmatrix}.$$

◆

例題 5.7　線形写像 $f: \boldsymbol{R}^2 \to \boldsymbol{R}^3$ を

$$f\left(\begin{pmatrix} x \\ y \end{pmatrix}\right) = \begin{pmatrix} x \\ 0 \\ 2x - y \end{pmatrix}$$

によって定める．このとき，$\boldsymbol{R}^2$ の基底

$$\boldsymbol{a}_1 = \begin{pmatrix} 2 \\ 1 \end{pmatrix}, \quad \boldsymbol{a}_2 = \begin{pmatrix} 1 \\ 2 \end{pmatrix},$$

および，$\boldsymbol{R}^3$ の基底

$$\boldsymbol{b}_1 = \begin{pmatrix} 3 \\ 1 \\ 1 \end{pmatrix}, \quad \boldsymbol{b}_2 = \begin{pmatrix} 1 \\ 0 \\ 1 \end{pmatrix}, \quad \boldsymbol{b}_3 = \begin{pmatrix} 2 \\ 0 \\ 0 \end{pmatrix}$$

に関する f の表現行列 A を求めよ．

解答

$$f(\boldsymbol{a}_1) = \begin{pmatrix} 2 \\ 0 \\ 3 \end{pmatrix} = p \cdot \boldsymbol{b}_1 + q \cdot \boldsymbol{b}_2 + r \cdot \boldsymbol{b}_3$$

$$f(\boldsymbol{a}_2) = \begin{pmatrix} 0 \\ 0 \\ -1 \end{pmatrix} = s \cdot \boldsymbol{b}_1 + t \cdot \boldsymbol{b}_2 + u \cdot \boldsymbol{b}_3$$

とおいて各係数を求めると，

$$p = 0, \quad q = 3, \quad r = -\frac{1}{2}, \quad s = 0, \quad t = 0, \quad u = \frac{1}{2}$$

となるので，求める表現行列は

$$A = \begin{pmatrix} p & s \\ q & t \\ r & u \end{pmatrix} = \begin{pmatrix} 0 & 0 \\ 3 & 0 \\ -\frac{1}{2} & \frac{1}{2} \end{pmatrix}.$$

◆

さて，線形写像と基底が与えられれば上述のように表現行列が定まるが，もとから行列を左から掛けることで定義されている線形写像の表現行列はどのようになるだろうか．

命題 5.1 (m,n) 行列 $A=(a_{ij})$ に対して，線形写像 $f_A:\boldsymbol{R}^n\to\boldsymbol{R}^m$；$\boldsymbol{x}\mapsto A\boldsymbol{x}$ を考える．このとき，$\boldsymbol{R}^n$，および $\boldsymbol{R}^m$ の標準基底に関する f の表現行列は A である．

証明 $m=n=2$ の場合を考えよう．そのほかの場合も同様である．$A=(\boldsymbol{a}_1\ \ \boldsymbol{a}_2)$ とおく．定義域の $\boldsymbol{R}^2$ の標準基底を $\boldsymbol{e}_1,\boldsymbol{e}_2$，終域の $\boldsymbol{R}^2$ の標準基底を $\boldsymbol{e}_1',\boldsymbol{e}_2'$ とおく．すると，

$$f(\boldsymbol{e}_1)=\boldsymbol{a}_1=\begin{pmatrix}a_{11}\\a_{21}\end{pmatrix}=a_{11}\cdot\boldsymbol{e}_1'+a_{21}\cdot\boldsymbol{e}_2'$$

$$f(\boldsymbol{e}_2)=\boldsymbol{a}_2=\begin{pmatrix}a_{12}\\a_{22}\end{pmatrix}=a_{12}\cdot\boldsymbol{e}_1'+a_{22}\cdot\boldsymbol{e}_2'$$

となるので，求める表現行列が A であることが分かる． ■

ワンポイント 線形写像 $f:V\to W$ から上の方法で (m,n) 行列 A を構成する操作と，(m,n) 行列 A から線形写像 $f_A:V\to W$ を構成する操作は互いに逆の操作であり，したがって，線形写像 $f:V\to W$ と (m,n) 行列とは，（基底を固定した上で）1 対 1 に対応する．すなわち，線形写像の性質を調べるには対応する行列を調べればよい．さらに，行列は種々の数値的な記述や数学的考察をする際に扱いやすいので都合がよい*．

線形写像の合成と表現行列に関しては次の重要な事実が成り立つ*2.

* 幾何学では，写像や変換といった動的な現象を，その情報を余すところなく正確に静的に記述できるかどうかということが非常に大切になる．線形写像ではそれを行列を用いて行うのである．

*2 行列の積がどうしてあのように定義されるのかしっくりこなかった読者も多いのではないかと思うが，実は，このような性質を反映させようとすると，あのように積を定義しなければならないのである．この観点に立つと，行列の積について結合法則が成り立つことは，線形写像の合成に関する結合法則が成り立つことから直ちに従うのである．

定理 5.3　U,V,W をそれぞれ，n,m,l 次元のベクトル空間とし，各基底 $\boldsymbol{u}_1,\cdots,\boldsymbol{u}_n$，$\boldsymbol{v}_1,\cdots,\boldsymbol{v}_m$，$\boldsymbol{w}_1,\cdots,\boldsymbol{w}_l$ をとって固定する．$f:U\to V$，$g:V\to W$ を線形写像とし，上の基底に関する，線形写像 f，g，$g\circ f$ の表現行列をそれぞれ，A,B,C とすると，

$$C=BA$$

が成り立つ．すなわち，線形写像の合成は表現行列の積に対応する．

証明　U の基底の各元 $\boldsymbol{u}_i$ たちの $g\circ f$ による像を調べればよい．$A=(a_{ij})$，$B=(b_{ij})$ とすると，

$$\begin{aligned}(g\circ f)(\boldsymbol{u}_i)&=g(f(\boldsymbol{u}_i))=g(\sum_{k=1}^{m}a_{ki}\boldsymbol{v}_k)=\sum_{k=1}^{m}a_{ki}g(\boldsymbol{v}_k)\\&=\sum_{k=1}^{m}a_{ki}\sum_{j=1}^{l}b_{jk}\boldsymbol{w}_j=\sum_{j=1}^{l}(\sum_{k=1}^{m}b_{jk}a_{ki})\boldsymbol{w}_j\\&=\sum_{j=1}^{l}(BA\text{ の }(j,i)\text{ 成分})\boldsymbol{w}_j\end{aligned}$$

となるので求める結果を得る．■

演習問題 5.4

5.4.1　線形写像 $f:\boldsymbol{R}^2\to\boldsymbol{R}^2$ を

$$f(\begin{pmatrix}x\\y\end{pmatrix})=\begin{pmatrix}x-y\\2x+y\end{pmatrix}$$

によって定める．このとき，$\boldsymbol{R}^2$ の基底

$$\boldsymbol{a}_1=\begin{pmatrix}2\\1\end{pmatrix},\quad \boldsymbol{a}_2=\begin{pmatrix}1\\2\end{pmatrix}$$

に関する f の表現行列 A を求めよ．

5.4.2　線形写像 $f:\boldsymbol{R}^3\to\boldsymbol{R}^3$ を

$$f(\begin{pmatrix}x\\y\\z\end{pmatrix})=\begin{pmatrix}-x+y+z\\x-y+z\\x+y-z\end{pmatrix}$$

によって定める．このとき，

(1)　$\boldsymbol{R}^3$ の標準基底 $\boldsymbol{e}_1,\boldsymbol{e}_2,\boldsymbol{e}_3$ に関する f の表現行列 A を求めよ．

(2)　$\boldsymbol{R}^3$ の基底

$$\boldsymbol{a}_1 = \begin{pmatrix} -1 \\ 1 \\ 1 \end{pmatrix}, \quad \boldsymbol{a}_2 = \begin{pmatrix} 1 \\ -1 \\ 1 \end{pmatrix}, \quad \boldsymbol{a}_3 = \begin{pmatrix} 1 \\ 1 \\ -1 \end{pmatrix}$$

に関する f の表現行列 B を求めよ．

5.4.3　線形写像 $T : \boldsymbol{R}^3 \to \boldsymbol{R}^3$ を，

$$T(\boldsymbol{e}_1) = \boldsymbol{e}_1 - \boldsymbol{e}_3, \quad T(\boldsymbol{e}_2) = \boldsymbol{e}_1 + \boldsymbol{e}_2, \quad T(\boldsymbol{e}_3) = \boldsymbol{e}_2 + \boldsymbol{e}_3$$

によって定める．以下の問いに答えよ．

(1)　$\boldsymbol{R}^3$ の標準基底 $\boldsymbol{e}_1, \boldsymbol{e}_2, \boldsymbol{e}_3$ に関する T の表現行列を求めよ．

(2)　$\mathrm{Im}(T)$ の基底と次元を求めよ．

(3)　$\mathrm{Ker}(T)$ の基底と次元を求めよ．

6
Chapter

固有値と固有空間

本章では，行列の固有値と固有空間について解説する．行列の固有値は線形微分方程式を解く際にも用いられるなど，数学的な応用上も大変重要な概念である．

固有値を求める際に，与えられた行列の成分たちを用いて定まる，ある代数方程式を解く必要がある．ところが，$x^2+1=0$ が実数解を持たないように，実数だけを考えていたのでは与えられた行列に固有値が存在しない場合が出てくる．このような事態を避けるために，以下，行列の成分はすべて複素数であると考える．なぜなら，複素数を係数とする代数方程式は，重複度も込めてその次数の個数だけ複素数解を持つことが代数学の基本定理によって示されているからである*．

そこで，今後，数ベクトル空間といえば $\boldsymbol{R}^n$ ではなく，複素数を成分に持つ数ベクトルからなる，$\boldsymbol{C}$ 上の数ベクトル空間

$$\boldsymbol{C}^n := \left\{ \begin{pmatrix} a_1 \\ \vdots \\ a_n \end{pmatrix} \middle| \, a_1, \cdots, a_n \in \boldsymbol{C} \right\}$$

を考えることにする．また，単にベクトル空間 V といえば $\boldsymbol{C}^n$ および，その部分空間を表すことにする．しかしながら，大抵の議論は $\boldsymbol{R}^n$ の場合とまったく同様であるので，特に断らない限りはあまり気にしなくてよい．

* 存在性は示されているものの，与えられた方程式の解を具体的に記述することは一般に困難である．

6.1 行列の固有値，固有ベクトル，固有空間

本講の目標

- 行列の固有多項式，固有値，固有ベクトルおよび，固有空間を求めることができる．
- 相異なる固有値に属する固有ベクトルは1次独立であることを理解する．
- 行列 A のすべての固有値の和と積がそれぞれ，A のトレース，行列式に一致することを理解する．

n 次正方行列 A に対して，零ベクトルでない，$\boldsymbol{C}^n$ のベクトル $\boldsymbol{a}$ と，ある $\alpha \in \boldsymbol{C}$ に対して，

$$A\boldsymbol{a} = \alpha\boldsymbol{a}$$

となるとき，α を A の**固有値**といい，$\boldsymbol{a}$ を固有値 α に属する A の**固有ベクトル**という．また，

$$W_\alpha(A) := \{\boldsymbol{a} \in V \mid A\boldsymbol{a} = \alpha\boldsymbol{a}\}$$

は V の部分空間になる．これを，固有値 α に属する A の**固有空間**という．

行列の各固有空間の基底を求めることが最初の目標になる．そのためには，まず固有値を見つけなければならない．これには次の定理を利用する．

定理 6.1 A を n 次正方行列とする．このとき，以下が成り立つ．

(1) $\alpha \in \boldsymbol{C}$ が A の固有値 $\Longleftrightarrow \det(\alpha E_n - A) = 0$.

(2) $\alpha \in \boldsymbol{C}$ が A の固有値のとき，

$$\dim(W_\alpha(A)) = n - \mathrm{rank}(\alpha E_n - A).$$

証明 (1) 以下のことから従う．

$\alpha \in \boldsymbol{C}$ が A の固有値である．

$\Longleftrightarrow$ ある零でないベクトル $\boldsymbol{a} \in \boldsymbol{C}^n$ が存在して，$A\boldsymbol{a} = \alpha\boldsymbol{a}$.

$\Longleftrightarrow$ 連立1次方程式 $(\alpha E_n - A)\boldsymbol{x} = \boldsymbol{0}$ が自明でない解を持つ．

$\Longleftrightarrow \det(\alpha E_n - A) = 0$.

(2) α に属する A の固有空間 $W_\alpha(A)$ は，係数行列が $\alpha E_n - A$ である連立

1 次方程式 $(\alpha E_n - A)\boldsymbol{x} = \boldsymbol{0}$ の解空間であるから，その次元（基本解に含まれるベクトルの個数）は $n - \mathrm{rank}(\alpha E_n - A)$ である． ■

一般に，n 次正方行列 $A = (a_{ij})$ に対して，x の 1 変数多項式

$$\det(xE_n - A) = \begin{vmatrix} x - a_{11} & -a_{12} & \cdots & -a_{1n} \\ -a_{21} & x - a_{22} & \cdots & -a_{2n} \\ \vdots & \vdots & \vdots & \vdots \\ -a_{n1} & -a_{n2} & \cdots & x - a_{nn} \end{vmatrix}$$

を A の**固有多項式**といい，$F_A(x)$ と表す．上の定理より，A の固有値全体は A の固有多項式の根全体であり，A の固有値を求めるには $F_A(x) = 0$ を x について解けばよい．

(1)　まれに，$\det(A - xE_n)$ を固有多項式としている答案があるが，通常，固有多項式の最高次の係数は 1 とするのが慣例であるので，$\det(xE_n - A)$ とすること．
(2)　固有多項式は多項式であるので，あたかも方程式のように $\det(xE_n - A) = 0$ と書かれても不正解であるので注意してほしい．
(3)　複素数を成分とする行列を考えているので，固有多項式は複素係数の 1 変数多項式である．したがって，その根（固有値）は重複度も込めてちょうど n 個存在する（代数学の基本定理）ことにも注意してほしい．

α を A の固有値とするとき，上でも述べたように，

$$W_\alpha(A) \text{ は } (A - \alpha E_n)\boldsymbol{x} = \boldsymbol{0} \text{ の解空間 } W(A - \alpha E_n)$$

である．したがって，α に属する固有空間 $W_\alpha(A)$ の基底を求めるには，$(A - \alpha E_n)\boldsymbol{x} = \boldsymbol{0}$ の基本解を求めればよい．

例題 6.1　2 次正方行列

$$A = \begin{pmatrix} 0 & 2 \\ 2 & 0 \end{pmatrix}$$

に対して，A の固有値と各固有値に属する固有空間の基底をひと組求めよ．

解答　A の固有多項式は

$$F_A(x) = \begin{vmatrix} x & -2 \\ -2 & x \end{vmatrix} = (x-2)(x+2)$$

となるので，A の固有値は ± 2 となる．

①　$W_2(A)$ について．連立 1 次方程式

$$(2E_2 - A)\boldsymbol{x} = \boldsymbol{0} \iff \begin{pmatrix} 2 & -2 \\ -2 & 2 \end{pmatrix}\boldsymbol{x} = \boldsymbol{0}$$

の基本解を求めればよい．すると，行基本変形を用いて

$$A \longrightarrow \begin{pmatrix} 1 & -1 \\ 0 & 0 \end{pmatrix}$$

と変形できるので，

$$\begin{pmatrix} 1 \\ 1 \end{pmatrix}$$

が求める基底である．

②　$W_{-2}(A)$ について．(1) と同様にして，$(-2E_2 - A)\boldsymbol{x} = \boldsymbol{0}$ の基本解を求めて，

$$\begin{pmatrix} -1 \\ 1 \end{pmatrix}$$

を得る．◈

例題 6.2　3 次正方行列

$$A = \begin{pmatrix} 4 & 0 & -6 \\ 3 & -2 & -3 \\ 3 & 0 & -5 \end{pmatrix}$$

に対して，A の固有値と各固有値に属する固有空間の基底をひと組求めよ．

解答　A の固有多項式を計算すると，

$$F_A(x) = (x-1)(x+2)^2$$

となる．ゆえに，A の固有値は 1 と -2 である．

①　$W_1(A)$ について．$W_1(A)$ は $(E_3 - A)\boldsymbol{x} = \boldsymbol{0}$ の解空間であり，$E_3 - A$ に行基本変形を施すと，

$$\begin{pmatrix} 1 & 0 & -2 \\ 0 & 1 & -1 \\ 0 & 0 & 0 \end{pmatrix}$$

となるので，

$$\begin{pmatrix} 2 \\ 1 \\ 1 \end{pmatrix}$$

が求める基底である．

② $W_{-2}(A)$ について．$W_{-2}(A)$ は $(-2E_3 - A)\boldsymbol{x} = \boldsymbol{0}$ の解空間であり，$-2E_3 - A$ に行基本変形を施すと，

$$\begin{pmatrix} 1 & 0 & -1 \\ 0 & 0 & 0 \\ 0 & 0 & 0 \end{pmatrix}$$

となるので，

$$\begin{pmatrix} 0 \\ 1 \\ 0 \end{pmatrix}, \quad \begin{pmatrix} 1 \\ 0 \\ 1 \end{pmatrix}$$

が求める基底である．◆

以下，固有値，固有ベクトルに関する性質をいくつかまとめておく．

定理 6.2　A の相異なる固有値に属する固有ベクトルは 1 次独立である．

証明　$\alpha_1, \cdots, \alpha_r \in \boldsymbol{C}$ を A の相異なる固有値とし，各 $1 \leq i \leq r$ に対して，$\boldsymbol{a}_i$ を固有値 α_i に属する A の固有ベクトルとする．このとき，$\boldsymbol{a}_1, \cdots, \boldsymbol{a}_r$ が 1 次独立であることを示せばよい．ここでは，$r = 2$ の場合を示そう．$k_1\boldsymbol{a}_1 + k_2\boldsymbol{a}_2 = \boldsymbol{0}$ とする．この式の両辺に左から A を掛けると，

$$A(k_1\boldsymbol{a}_1 + k_2\boldsymbol{a}_2) = \boldsymbol{0} \iff k_1A\boldsymbol{a}_1 + k_2A\boldsymbol{a}_2 = \boldsymbol{0}$$
$$\iff k_1\alpha_1\boldsymbol{a}_1 + k_2\alpha_2\boldsymbol{a}_2 = \boldsymbol{0}$$

となる．一方，$k_1\boldsymbol{a}_1 + k_2\boldsymbol{a}_2 = \boldsymbol{0}$ の両辺に α_2 を乗じると，

$$k_1\alpha_2\boldsymbol{a}_1 + k_2\alpha_2\boldsymbol{a}_2 = \boldsymbol{0}$$

を得る．よって，2 式

$$\begin{cases} k_1\alpha_1\boldsymbol{a}_1 + k_2\alpha_2\boldsymbol{a}_2 = \boldsymbol{0} \\ k_1\alpha_2\boldsymbol{a}_1 + k_2\alpha_2\boldsymbol{a}_2 = \boldsymbol{0} \end{cases}$$

の辺々を引くことで，

$$k_1(\alpha_1 - \alpha_2)\boldsymbol{a}_1 = \boldsymbol{0}$$

を得る．$\boldsymbol{a}_1 \neq \boldsymbol{0}$ であるので，$k_1(\alpha_1 - \alpha_2) = 0$ となるが，$\alpha_1 \neq \alpha_2$ であるので $k_1 = 0$．これを $k_1\boldsymbol{a}_1 + k_2\boldsymbol{a}_2 = \boldsymbol{0}$ に代入して，$k_2\boldsymbol{a}_2 = \boldsymbol{0}$ となり，$\boldsymbol{a}_2 \neq \boldsymbol{0}$ より $k_2 = 0$ を得る．したがって，$\boldsymbol{a}_1, \boldsymbol{a}_2$ は 1 次独立．

$r \geq 3$ の場合も，帰納法を用いてまったく同様に示される．■

n 次正方行列 $A = (a_{ij})$ の対角成分の和

$$a_{11} + a_{22} + \cdots + a_{nn}$$

を A の**トレース** (trace) といい，$\mathrm{tr}\, A$ と表す．たとえば，

$$\mathrm{tr}\left(\begin{pmatrix} 1 & 2 \\ 3 & 4 \end{pmatrix}\right) = 1 + 4 = 5$$

である．

命題 6.1　n 次正方行列 A, B に対して，$\mathrm{tr}\, AB = \mathrm{tr}\, BA$ が成り立つ．

証明　以下の式より従う．

$$\begin{aligned} \mathrm{tr}\, AB &= \sum_{i=1}^{n} (\mathrm{tr}\, AB \text{ の } (i,i) \text{ 成分}) \\ &= \sum_{i=1}^{n}\sum_{k=1}^{n} a_{ik}b_{ki} = \sum_{k=1}^{n}\sum_{i=1}^{n} b_{ki}a_{ik} \\ &= \sum_{k=1}^{n} (\mathrm{tr}\, BA \text{ の } (k,k) \text{ 成分}) \\ &= \mathrm{tr}\, BA. \end{aligned}$$

■

行列 A の固有値と，$\mathrm{tr}\, A$，$\det A$ の間には以下のような関係がある．

定理 6.3　n 次正方行列 A の固有多項式 $F_A(x)$ の根を（重複度も込めて）$\alpha_1, \cdots, \alpha_n$ とする．このとき，

(1)　$\mathrm{tr}\, A = \alpha_1 + \alpha_2 + \cdots + \alpha_n$

(2)　$\det A = \alpha_1\alpha_2\cdots\alpha_n$

証明　固有多項式の解と係数の関係を考えればよい．ここでは，$n=3$ の場合で考えてみよう．$A=(a_{ij})$ とおく．

$$\begin{aligned}F_A(x) &= (x-\alpha_1)(x-\alpha_2)(x-\alpha_3)\\ &= x^3-(\alpha_1+\alpha_2+\alpha_3)x^2+(\alpha_1\alpha_2+\alpha_2\alpha_3+\alpha_1\alpha_3)x+(-1)^3\alpha_1\alpha_2\alpha_3\end{aligned}$$

であることが分かる．一方，

$$F_A(x)=\begin{vmatrix} x-a_{11} & -a_{12} & -a_{13} \\ -a_{21} & x-a_{22} & -a_{23} \\ -a_{31} & -a_{32} & x-a_{33}\end{vmatrix} \tag{6.1}$$

である．そこで，$x=0$ を代入して両者を比べると，

$$(-1)^3\alpha_1\alpha_2\alpha_3=(-1)^3\det A$$

となり，$\det A=\alpha_1\alpha_2\alpha_3$ を得る．

一方，(6.1) の右辺を第1行で展開することを考えると

$$\begin{aligned}F_A(x) = (x-a_{11})\begin{vmatrix} x-a_{22} & -a_{23} \\ -a_{32} & x-a_{33}\end{vmatrix} + a_{12}\begin{vmatrix} -a_{21} & -a_{23} \\ -a_{31} & x-a_{33}\end{vmatrix}\\ - a_{13}\begin{vmatrix} -a_{21} & x-a_{22} \\ -a_{31} & -a_{32}\end{vmatrix}\end{aligned}$$

となる．したがって，x^2 の項が出てくるのは，右辺の第1項のみであることが分かる．同様に，第1行で余因子展開を続けることにより，x^2 の項が出てくるのは

$$(x-a_{11})(x-a_{22})(x-a_{33})$$

の項からであることが分かり，さらにそれは，$-(\mathrm{tr}\,A)x^2$ であることも分かる．よって，$\mathrm{tr}\,A=\alpha_1+\alpha_2+\alpha_3$ である．■

演習問題 6.1

6.1.1　行列

$$A=\begin{pmatrix}1 & 2\\ 2 & 1\end{pmatrix},\quad B=\begin{pmatrix}6 & -1\\ 9 & 0\end{pmatrix}$$

の固有多項式，固有値および，各固有値に属する固有空間の基底を求めよ．

6.1.2　行列

$$A = \begin{pmatrix} -1 & 0 & -1 \\ 0 & 1 & 0 \\ -1 & 0 & -1 \end{pmatrix}, \quad B = \begin{pmatrix} 2 & -1 & 1 \\ 0 & 1 & 1 \\ -1 & 1 & 1 \end{pmatrix}$$

の固有多項式，固有値および，各固有値に属する固有空間の基底を求めよ．

6.1.3　n 次正方行列 A について，A の固有値と ${}^tA$ の固有値は一致することを示せ．

6.1.4　$\alpha \in \boldsymbol{C}$ を A の固有値とし，$\boldsymbol{v}$ を α に属する A の固有ベクトルとする．

(1)　α^2 は A^2 の固有値で，$\boldsymbol{v}$ は α^2 に属する A^2 の固有ベクトルであることを示せ．

(2)　自然数 $m \geq 2$ に対して，α^m は A^m の固有値で，$\boldsymbol{v}$ は α^m に属する A^m の固有ベクトルであることを示せ．

6.1.5　n 次正方行列 A に対して，以下を示せ．

(1)　$A^2 = 2A$ のとき，A の固有値は 0 または 2 である．

(2)　ある $k \geq 1$ が存在して $A^k = O$ となるとき，A の固有値は 0 のみである．

6.1.6　A を n 次正方行列とする．このとき，以下を示せ．

$$A \text{ は正則行列} \iff A \text{ のすべての固有値が } 0 \text{ でない}$$

6.2　行列の対角化とべき乗計算

本講の目標

- **相似**な行列の固有値は（重複度も込めて）等しいことを理解する．
- 固有ベクトルを利用して，**対角化可能**な行列を対角化する．
- 行列の対角化は，行列のべき乗計算に応用できることを理解する．

固有ベクトルを利用して，与えられた行列を標準的な形に変形することを考えよう．この節では，まず，行列の対角化という簡単な場合について解説する．

A, B を n 次正方行列とする．ある正則行列 P が存在して $B = P^{-1}AP$ と書けるとき，A と B が**相似**であるという．すると，

$$\begin{aligned} F_B(x) &= \det(xE_n - B) = \det(xE_n - P^{-1}AP) = \det(P^{-1}(xE_n - A)P) \\ &= (\det P^{-1})(\det(xE_n - A))(\det P) = \det(xE_n - A) = F_A(x) \end{aligned}$$

であるから，A と B の固有多項式は一致する．したがって以下の定理を得る．

> **定理 6.4**　A と B を相似な行列とすると，以下が成り立つ．
> (1)　$\mathrm{tr}\,A = \mathrm{tr}\,B$.
> (2)　A と B の固有値は（重複度も込めて）一致する．

証明　(1)　命題 6.1 より，

$$\mathrm{tr}\,(P^{-1}AP) = \mathrm{tr}\,(APP^{-1}) = \mathrm{tr}\,A$$

となる．（定理 6.3 の (1) を用いても示される．）
(2)　A と B の固有多項式が一致するので明らか．■

対角成分以外はすべて 0 であるような正方行列

$$\begin{pmatrix} \alpha_1 & 0 & 0 \\ 0 & \ddots & 0 \\ 0 & 0 & \alpha_n \end{pmatrix}$$

を対角行列といった．正方行列 A がある対角行列に相似となるとき，A は**対角化可能**であるという．一般に，すべての行列が対角化可能となるわけではない．どういうときに対角化できるか考えてみよう．まず，対角化できるとしたら，ある正則行列

$$P = (\boldsymbol{p}_1 \ \ \boldsymbol{p}_2 \ \ \cdots \ \ \boldsymbol{p}_n)$$

が存在して，

$$P^{-1}AP = \begin{pmatrix} \alpha_1 & 0 & 0 \\ 0 & \ddots & 0 \\ 0 & 0 & \alpha_n \end{pmatrix} \iff AP = P\begin{pmatrix} \alpha_1 & 0 & 0 \\ 0 & \ddots & 0 \\ 0 & 0 & \alpha_n \end{pmatrix}$$

$$\iff (A\boldsymbol{p}_1 \ \ A\boldsymbol{p}_2 \ \ \cdots \ \ A\boldsymbol{p}_n) = (\alpha_1\boldsymbol{p}_1 \ \ \alpha_2\boldsymbol{p}_2 \ \ \cdots \ \ \alpha_n\boldsymbol{p}_n)$$

となる．したがって，各 $\boldsymbol{p}_i$ は A の固有値 α_i に属する固有ベクトルでなければならないことが分かる．

逆に，$\alpha_1,\cdots,\alpha_n$ を A の固有値とし（重複があってもよい），各 $1 \leq i \leq n$ に対して，$\boldsymbol{p}_i{}'$ を固有値 α_i に属する固有ベクトルとし，

$$P' = (\boldsymbol{p}_1{}' \ \ \cdots \ \ \boldsymbol{p}_n{}')$$

とおくと，

$$AP' = A(\boldsymbol{p}_1{}' \ \cdots \ \boldsymbol{p}_n{}') = (A\boldsymbol{p}_1{}' \ \cdots \ A\boldsymbol{p}_n{}') = (\alpha_1\boldsymbol{p}_1{}' \ \cdots \ \alpha_n\boldsymbol{p}_n{}')$$
$$= P'\begin{pmatrix} \alpha_1 & 0 & 0 \\ 0 & \ddots & 0 \\ 0 & 0 & \alpha_n \end{pmatrix}$$

となる．したがって，$\boldsymbol{p}_1{}', \cdots, \boldsymbol{p}_n{}'$ が 1 次独立であれば P' が正則になり，

$$(P')^{-1}AP' = \begin{pmatrix} \alpha_1 & 0 & 0 \\ 0 & \ddots & 0 \\ 0 & 0 & \alpha_n \end{pmatrix}$$

と書けることが分かる．以上の議論から以下の定理が得られる．

定理 6.5 n 次正方行列 A に対して，以下は同値な条件である．
(1) A は対角化可能．
(2) n 個の 1 次独立な A の固有ベクトルが存在する．

定理 6.2 より，相異なる固有値に属する固有ベクトルは 1 次独立であるから以下の定理を得る．

定理 6.6 n 次正方行列 A が相異なる n 個の固有値を持てば，A は対角化可能である．

ワンポイント　対角化可能かどうかの判定法

n 次正方行列 A が具体的に与えられたとき，A が対角化可能かどうかを判定するには以下の手順に従えばよい．

手順 1　A の固有多項式 $F_A(x)$ は重根を持つか？

No. $\Longrightarrow$ 対角化可能，　Yes. $\Longrightarrow$ 手順 2 へ．

手順 2　A の相異なる固有値全体を $\alpha_1,\cdots,\alpha_s$，A の固有多項式を

$$F_A(x) = (x-\alpha_1)^{k_1}(x-\alpha_2)^{k_2}\cdots(x-\alpha_s)^{k_s}$$

とするとき，各 α_i に対して $(A-\alpha_iE_n)\boldsymbol{x}=\boldsymbol{0}$ の基本解が k_i 個の元から構成されているか？　すなわち，$k_i = \dim W_{\alpha_i}(A)$ となっているか？

Yes. $\Longrightarrow$ 対角化可能，　No. $\Longrightarrow$ 対角化不可能．

つまり，行列 A の各固有値に対して，その重複度の分だけ1次独立な固有ベクトルがとれれば A は対角化可能である．

この手順により対角化不可能となった場合，対角化は絶対にできないのであきらめるしかない．

例題 6.3　3次正方行列

$$A = \begin{pmatrix} 0 & 1 & 0 \\ 1 & 0 & 0 \\ 0 & 0 & 2 \end{pmatrix}$$

を対角化せよ．

解答　A の固有多項式は

$$F_A(x) = (x-1)(x+1)(x-2)$$

となるので，A は相異なる3つの固有値 $\pm 1, 2$ を持つ．したがって，A は対角化可能．固有値 $1, -1, 2$ に属する固有ベクトルとして，それぞれ

$$\boldsymbol{p}_1 = \begin{pmatrix} 1 \\ 1 \\ 0 \end{pmatrix}, \quad \boldsymbol{p}_2 = \begin{pmatrix} 1 \\ -1 \\ 0 \end{pmatrix}, \quad \boldsymbol{p}_3 = \begin{pmatrix} 0 \\ 0 \\ 1 \end{pmatrix}$$

がとれる．そこで，

$$P = (\boldsymbol{p}_1 \ \ \boldsymbol{p}_2 \ \ \boldsymbol{p}_3) = \begin{pmatrix} 1 & 1 & 0 \\ 1 & -1 & 0 \\ 0 & 0 & 1 \end{pmatrix}$$

とおくと，

$$P^{-1}AP = \begin{pmatrix} 1 & 0 & 0 \\ 0 & -1 & 0 \\ 0 & 0 & 2 \end{pmatrix}$$

となる．◆

ワンポイント　上で考えた対角化は，あくまで P の構成によることに注意する．すなわち，$\boldsymbol{p}_i$ たちの順序を変えて同様の議論を行った場合，対角化はできるが，その際に対角成分に現れる A の固有値の順序が変わるこ

とに注意する．たとえば，上の例題で，$P' = (\boldsymbol{p}_3 \;\; \boldsymbol{p}_2 \;\; \boldsymbol{p}_1)$ とおくと，

$$(P')^{-1}AP' = \begin{pmatrix} 2 & 0 & 0 \\ 0 & -1 & 0 \\ 0 & 0 & 1 \end{pmatrix}$$

となる．

次に，固有値に重複がある場合の例を考えてみよう．

例題 6.4 3 次正方行列

$$A = \begin{pmatrix} 4 & -3 & -3 \\ 3 & -2 & -3 \\ -1 & 1 & 2 \end{pmatrix}$$

を対角化せよ．

解答 A の固有多項式は

$$F_A(x) = (x-1)^2(x-2)$$

となるので，A の固有値は 1 と 2．固有値 1 に属する固有空間の基底を求めるために，$(A - E_3)\boldsymbol{x} = \boldsymbol{0}$ の基本解を求めると，

$$\boldsymbol{p}_1 = \begin{pmatrix} 1 \\ 1 \\ 0 \end{pmatrix}, \qquad \boldsymbol{p}_2 = \begin{pmatrix} 1 \\ 0 \\ 1 \end{pmatrix}$$

が得られる．さらに，固有値 2 に属する固有空間の基底を求めるために，$(A - 2E_3)\boldsymbol{x} = \boldsymbol{0}$ の基本解を求めると，$\boldsymbol{p}_3 = \begin{pmatrix} 3 \\ 3 \\ -1 \end{pmatrix}$ が得られるので，A は対角化可能である．ここで，

$$P = (\boldsymbol{p}_1 \;\; \boldsymbol{p}_2 \;\; \boldsymbol{p}_3) = \begin{pmatrix} 1 & 1 & 3 \\ 1 & 0 & 3 \\ 0 & 1 & -1 \end{pmatrix}$$

とおくと，

$$P^{-1}AP = \begin{pmatrix} 1 & 0 & 0 \\ 0 & 1 & 0 \\ 0 & 0 & 2 \end{pmatrix}$$

となる. ◈

ワンポイント　すべての行列が対角化できるというわけではない. 対角化できない行列の例として

$$A = \begin{pmatrix} 0 & 1 \\ 0 & 0 \end{pmatrix}, \qquad B = \begin{pmatrix} 1 & 1 & 0 \\ 0 & 1 & 1 \\ 0 & 0 & 1 \end{pmatrix}$$

などがある. 実際, もし A がある正則行列 P を用いて対角化可能であるとすると, A の固有値は 0 のみであるから, $P^{-1}AP = O$ となる. すると, $A = O$ となり矛盾. 同様に, B の固有値は 1 のみであるから, ある正則行列 P を用いて $P^{-1}BP = E_n$ となったとすると, $B = E_n$ となり矛盾.

行列のべき乗計算への応用

様々な行列の計算において, 行列のべき乗を計算する必要が生じる場合がある. 行列は実数や複素数のように簡単にべき乗が求まるわけではないので, 効率良く行列のべき乗を計算する方法を確立しておくことは大変重要である. ここでは, 行列の対角化が, 行列のべき乗計算に応用できることを解説しよう.

一般に, 正方行列 A と正則行列 P に対して,

$$(P^{-1}AP)^k = P^{-1}A^kP, \qquad k \geq 0 \tag{6.2}$$

が成り立つ. そこで, A を対角化可能な n 次正方行列とし, P を n 次正則行列で

$$P^{-1}AP = \begin{pmatrix} \alpha_1 & & & O \\ & \alpha_2 & & \\ & & \ddots & \\ O & & & \alpha_n \end{pmatrix}$$

となるものとする. このとき, $k \geq 0$ である任意の整数 k に対して, (6.2) より,

$$A^k = P(P^{-1}A^kP)P^{-1} = P\left(P^{-1}AP\right)^k P^{-1} = P\begin{pmatrix} {\alpha_1}^k & & & O \\ & {\alpha_2}^k & & \\ & & \ddots & \\ O & & & {\alpha_n}^k \end{pmatrix}P^{-1}$$

を得る．したがって，上式右辺を計算することで A^k が計算できることが分かる．

> **例題 6.5** 2 次正方行列
> $$A = \begin{pmatrix} 1 & 2 \\ 2 & 1 \end{pmatrix}$$
> に対して，A^n $(n \geq 1)$ を計算せよ．

解答 A の固有多項式は

$$F_A(x) = x^2 - 2x - 3 = (x+1)(x-3)$$

となるので，A は相異なる 2 つの固有値 $-1, 3$ を持つ．したがって，A は対角化可能．固有値 -1 に属する固有ベクトルとして $\boldsymbol{p}_1 = \begin{pmatrix} 1 \\ -1 \end{pmatrix}$，固有値 3 に属する固有ベクトルとして $\boldsymbol{p}_2 = \begin{pmatrix} 1 \\ 1 \end{pmatrix}$ がとれる．そこで，

$$P = (\boldsymbol{p}_1 \ \ \boldsymbol{p}_2) = \begin{pmatrix} 1 & 1 \\ -1 & 1 \end{pmatrix}$$

とおくと，

$$P^{-1}AP = \begin{pmatrix} -1 & 0 \\ 0 & 3 \end{pmatrix}$$

となる．したがって，

$$A^n = P(P^{-1}AP)^n P^{-1} = \begin{pmatrix} 1 & 1 \\ -1 & 1 \end{pmatrix}\begin{pmatrix} (-1)^n & 0 \\ 0 & 3^n \end{pmatrix}\frac{1}{2}\begin{pmatrix} 1 & -1 \\ 1 & 1 \end{pmatrix}$$
$$= \frac{1}{2}\begin{pmatrix} (-1)^n + 3^n & (-1)^{n+1} + 3^n \\ (-1)^{n+1} + 3^n & (-1)^n + 3^n \end{pmatrix}$$

を得る． ◆

演習問題 6.2

6.2.1 以下の行列 A に対して，A の固有値，および固有空間の基底を求めよ．さらに，その結果を用いて，A が対角化可能かどうか判定し，対角化可能であれば対角化せよ．対角化可能でない場合はその理由を示せ．

(1) $\begin{pmatrix} 3 & 5 \\ 4 & 2 \end{pmatrix}$　(2) $\begin{pmatrix} 0 & -1 \\ 1 & 0 \end{pmatrix}$　(3) $\begin{pmatrix} 6 & -3 \\ 3 & 0 \end{pmatrix}$

(4) $\begin{pmatrix} 0 & 1 & 1 \\ -4 & 4 & 2 \\ 4 & -3 & -1 \end{pmatrix}$　(5) $\begin{pmatrix} 6 & -7 & -20 \\ 0 & 0 & -8 \\ 1 & -1 & 0 \end{pmatrix}$　(6) $\begin{pmatrix} 1 & i & 0 \\ -i & 1 & 0 \\ 0 & 0 & 1 \end{pmatrix}$

6.2.2 2次正方行列

$$A = \begin{pmatrix} -1 & -1 \\ 3 & -5 \end{pmatrix}$$

を考える．

(1)　A を対角化せよ．

(2)　$n \geq 1$ に対して，A^n を求めよ．

6.2.3 3次正方行列

$$A = \begin{pmatrix} 1 & 0 & 2 \\ 0 & 1 & 1 \\ 0 & 0 & 2 \end{pmatrix}$$

を考える．

(1)　A を対角化せよ．

(2)　$n \geq 1$ に対して，A^n を求めよ．

6.2.4 n 次正則行列 A, B について，AB の固有値と BA の固有値は一致することを示せ．

6.3　行列の三角化とケイリー・ハミルトンの定理

本講の目標

- 任意の行列は上三角化できることを理解し，その具体的な方法を学ぶ．
- 対角化同様，上三角化は行列のべき乗計算に応用できることを理解する．

前節で，行列の対角化はいつもできるとは限らないことを見た．しかしながら，対角化はできなくとも，任意の行列を上三角行列に変形することはいつでもできる．本節ではこれを示そう．この応用として，重要なケイリー・ハミルトンの定理が示される．

定理 6.7 任意の n 次正方行列 A に対して，ある正則行列 P が存在して，

$$P^{-1}AP = \begin{pmatrix} \alpha_1 & * & * & * \\ O & \alpha_2 & * & * \\ \vdots & \ddots & \ddots & * \\ O & \cdots & O & \alpha_n \end{pmatrix}$$

となる．特に，$\alpha_1, \cdots, \alpha_n$ は A の固有値である．

証明 n についての帰納法による．$n = 1$ のときは明らか．そこで，$n \geq 2$ として，$n-1$ のときに主張が成り立つとする．A の固有値 α_1 を1つとり，$\boldsymbol{p}_1$ を α_1 に属する固有ベクトルとする．$\boldsymbol{p}_1$ を延長して，$\boldsymbol{C}^n$ の基底 $\boldsymbol{p}_1, \boldsymbol{p}_2, \cdots, \boldsymbol{p}_n$ を作る*．ただし，$\boldsymbol{p}_2, \cdots, \boldsymbol{p}_n$ は A の固有ベクトルとは限らない．ここで，

$$P_1 = (\boldsymbol{p}_1 \ \ \boldsymbol{p}_2 \ \ \cdots \ \ \boldsymbol{p}_n)$$

とおくと，$\boldsymbol{p}_1, \boldsymbol{p}_2, \cdots, \boldsymbol{p}_n$ は1次独立であるから P_1 は正則で，

$$\begin{aligned} P_1{}^{-1}AP_1 &= P_1{}^{-1}(A\boldsymbol{p}_1 \ \ A\boldsymbol{p}_2 \ \ \cdots \ \ A\boldsymbol{p}_n) \\ &= P_1{}^{-1}(\alpha_1\boldsymbol{p}_1 \ \ A\boldsymbol{p}_2 \ \ \cdots \ \ A\boldsymbol{p}_n) \\ &= (\alpha_1\boldsymbol{e}_1 \ \ P_1{}^{-1}A\boldsymbol{p}_2 \ \ \cdots \ \ P_1{}^{-1}A\boldsymbol{p}_n) \\ &= \begin{pmatrix} \alpha_1 & * \\ O & B \end{pmatrix} \end{aligned}$$

となる．ここで，B は $n-1$ 次の正方行列である．

帰納法の仮定により，ある $n-1$ 次正則行列 Q が存在して，

$$Q^{-1}BQ = \begin{pmatrix} \alpha_2 & * & * \\ \vdots & \ddots & * \\ O & O & \alpha_n \end{pmatrix}$$

---

* $\boldsymbol{p}_1$ から始めて，$\boldsymbol{p}_1, \boldsymbol{e}_{i_1}$ が1次独立になるような基本ベクトル $\boldsymbol{e}_{i_1}$ を選ぶ．次に，$\boldsymbol{p}_1, \boldsymbol{e}_{i_1}, \boldsymbol{e}_{i_2}$ が1次独立になるような基本ベクトル $\boldsymbol{e}_{i_2}$ を選ぶ．これを繰り返せばよい．

とできる．そこで，

$$P_2 = \begin{pmatrix} 1 & O \\ O & Q \end{pmatrix}, \qquad P = P_1P_2$$

とおくと，

$$\begin{aligned} P^{-1}AP &= {P_2}^{-1}{P_1}^{-1}AP_1P_2 = {P_2}^{-1}\begin{pmatrix} \alpha_1 & * \\ O & B \end{pmatrix}P_2 \\ &= \begin{pmatrix} \alpha_1 & * \\ O & Q^{-1}BQ \end{pmatrix} = \begin{pmatrix} \alpha_1 & * & * & * \\ O & \alpha_2 & * & * \\ \vdots & \ddots & \ddots & * \\ O & \cdots & O & \alpha_n \end{pmatrix} \end{aligned}$$

となる．よって帰納法が進む．$\alpha_1,\cdots,\alpha_n$ は $P^{-1}AP$ の固有値であることは明らか．よって，A の固有値でもある．■

上三角行列と相似な行列を**上三角化可能**という．定理 6.7 によって，任意の正方行列は上三角化可能である．一般に，行列の上三角化には**ジョルダン標準形**と呼ばれる，特別かつ，標準的な上三角行列が存在することが知られており，その意味で上の定理は中間的な定理といえる．

例題 6.6　2 次正方行列

$$A = \begin{pmatrix} 5 & 1 \\ -1 & 3 \end{pmatrix}$$

を上三角化せよ．

解答　A の固有多項式は $F_A(x) = (x-4)^2$ となるので，固有値は 4 のみ．固有値 4 に属する固有ベクトルを求めると，$\boldsymbol{p}_1 = \begin{pmatrix} 1 \\ -1 \end{pmatrix}$ がとれる．そこで，$\boldsymbol{p}_2 = \begin{pmatrix} 1 \\ 0 \end{pmatrix}$ とおくと，$\boldsymbol{p}_1, \boldsymbol{p}_2$ は $\boldsymbol{C}^2$ の基底であり，$P_1 = (\boldsymbol{p}_1 \ \ \boldsymbol{p}_2)$ とおくと，

$${P_1}^{-1}AP_1 = \begin{pmatrix} 4 & 1 \\ 0 & 4 \end{pmatrix}$$

となる．◆

対角化可能な行列のべき乗は対角化を用いて計算できた．これと同様に，対角化不可能な行列も上三角化を用いてべき乗を計算できるが，対角化可能な場合と比べて計算が煩雑になる．以下，2 次の場合の例を挙げておこう．

補題 6.1 x を実数とするとき，2 次正方行列

$$A = \begin{pmatrix} x & 1 \\ 0 & x \end{pmatrix}$$

を考える．このとき，任意の $n \geq 1$ に対して，

$$A^n = \begin{pmatrix} x^n & nx^{n-1} \\ 0 & x^n \end{pmatrix}$$

が成り立つ．

証明 n についての帰納法による．$n = 1$ のときは明らか．そこで，$n \geq 1$ として，n のときに主張が成り立つと仮定する．このとき，

$$A^{n+1} = A^n A = \begin{pmatrix} x^n & nx^{n-1} \\ 0 & x^n \end{pmatrix}\begin{pmatrix} x & 1 \\ 0 & x \end{pmatrix} = \begin{pmatrix} x^{n+1} & (n+1)x^n \\ 0 & x^{n+1} \end{pmatrix}$$

となるので，$n + 1$ のときも正しい．よって，帰納法が進む．■

例題 6.7 2 次正方行列

$$A = \begin{pmatrix} 5 & 1 \\ -1 & 3 \end{pmatrix}$$

に対して，A^n $(n \geq 1)$ を計算せよ．

解答 例題 6.6 より，$P = \begin{pmatrix} 1 & 1 \\ -1 & 0 \end{pmatrix}$ とおくと，

$$P^{-1}AP = \begin{pmatrix} 4 & 1 \\ 0 & 4 \end{pmatrix}$$

であった．したがって，両辺を n 乗することで，

$$P^{-1}A^nP = \begin{pmatrix} 4^n & n4^{n-1} \\ 0 & 4^n \end{pmatrix}$$

となる．よって，

$$A^n = P\begin{pmatrix} 4^n & n4^{n-1} \\ 0 & 4^n \end{pmatrix}P^{-1} = \begin{pmatrix} 4^n + n4^{n-1} & n4^{n-1} \\ -n4^{n-1} & 4^n - n4^{n-1} \end{pmatrix}$$

となる． ◈

一般に，x の複素係数多項式

$$f(x) = a_m x^m + a_{m-1}x^{m-1} + \cdots + a_1 x + a_0, \qquad a_m \neq 0$$

と，n 次正方行列 A に対して，n 次正方行列

$$a_m A^m + a_{m-1}A^{m-1} + \cdots + a_1 A + a_0 E_n$$

を，$f(x)$ に A を**代入**して得られた行列といい，$f(A)$ と表す．行列の上三角化の議論を用いることにより，以下の重要な定理を得る．

定理 6.8 **（ケイリー・ハミルトンの定理）** n 次正方行列 A に対して，
$F_A(A) = O$.

証明 $n = 3$ のときを示す．一般の場合もまったく同様である．$\alpha_1, \alpha_2, \alpha_3$ を（重複度も込めて）A の固有値とすると，

$$F_A(x) = (x - \alpha_1)(x - \alpha_2)(x - \alpha_3)$$

であるので，

$$F_A(A) = (A - \alpha_1 E_3)(A - \alpha_2 E_3)(A - \alpha_3 E_3)$$

である．一方，A を上三角化する正則行列を P とする．一般に，行列を上三角化した際に，対角成分にはもとの行列の固有値が並ぶが，どのように並ぶかは P のとり方による．そこで，必要なら α_i たちの添え字を付け替えて，

$$P^{-1}AP = \begin{pmatrix} \alpha_1 & * & * \\ 0 & \alpha_2 & * \\ 0 & 0 & \alpha_3 \end{pmatrix}$$

としてよい．このとき，

$$\begin{aligned} & P^{-1}F_A(A)P \\ &= P^{-1}(A - \alpha_1 E_3)(A - \alpha_2 E_3)(A - \alpha_3 E_3)P \\ &= P^{-1}(A - \alpha_1 E_3)PP^{-1}(A - \alpha_2 E_3)PP^{-1}(A - \alpha_3 E_3)P \\ &= (P^{-1}AP - \alpha_1 E_3)(P^{-1}AP - \alpha_2 E_3)(P^{-1}AP - \alpha_3 E_3) \end{aligned}$$

$$= \begin{pmatrix} 0 & * & * \\ 0 & \alpha_2 - \alpha_1 & * \\ 0 & 0 & \alpha_3 - \alpha_1 \end{pmatrix} \begin{pmatrix} \alpha_1 - \alpha_2 & 0 & * \\ 0 & 0 & * \\ 0 & 0 & \alpha_3 - \alpha_2 \end{pmatrix} \begin{pmatrix} \alpha_1 - \alpha_3 & * & 0 \\ 0 & \alpha_2 - \alpha_3 & 0 \\ 0 & 0 & 0 \end{pmatrix}$$

$$= \begin{pmatrix} 0 & 0 & * \\ 0 & 0 & * \\ 0 & 0 & * \end{pmatrix} \begin{pmatrix} \alpha_1 - \alpha_3 & * & 0 \\ 0 & \alpha_2 - \alpha_3 & 0 \\ 0 & 0 & 0 \end{pmatrix}$$

$$= O$$

となるので，$P^{-1}F_A(A)P = O$ である．よって，$F_A(A) = O$ となる． ■

例題 6.8 2 次正方行列

$$A = \begin{pmatrix} 5 & 1 \\ -9 & -1 \end{pmatrix}$$

に対して，$A^4 + 3A - E_2$ を求めよ．

解答 A の固有多項式は $F_A(x) = x^2 - 4x + 4$ であるから，ケイリー・ハミルトンの定理により，$A^2 - 4A + 4E_2 = O$ である．そこで，多項式 $x^4 + 3x - 1$ を $x^2 - 4x + 4$ で割った余りを求めると，

$$x^4 + 3x - 1 = (x^2 - 4x + 4)(x^2 + 4x + 12) + 35x + 47$$

となるので，

$$A^4 + 3A - E_2 = 35A + 47E_2 = \begin{pmatrix} 222 & 35 \\ -315 & 12 \end{pmatrix}$$

を得る． ◆

定理 6.9 **（フロベニウスの定理）** n 次正方行列 A に対して，A の固有値全体を（重複度も込めて）$\alpha_1, \cdots, \alpha_n$ とする．このとき，多項式 $f(x)$ に対して，$f(A)$ の固有値は，（重複度も込めて）$f(\alpha_1), \cdots, f(\alpha_n)$ である．

証明 まず，

$$f(x) = a_m x^m + a_{m-1}x^{m-1} + \cdots + a_1 x + a_0, \qquad a_m \neq 0$$

とおく．行列 A を上三角化する正則行列を P とする．必要なら α_i たちの添え字を付け替えて，

$$P^{-1}AP = \begin{pmatrix} \alpha_1 & * & * \\ \vdots & \ddots & * \\ O & \cdots & \alpha_n \end{pmatrix}$$

としてよい．このとき，任意の n 次正方行列 B_1, B_2 に対して，

$$P^{-1}(B_1 + B_2)P = P^{-1}B_1P + P^{-1}B_2P$$

および

$$P^{-1}(a_iA^i)P = a_i(P^{-1}AP)^i = a_i\begin{pmatrix} {\alpha_1}^i & * & * \\ \vdots & \ddots & * \\ O & \cdots & {\alpha_n}^i \end{pmatrix} = \begin{pmatrix} a_i{\alpha_1}^i & * & * \\ \vdots & \ddots & * \\ O & \cdots & a_i{\alpha_n}^i \end{pmatrix}$$

が成り立つので，

$$\begin{aligned} P^{-1}f(A)P &= P^{-1}(a_mA^m)P + \cdots + P^{-1}(a_1A)P + P^{-1}(a_0E_n)P \\ &= \begin{pmatrix} f(\alpha_1) & * & * \\ \vdots & \ddots & * \\ O & \cdots & f(\alpha_n) \end{pmatrix} \end{aligned}$$

となる．これより求める結果を得る． ■

演習問題 6.3

6.3.1　2 次正方行列

$$A = \begin{pmatrix} 6 & -3 \\ 3 & 0 \end{pmatrix}$$

を考える．

(1)　A を上三角化せよ．

(2)　$n \geq 1$ に対して，A^n を求めよ．

6.3.2　3 次正方行列

$$A = \begin{pmatrix} 2 & 0 & 0 \\ 1 & 1 & 1 \\ 1 & -1 & 3 \end{pmatrix}$$

を考える．

(1)　A を上三角化せよ．

(2)　$n \geq 1$ に対して，A^n を求めよ．

6.3.3　n 次正方行列 A に対して，以下は同値であることを示せ．

(1)　$A^n = O$.

(2) A の固有値は 0 のみ.

(3) $F_A(x) = x^n$.

6.3.4 行列 $A = \begin{pmatrix} 1 & 6 \\ 6 & 1 \end{pmatrix}$ に対して，以下の行列の固有値を求めよ.

(1) A^3 (2) $A^3 + A + E_2$

6.3.5 A を行列とする．A^2 が固有値 $\alpha > 0$ を持てば，$\sqrt{\alpha}$ または $-\sqrt{\alpha}$ は A の固有値であることを示せ.

Chapter 7 計量ベクトル空間

ベクトル空間 $\boldsymbol{R}^n$ には和とスカラー倍の他に，内積という付加構造が入る．特に高校の数学では，平面ベクトルや空間ベクトルの内積を考え，力学などに応用してきた．本章では，一般の数ベクトル空間に内積を定義して，行列の対角化などに応用させることを考える．しかしながら，内積を考察する最大の理由は，内積を用いて距離が定義できることにある．

7.1 R^n の標準内積

本講の目標

- $\boldsymbol{R}^n$ および，$\boldsymbol{C}^n$ の**標準内積**の定義と性質を理解する．
- ベクトルの**長さ**や，ベクトルどうしが**直交**するという概念を一般の n 次元の数ベクトル空間で定式化する．

数ベクトル空間 $\boldsymbol{R}^n$ の 2 つのベクトル

$$\boldsymbol{a} = \begin{pmatrix} a_1 \\ \vdots \\ a_n \end{pmatrix}, \quad \boldsymbol{b} = \begin{pmatrix} b_1 \\ \vdots \\ b_n \end{pmatrix}$$

に対して，実数

$${}^t\boldsymbol{a}\boldsymbol{b} = (a_1 \ \cdots \ a_n)\begin{pmatrix} b_1 \\ \vdots \\ b_n \end{pmatrix} = a_1b_1 + \cdots + a_nb_n$$

を $\boldsymbol{a}$ と $\boldsymbol{b}$ の**標準内積**，もしくは単に**内積**といい，$\boldsymbol{a}\cdot\boldsymbol{b}$ と表す*．たとえば，$\boldsymbol{R}^2$ のベクトル

$$\boldsymbol{a} = \begin{pmatrix} 2 \\ -3 \end{pmatrix}, \quad \boldsymbol{b} = \begin{pmatrix} 5 \\ -7 \end{pmatrix}$$

に対して，

$$\boldsymbol{a}\cdot\boldsymbol{b} = 2\cdot 5 + (-3)\cdot(-7) = 31, \quad \boldsymbol{a}\cdot\boldsymbol{a} = 2\cdot 2 + (-3)\cdot(-3) = 13$$

である．

簡単な計算により，$\boldsymbol{R}^n$ の内積は以下の性質を持つことが分かる．

(I1) $\boldsymbol{a}\cdot\boldsymbol{b} = \boldsymbol{b}\cdot\boldsymbol{a}$

(I2) $(\boldsymbol{a}+\boldsymbol{b})\cdot\boldsymbol{c} = \boldsymbol{a}\cdot\boldsymbol{c} + \boldsymbol{b}\cdot\boldsymbol{c}, \quad \boldsymbol{a}\cdot(\boldsymbol{b}+\boldsymbol{c}) = \boldsymbol{a}\cdot\boldsymbol{b} + \boldsymbol{a}\cdot\boldsymbol{c}$

(I3) $(k\boldsymbol{a})\cdot\boldsymbol{b} = \boldsymbol{a}\cdot(k\boldsymbol{b}) = k(\boldsymbol{a}\cdot\boldsymbol{b})$， k は実数

(I4) $\boldsymbol{a}\cdot\boldsymbol{a} \geq 0$．特に，$\boldsymbol{a}\cdot\boldsymbol{a} = 0 \Longleftrightarrow \boldsymbol{a} = \boldsymbol{0}$

次に複素ベクトル空間 $\boldsymbol{C}^n$ の内積について考えよう．あとで解説するように，内積は距離を定義するためにも用いられるので，上記の (I4) が成り立つようなものでなければならない．つまり，自分自身の内積が非負の実数でなければならない．この観点に立つと，$\boldsymbol{R}^n$ の内積のように，単に成分ごとに掛けて足し合わせるというような方法では $\boldsymbol{C}^n$ の内積を定義できないことが分かる．

複素数 $z = a + bi \in \boldsymbol{C}$ に対して，z の複素共役を $\bar{z} = a - bi$ と表す．さらに，ベクトル $\boldsymbol{a} = \begin{pmatrix} a_1 \\ \vdots \\ a_n \end{pmatrix}$ に対して，

$$\bar{\boldsymbol{a}} := \begin{pmatrix} \overline{a_1} \\ \vdots \\ \overline{a_n} \end{pmatrix}$$

とおく．数ベクトル空間 $\boldsymbol{C}^n$ の 2 つのベクトル $\boldsymbol{a},\boldsymbol{b}$ に対して，複素数

* 書籍によっては，$(\boldsymbol{a},\boldsymbol{b})$，$\langle\boldsymbol{a},\boldsymbol{b}\rangle$ と表すこともある．

$$
{}^t\boldsymbol{a}\overline{\boldsymbol{b}} = (a_1 \ \cdots \ a_n)\begin{pmatrix}\overline{b_1}\\ \vdots \\ \overline{b_n}\end{pmatrix} = a_1\overline{b_1} + \cdots + a_n\overline{b_n}
$$

を $\boldsymbol{a}$ と $\boldsymbol{b}$ の**標準内積**，もしくは単に**内積**といい，$\boldsymbol{a}\cdot\boldsymbol{b}$ と表す．たとえば，$\boldsymbol{C}^2$ のベクトル

$$
\boldsymbol{a} = \begin{pmatrix}1\\ i\end{pmatrix}, \quad \boldsymbol{b} = \begin{pmatrix}-3\\ 2i\end{pmatrix}
$$

に対して，

$$
\boldsymbol{a}\cdot\boldsymbol{b} = 1\cdot(-3) + i\cdot(-2i) = -1, \quad \boldsymbol{a}\cdot\boldsymbol{a} = 1\cdot 1 + i\cdot(-i) = 2
$$

である．

簡単な計算により，$\boldsymbol{C}^n$ の内積は以下の性質を持つことが分かる．

(I1)　$\boldsymbol{a}\cdot\boldsymbol{b} = \overline{\boldsymbol{b}\cdot\boldsymbol{a}}$

(I2)　$(\boldsymbol{a}+\boldsymbol{b})\cdot\boldsymbol{c} = \boldsymbol{a}\cdot\boldsymbol{c} + \boldsymbol{b}\cdot\boldsymbol{c}, \quad \boldsymbol{a}\cdot(\boldsymbol{b}+\boldsymbol{c}) = \boldsymbol{a}\cdot\boldsymbol{b} + \boldsymbol{a}\cdot\boldsymbol{c}$

(I3)　$(k\boldsymbol{a})\cdot\boldsymbol{b} = k(\boldsymbol{a}\cdot\boldsymbol{b}), \quad \boldsymbol{a}\cdot(k\boldsymbol{b}) = \bar{k}(\boldsymbol{a}\cdot\boldsymbol{b}), \quad k \in \boldsymbol{C}$

(I4)　$\boldsymbol{a}\cdot\boldsymbol{a}$ は実数で，$\boldsymbol{a}\cdot\boldsymbol{a} \geq 0$．特に，$\boldsymbol{a}\cdot\boldsymbol{a} = 0 \iff \boldsymbol{a} = \boldsymbol{0}$

一般に，上記の性質を満たすような積 $\boldsymbol{a}\cdot\boldsymbol{b}$ のことを $\boldsymbol{a}$ と $\boldsymbol{b}$ の内積という．しかしながら，簡単のため，本書では，$\boldsymbol{R}^n$ および，$\boldsymbol{C}^n$ の内積といえば，上で定義した標準内積のみを考えることにする．以下，K は $\boldsymbol{R}$ または $\boldsymbol{C}$ を表す．

内積が与えられたベクトル空間を**計量ベクトル空間**という．K^n の任意の部分空間は標準内積により計量ベクトル空間となる．簡単のため，本書では，計量ベクトル空間といえば常に標準内積を考えた K^n，もしくはその部分空間のことを意味するものとする．

計量ベクトル空間 V の任意のベクトル $\boldsymbol{a}$ に対して，$\boldsymbol{a}\cdot\boldsymbol{a} \geq 0$ であった．したがって $\sqrt{\boldsymbol{a}\cdot\boldsymbol{a}}$ が一意的に定まる．これを $\boldsymbol{a}$ の**長さ**といい，

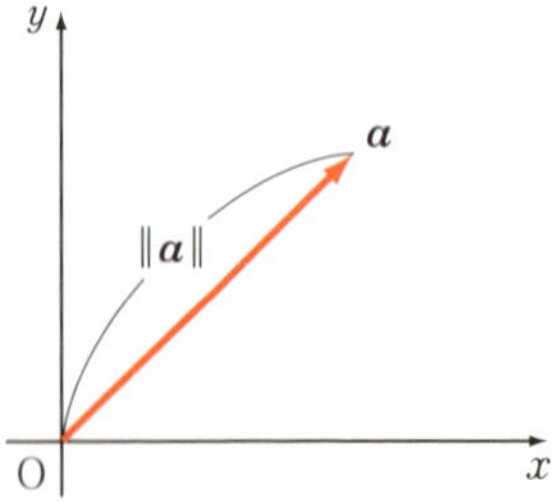

図 7.1　$\boldsymbol{R}^2$ の場合

$$\|\boldsymbol{a}\| := \sqrt{\boldsymbol{a}\cdot\boldsymbol{a}}$$

と表す．たとえば，$\boldsymbol{R}^2$ において，ベクトル $\begin{pmatrix} 2 \\ -3 \end{pmatrix}$ の長さは $\sqrt{13}$ であり，$\boldsymbol{C}^2$ において，ベクトル $\begin{pmatrix} 1 \\ i \end{pmatrix}$ の長さは $\sqrt{2}$ である．$\boldsymbol{R}^2$ や $\boldsymbol{R}^3$ の場合においては，通常のユークリッド距離の概念に一致する．逆にいえば，この定義は，通常のユークリッド距離の一般化である．

ベクトルの長さに関して，簡単な計算により，以下の性質が成り立つ．

(1) $\|\boldsymbol{a}\| \geq 0$,　等号成立は $\boldsymbol{a} = 0$ のときに限る．
(2) $\|k\boldsymbol{a}\| = |k|\|\boldsymbol{a}\|$,　$k \in K$.

内積に関して，最も重要な公式として以下のものがある．

定理 7.1　計量ベクトル空間 V の任意のベクトル $\boldsymbol{x}, \boldsymbol{y}$ に対して，以下が成り立つ．
(1) $|\boldsymbol{x}\cdot\boldsymbol{y}| \leq \|\boldsymbol{x}\|\,\|\boldsymbol{y}\|$　（**シュワルツの不等式**）
(2) $\|\boldsymbol{x}+\boldsymbol{y}\| \leq \|\boldsymbol{x}\| + \|\boldsymbol{y}\|$　（**三角不等式**）

証明　(1) 任意の実数 t に対して，$\boldsymbol{x} + t\boldsymbol{y}$ というベクトルを考える．すると，

$$\|\boldsymbol{x}+t\boldsymbol{y}\|^2 = (\boldsymbol{x}+t\boldsymbol{y})\cdot(\boldsymbol{x}+t\boldsymbol{y})$$
$$= \boldsymbol{x}\cdot\boldsymbol{x} + 2t(\boldsymbol{x}\cdot\boldsymbol{y}) + t^2(\boldsymbol{y}\cdot\boldsymbol{y}) \geq 0$$

となる．一番下の不等式の左辺を t についての 2 次式とみなすと，任意の t に対してこの不等号が成立するためには，判別式が 0 または負でなければならない．すなわち，

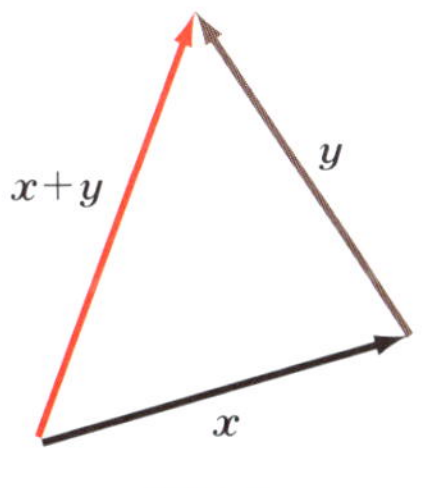

図 7.2

$$\frac{D}{4} = (\boldsymbol{x}\cdot\boldsymbol{y})^2 - \|\boldsymbol{x}\|^2\,\|\boldsymbol{y}\|^2 \leq 0$$

となり，求める不等式を得る．
(2) 以下の式変形より従う．

$$\begin{aligned}\|\boldsymbol{x}+\boldsymbol{y}\|^2 &= \|\boldsymbol{x}\|^2 + 2(\boldsymbol{x}\cdot\boldsymbol{y}) + \|\boldsymbol{y}\|^2 \\ &\leq \|\boldsymbol{x}\|^2 + 2(\|\boldsymbol{x}\|\,\|\boldsymbol{y}\|) + \|\boldsymbol{y}\|^2 \qquad ((1)\text{ の結果を用いる.}) \\ &= (\|\boldsymbol{x}\| + \|\boldsymbol{y}\|)^2.\end{aligned}$$ ■

計量ベクトル空間 V の2つのベクトル $\boldsymbol{a},\boldsymbol{b}$ について $\boldsymbol{a}\cdot\boldsymbol{b}=0$ のとき，$\boldsymbol{a}$ と $\boldsymbol{b}$ は**直交**するといい，$\boldsymbol{a}\perp\boldsymbol{b}$ で表す．

例 7.1　(1)　K^n の標準基底 $\boldsymbol{e}_1,\cdots,\boldsymbol{e}_n$ に対して，$1\leq i\neq j\leq n$ のとき，$\boldsymbol{e}_i\perp\boldsymbol{e}_j$ である．

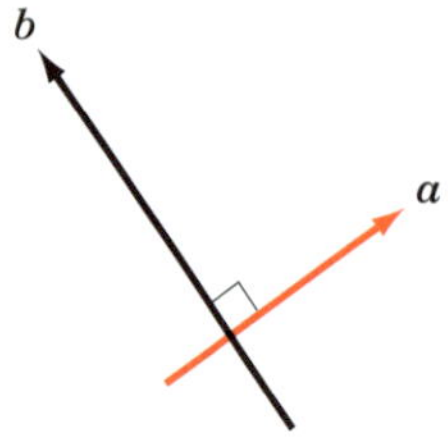

図 7.3

(2)　$\boldsymbol{R}^2$ において，

$$\boldsymbol{a}=\begin{pmatrix}1\\1\end{pmatrix},\quad \boldsymbol{b}=\begin{pmatrix}1\\-1\end{pmatrix}$$

を考えると，$\boldsymbol{a}\perp\boldsymbol{b}$.

(3)　$\boldsymbol{C}^2$ において，

$$\boldsymbol{a}=\begin{pmatrix}i\\1\end{pmatrix},\quad \boldsymbol{b}=\begin{pmatrix}1\\i\end{pmatrix}$$

を考えると，$\boldsymbol{a}\perp\boldsymbol{b}$.　◆

直交の定義は，$\boldsymbol{R}^2$ や $\boldsymbol{R}^3$ の場合は，通常の幾何学的な意味と一致する．直交することを抽象的に，内積を用いて定義する理由は，(幾何学的な直感が働かないような) 一般の計量ベクトル空間においても直交という概念を定式化したいからである．

> **ワンポイント**　$\boldsymbol{a}$ または $\boldsymbol{b}$ が $\boldsymbol{0}$ のときは明らかに $\boldsymbol{a}\cdot\boldsymbol{b}=0$ である．すなわち，零ベクトル $\boldsymbol{0}$ はすべてのベクトルに直交すると考える．

以上で定義した，長さや直交の概念は，平面 $\boldsymbol{R}^2$ や空間 $\boldsymbol{R}^3$ において考えると，いわゆる普通の意味での長さおよび直交の概念と一致する．

内積の幾何学的な意味

$\boldsymbol{R}^2$ における2つのベクトル $\boldsymbol{a}$ と $\boldsymbol{b}$ の標準内積 $\boldsymbol{a}\cdot\boldsymbol{b}$ を考えてみよう．図 7.4 のように $\boldsymbol{b}$ を $\boldsymbol{a}$ 方向の成分と，$\boldsymbol{a}$ に直交する成分とに分解する．このとき，

$$k = \frac{\boldsymbol{a}\cdot\boldsymbol{b}}{\|\boldsymbol{a}\|^2}, \qquad \|k\boldsymbol{a}\| = \frac{\boldsymbol{a}\cdot\boldsymbol{b}}{\|\boldsymbol{a}\|}$$

である．したがって，$\boldsymbol{b}$ の $\boldsymbol{a}$ 方向成分 $k\boldsymbol{a}$ の長さと，$\boldsymbol{a}$ の長さ $\|\boldsymbol{a}\|$ を掛けたものが $\boldsymbol{a}\cdot\boldsymbol{b}$ である．力学的な意味については，3.7 節を参照されたい．

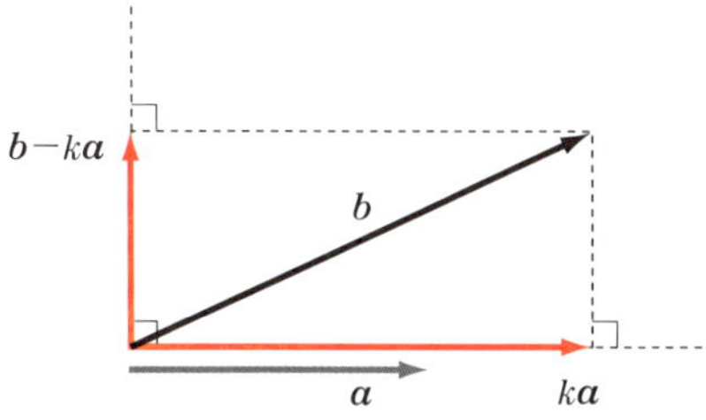

図 7.4

演習問題 7.1

7.1.1 $\boldsymbol{R}^3$ のベクトル

$$\boldsymbol{a} = \begin{pmatrix} 1 \\ 2 \\ 3 \end{pmatrix}, \qquad \boldsymbol{b} = \begin{pmatrix} 2 \\ -1 \\ 1 \end{pmatrix}$$

に対して，$\|\boldsymbol{a}\|$，$\|\boldsymbol{b}\|$，および $\boldsymbol{a}\cdot\boldsymbol{b}$ を計算せよ．

7.1.2 $\boldsymbol{C}^3$ のベクトル

$$\boldsymbol{a} = \begin{pmatrix} 1 \\ i \\ 2i \end{pmatrix}, \qquad \boldsymbol{b} = \begin{pmatrix} i \\ 1 \\ 2-i \end{pmatrix}$$

に対して，$\|\boldsymbol{a}\|$，$\|\boldsymbol{b}\|$，および $\boldsymbol{a}\cdot\boldsymbol{b}$ を計算せよ．

7.1.3 $\boldsymbol{a},\boldsymbol{b}$ が以下で与えられるとき，$\boldsymbol{a}+t\boldsymbol{b}$ と $\boldsymbol{a}$ が直交するような実数 t の値を求めよ．

(1) $\boldsymbol{a} = \begin{pmatrix} 1 \\ 1 \end{pmatrix}, \quad \boldsymbol{b} = \begin{pmatrix} 3 \\ -1 \end{pmatrix} \quad \in \boldsymbol{R}^2$

(2) $\boldsymbol{a} = \begin{pmatrix} 1 \\ 2 \\ 3 \end{pmatrix}, \quad \boldsymbol{b} = \begin{pmatrix} -3 \\ 1 \\ 2 \end{pmatrix} \quad \in \boldsymbol{R}^3$

7.1.4 実計量ベクトル空間 V のベクトル $\boldsymbol{a},\boldsymbol{b} \in V$ に対して，$\boldsymbol{a},\boldsymbol{b}$ が直交するための必要十分条件は，$\|\boldsymbol{a}+\boldsymbol{b}\|^2 = \|\boldsymbol{a}\|^2 + \|\boldsymbol{b}\|^2$ であることを示せ．

7.2 正規直交基底

本講の目標

- 標準基底の一般化である**正規直交基底**を理解する．
- **グラム・シュミットの直交化法**を用いて，与えられたベクトルたちを正規直交化する．特に，与えられた基底から正規直交基底を構成できるようになる．

$\boldsymbol{R}^2$ の標準基底 $\boldsymbol{e}_1,\boldsymbol{e}_2$ を思い出そう．各基本ベクトルは長さが1であり，2つのベクトルは直交している．$\boldsymbol{v}=\begin{pmatrix}x\\y\end{pmatrix}\in\boldsymbol{R}^2$ を任意なベクトルとするとき，基底 $\boldsymbol{e}_1,\boldsymbol{e}_2$ に関する $\boldsymbol{v}$ の成分表示は

$$\boldsymbol{v}=x\boldsymbol{e}_1+y\boldsymbol{e}_2$$

である．このとき，

$$\boldsymbol{v}\cdot\boldsymbol{e}_1=(x\boldsymbol{e}_1+y\boldsymbol{e}_2)\cdot\boldsymbol{e}_1=x,\qquad \boldsymbol{v}\cdot\boldsymbol{e}_2=(x\boldsymbol{e}_1+y\boldsymbol{e}_2)\cdot\boldsymbol{e}_2=y$$

である．すなわち，$\boldsymbol{v}$ の $\boldsymbol{e}_1,\boldsymbol{e}_2$ に関する成分は，$\boldsymbol{v}$ と基本ベクトルとの内積を用いて表すことができ，これは種々の計算を行う上で大変便利である．

一般に，長さが1の2つのベクトルで直交するようなものは標準基底だけとは限らない*．この節では，与えられた基底から，どのベクトルも長さが1で，かつ，互いに直交するようなベクトルたちからなる基底を作り出す操作を考える．この手法は，あとで対称行列を，直交行列を用いて対角化する際にも必要となる．

計量ベクトル空間 V の $\boldsymbol{0}$ でないベクトル $\boldsymbol{a}_1,\cdots,\boldsymbol{a}_m$ が各 $i\neq j$ に対して

$$\boldsymbol{a}_i\cdot\boldsymbol{a}_j=0$$

を満たすとき，$\boldsymbol{a}_1,\cdots,\boldsymbol{a}_m$ を**直交系**という．さらに，これらが

$$\|\boldsymbol{a}_i\|=1,\qquad 1\leq i\leq m$$

を満たすとき，**正規直交系**であるという．

* たとえば，標準基底を原点を中心に回転して得られるような基底はすべてこの条件を満たす．

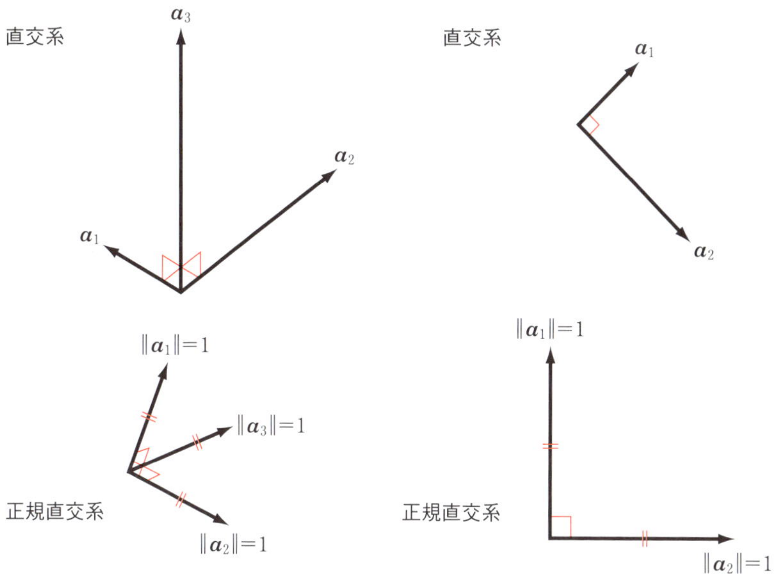

図 7.5

例 7.2　$\boldsymbol{R}^n$ および，$\boldsymbol{C}^n$ の基本ベクトル $\boldsymbol{e}_1,\cdots,\boldsymbol{e}_m$ $(1 \leq m \leq n)$ は正規直交系．◆

例 7.3　$\boldsymbol{R}^3$ のベクトル

$$\boldsymbol{a}_1 = \begin{pmatrix} 1 \\ 0 \\ 1 \end{pmatrix}, \quad \boldsymbol{a}_2 = \begin{pmatrix} 2 \\ 3 \\ -2 \end{pmatrix}$$

は直交系であり，

$$\boldsymbol{a}_1 = \frac{1}{\sqrt{2}}\begin{pmatrix} 1 \\ 0 \\ 1 \end{pmatrix}, \quad \boldsymbol{a}_2 = \frac{1}{\sqrt{3}}\begin{pmatrix} 1 \\ 1 \\ -1 \end{pmatrix}$$

は正規直交系である．◆

定理 7.2　直交系をなしているベクトルたちは 1 次独立である．

証明　$\boldsymbol{a}_1,\cdots,\boldsymbol{a}_m$ を直交系とし，$k_1\boldsymbol{a}_1 + \cdots + k_m\boldsymbol{a}_m = \boldsymbol{0}$ とする．すると，任意

の $1 \leq i \leq m$ に対して，両辺と $\boldsymbol{a}_i$ との内積を考えると，

$$k_1(\boldsymbol{a}_1 \cdot \boldsymbol{a}_i) + \cdots + k_m(\boldsymbol{a}_m \cdot \boldsymbol{a}_i) = \boldsymbol{0} \cdot \boldsymbol{a}_i \iff k_i(\boldsymbol{a}_i \cdot \boldsymbol{a}_i) = 0$$

となる．$\boldsymbol{a}_i \neq \boldsymbol{0}$ であるから，$\boldsymbol{a}_i \cdot \boldsymbol{a}_i \neq 0$ であり，したがって，$k_i = 0$ を得る．よって，$\boldsymbol{a}_1, \cdots, \boldsymbol{a}_m$ は1次独立．■

計量ベクトル空間 V に属するベクトルが正規直交系であり，かつ V の基底をなすとき，それらを**正規直交基底**という．

例 7.4　$\boldsymbol{R}^n$ および，$\boldsymbol{C}^n$ の標準基底 $\boldsymbol{e}_1, \cdots, \boldsymbol{e}_n$ は正規直交基底である．◆

ワンポイント　$\boldsymbol{a}_1, \cdots, \boldsymbol{a}_n$ を計量ベクトル空間 V の正規直交基底とする．$\boldsymbol{a}_1, \cdots, \boldsymbol{a}_n$ は基底であるから，任意の $\boldsymbol{x}$ に対して，K の元 $k_1, \cdots, k_n$ が存在して，$\boldsymbol{x}$ は

$$\boldsymbol{x} = k_1\boldsymbol{a}_1 + \cdots + k_n\boldsymbol{a}_n$$

と書ける．このとき，各 $1 \leq i \leq n$ に対して

$$k_i = \boldsymbol{x} \cdot \boldsymbol{a}_i$$

が成り立つ．すなわち，$\boldsymbol{x}$ の正規直交基底に関する各成分は内積を用いて表すことができる．

例題 7.1　$\boldsymbol{R}^3$ のベクトル

$$\boldsymbol{a}_1 = \frac{1}{\sqrt{2}}\begin{pmatrix} 1 \\ 0 \\ 1 \end{pmatrix}, \quad \boldsymbol{a}_2 = \frac{1}{\sqrt{3}}\begin{pmatrix} 1 \\ 1 \\ -1 \end{pmatrix}, \quad \boldsymbol{a}_3 = \frac{1}{\sqrt{6}}\begin{pmatrix} -1 \\ 2 \\ 1 \end{pmatrix}$$

は正規直交基底である．そこで，

$$\boldsymbol{x} = \begin{pmatrix} 3 \\ 5 \\ 7 \end{pmatrix} \in \boldsymbol{R}^3$$

に対して，正規直交基底 $\boldsymbol{a}_1, \boldsymbol{a}_2, \boldsymbol{a}_3$ に関する成分表示を求めよ．

解答　$\boldsymbol{x}$ と $\boldsymbol{a}_i$ との内積を計算すると，

$$\boldsymbol{x} \cdot \boldsymbol{a}_1 = 5\sqrt{2}, \quad \boldsymbol{x} \cdot \boldsymbol{a}_2 = \frac{\sqrt{3}}{3}, \quad \boldsymbol{x} \cdot \boldsymbol{a}_3 = \frac{7}{3}\sqrt{6}$$

となるので，

$$\boldsymbol{x} = 5\sqrt{2}\,\boldsymbol{a}_1 + \frac{\sqrt{3}}{3}\boldsymbol{a}_2 + \frac{7}{3}\sqrt{6}\,\boldsymbol{a}_3$$

となる. ◆

計量ベクトル空間 V の，任意の 1 次独立なベクトル $\boldsymbol{a}_1,\cdots,\boldsymbol{a}_m$ から正規直交系を構成することを考えよう．一般に，$\boldsymbol{0}$ でない V のベクトル $\boldsymbol{a}$ に対して，

$$\boldsymbol{b} = \frac{1}{\|\boldsymbol{a}\|}\boldsymbol{a}$$

とおく．($V = \boldsymbol{R}^n$ の場合には，$\boldsymbol{b}$ は $\boldsymbol{a}$ と同じ向きで長さが 1 のベクトルである.）このような $\boldsymbol{b}$ を得ることを，$\boldsymbol{a}$ の**単位ベクトル化**という．任意の直交系は，単位ベクトル化を行うことにより正規直交系になる．したがって，1 次独立なベクトル $\boldsymbol{a}_1,\cdots,\boldsymbol{a}_m$ から直交系を構成することを考えればよい．

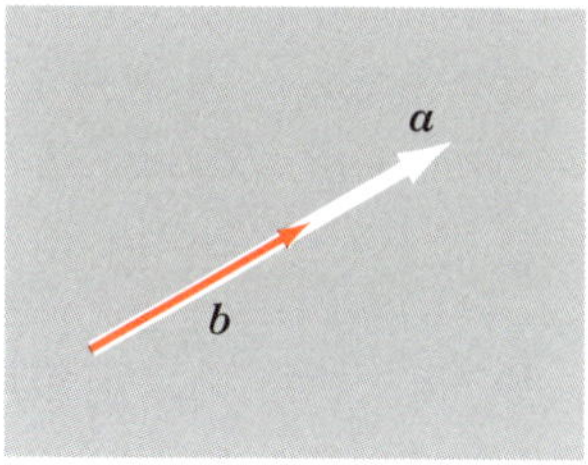

図 7.6

そこで，$\boldsymbol{a}_1,\cdots,\boldsymbol{a}_m$ に対して，以下のようにして V のベクトル $\boldsymbol{b}_1,\boldsymbol{b}_2,\cdots,\boldsymbol{b}_m$ を順に定める．まず，

$$\boldsymbol{b}_1 = \boldsymbol{a}_1$$

とおく．次に，

$$\boldsymbol{b}_2 = \boldsymbol{a}_2 - \frac{\boldsymbol{a}_2\cdot\boldsymbol{b}_1}{\boldsymbol{b}_1\cdot\boldsymbol{b}_1}\boldsymbol{b}_1$$

とおく．同様にして順に $\boldsymbol{b}_3,\cdots,\boldsymbol{b}_m$ を

$$\boldsymbol{b}_j = \boldsymbol{a}_j - \frac{\boldsymbol{a}_j\cdot\boldsymbol{b}_1}{\boldsymbol{b}_1\cdot\boldsymbol{b}_1}\boldsymbol{b}_1 - \frac{\boldsymbol{a}_j\cdot\boldsymbol{b}_2}{\boldsymbol{b}_2\cdot\boldsymbol{b}_2}\boldsymbol{b}_2 - \cdots - \frac{\boldsymbol{a}_j\cdot\boldsymbol{b}_{j-1}}{\boldsymbol{b}_{j-1}\cdot\boldsymbol{b}_{j-1}}\boldsymbol{b}_{j-1}$$

によって定める．

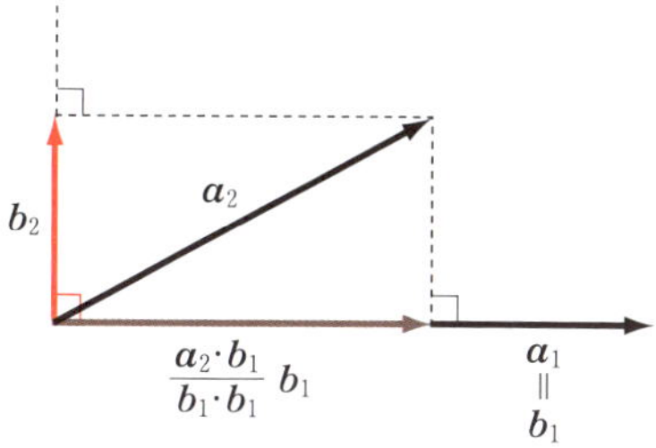

図 7.7

定理 7.3 上の構成で得られた $\boldsymbol{b}_1,\cdots,\boldsymbol{b}_m$ は直交系である．

証明 m についての帰納法による．$m = 1$ のときは明らか．次に，$m = 2$ の場合を考える．まず，$\boldsymbol{b}_2 \neq \boldsymbol{0}$ である．もし，$\boldsymbol{b}_2 = \boldsymbol{0}$ とすると，

$$\boldsymbol{a}_2 = \frac{\boldsymbol{a}_2 \cdot \boldsymbol{b}_1}{\boldsymbol{b}_1 \cdot \boldsymbol{b}_1} \boldsymbol{b}_1$$

となる．よって，$\boldsymbol{a}_2$ が $\boldsymbol{b}_1 = \boldsymbol{a}_1$ の 1 次結合で表せる．ところが，$\boldsymbol{a}_1, \boldsymbol{a}_2$ は直交系であり，1 次独立であるからこれは矛盾．よって，$\boldsymbol{b}_2 \neq \boldsymbol{0}$．さらに，

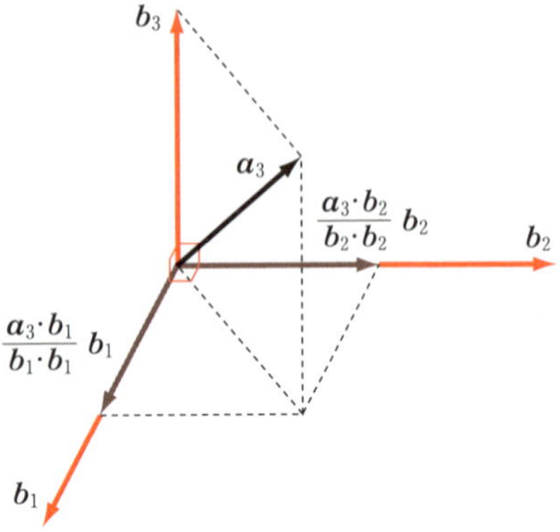

図 7.8

$$\begin{aligned}
\boldsymbol{b}_2 \cdot \boldsymbol{b}_1 &= \left(\boldsymbol{a}_2 - \frac{\boldsymbol{a}_2 \cdot \boldsymbol{b}_1}{\boldsymbol{b}_1 \cdot \boldsymbol{b}_1} \boldsymbol{b}_1\right) \cdot \boldsymbol{b}_1 \\
&= \boldsymbol{a}_2 \cdot \boldsymbol{b}_1 - \frac{\boldsymbol{a}_2 \cdot \boldsymbol{b}_1}{\boldsymbol{b}_1 \cdot \boldsymbol{b}_1} (\boldsymbol{b}_1 \cdot \boldsymbol{b}_1) \\
&= 0
\end{aligned}$$

となるので，$\boldsymbol{b}_1, \boldsymbol{b}_2$ は直交する．

次に，$m = 3$ の場合を考えてみよう．$m = 2$ のときと同様に，$\boldsymbol{b}_3 \neq \boldsymbol{0}$ である．もし，$\boldsymbol{b}_3 = \boldsymbol{0}$ とすると，

$$\boldsymbol{a}_3 = \frac{\boldsymbol{a}_3 \cdot \boldsymbol{b}_1}{\boldsymbol{b}_1 \cdot \boldsymbol{b}_1} \boldsymbol{b}_1 + \frac{\boldsymbol{a}_3 \cdot \boldsymbol{b}_2}{\boldsymbol{b}_2 \cdot \boldsymbol{b}_2} \boldsymbol{b}_2$$

となる．よって，$\boldsymbol{b}_1, \boldsymbol{b}_2$ は $\boldsymbol{a}_1, \boldsymbol{a}_2$ の 1 次結合で表せるので，$\boldsymbol{a}_3$ も $\boldsymbol{a}_1, \boldsymbol{a}_2$ の 1 次結合で表せる．一方，$\boldsymbol{a}_1, \boldsymbol{a}_2, \boldsymbol{a}_3$ は直交系であり，1 次独立であるからこれは矛盾．よって，$\boldsymbol{b}_3 \neq \boldsymbol{0}$.

さて，

$$\begin{aligned}
\boldsymbol{b}_3 \cdot \boldsymbol{b}_1 &= \left(\boldsymbol{a}_3 - \frac{\boldsymbol{a}_3 \cdot \boldsymbol{b}_1}{\boldsymbol{b}_1 \cdot \boldsymbol{b}_1} \boldsymbol{b}_1 - \frac{\boldsymbol{a}_3 \cdot \boldsymbol{b}_2}{\boldsymbol{b}_2 \cdot \boldsymbol{b}_2} \boldsymbol{b}_2\right) \cdot \boldsymbol{b}_1 \\
&= \boldsymbol{a}_3 \cdot \boldsymbol{b}_1 - \frac{\boldsymbol{a}_3 \cdot \boldsymbol{b}_1}{\boldsymbol{b}_1 \cdot \boldsymbol{b}_1} (\boldsymbol{b}_1 \cdot \boldsymbol{b}_1) \\
&= 0 \\
\boldsymbol{b}_3 \cdot \boldsymbol{b}_2 &= \left(\boldsymbol{a}_3 - \frac{\boldsymbol{a}_3 \cdot \boldsymbol{b}_1}{\boldsymbol{b}_1 \cdot \boldsymbol{b}_1} \boldsymbol{b}_1 - \frac{\boldsymbol{a}_3 \cdot \boldsymbol{b}_2}{\boldsymbol{b}_2 \cdot \boldsymbol{b}_2} \boldsymbol{b}_2\right) \cdot \boldsymbol{b}_2 \\
&= \boldsymbol{a}_3 \cdot \boldsymbol{b}_2 - \frac{\boldsymbol{a}_3 \cdot \boldsymbol{b}_2}{\boldsymbol{b}_2 \cdot \boldsymbol{b}_2} (\boldsymbol{b}_2 \cdot \boldsymbol{b}_2) \\
&= 0
\end{aligned}$$

となるので，$\boldsymbol{b}_3$ は $\boldsymbol{b}_1, \boldsymbol{b}_2$ に直交する．

以下，m が一般の場合もまったく同様である．これによって帰納法が進む．

■

このようにして，与えられた 1 次独立なベクトルから直交系を構成する方法を**グラム・シュミットの直交化法**という．

例題 7.2 $\boldsymbol{R}^3$ の 1 次独立なベクトル

$$\boldsymbol{a}_1 = \begin{pmatrix} 1 \\ 0 \\ 1 \end{pmatrix}, \quad \boldsymbol{a}_2 = \begin{pmatrix} 3 \\ 0 \\ 1 \end{pmatrix}, \quad \boldsymbol{a}_3 = \begin{pmatrix} 3 \\ 1 \\ -1 \end{pmatrix}$$

をグラム・シュミットの直交化法を用いて正規直交化せよ．

解答 グラム・シュミットの直交化法により，

$$\boldsymbol{b}_1 = \begin{pmatrix} 1 \\ 0 \\ 1 \end{pmatrix}, \quad \boldsymbol{b}_2 = \begin{pmatrix} 1 \\ 0 \\ -1 \end{pmatrix}, \quad \boldsymbol{b}_3 = \begin{pmatrix} 0 \\ 1 \\ 0 \end{pmatrix}$$

なるベクトルを得る*．そこで，これらに単位ベクトル化を行うことにより，

$$\frac{1}{\sqrt{2}}\begin{pmatrix} 1 \\ 0 \\ 1 \end{pmatrix}, \quad \frac{1}{\sqrt{2}}\begin{pmatrix} 1 \\ 0 \\ -1 \end{pmatrix}, \quad \begin{pmatrix} 0 \\ 1 \\ 0 \end{pmatrix}$$

が求める正規直交系である*2． ◆

グラム・シュミットの直交化法を行う際に，与えられたベクトルの順番を変えると，最終的に得られる直交系のベクトルも一般には異なるものになる．順序を変えて直交化をされると採点する際に再度計算しなおさなければならなくなるので，採点者を泣かせないためにも与えられた順序で直交化してほしい．

* 各自計算して確かめよ．

*2 いまの場合は正規直交基底になっている．

演習問題 7.2

7.2.1　$\boldsymbol{R}^2$ のベクトル

$$\boldsymbol{a}_1 = \frac{1}{\sqrt{2}}\begin{pmatrix} 1 \\ -1 \end{pmatrix}, \quad \boldsymbol{a}_2 = \frac{1}{\sqrt{2}}\begin{pmatrix} 1 \\ 1 \end{pmatrix}$$

は $\boldsymbol{R}^2$ の正規直交基底であることを示せ．さらに，基本ベクトル $\boldsymbol{e}_1, \boldsymbol{e}_2$ の，この基底に関する成分表示を求めよ．

7.2.2　$\boldsymbol{R}^3$ のベクトル

$$\boldsymbol{a}_1 = \frac{1}{\sqrt{2}}\begin{pmatrix} 1 \\ 0 \\ -1 \end{pmatrix}, \quad \boldsymbol{a}_2 = \frac{1}{\sqrt{3}}\begin{pmatrix} 1 \\ 1 \\ 1 \end{pmatrix}, \quad \boldsymbol{a}_3 = \frac{1}{\sqrt{6}}\begin{pmatrix} 1 \\ -2 \\ 1 \end{pmatrix}$$

は $\boldsymbol{R}^3$ の正規直交基底であることを示せ．さらに，基本ベクトル $\boldsymbol{e}_1, \boldsymbol{e}_2, \boldsymbol{e}_3$ の，この基底に関する成分表示を求めよ．

7.2.3　$\boldsymbol{R}^2$ の基底

$$\boldsymbol{a}_1 = \begin{pmatrix} 3 \\ 1 \end{pmatrix}, \quad \boldsymbol{a}_2 = \begin{pmatrix} 1 \\ 3 \end{pmatrix}$$

にグラム・シュミットの直交化法を適用することで正規直交基底を求めよ．

7.2.4　$\boldsymbol{R}^3$ の基底

$$\boldsymbol{a}_1 = \begin{pmatrix} 2 \\ 0 \\ 0 \end{pmatrix}, \quad \boldsymbol{a}_2 = \begin{pmatrix} 1 \\ 3 \\ 0 \end{pmatrix}, \quad \boldsymbol{a}_3 = \begin{pmatrix} 1 \\ 2 \\ 4 \end{pmatrix}$$

にグラム・シュミットの直交化法を適用することで正規直交基底を求めよ．

7.2.5　$\boldsymbol{C}^2$ の基底

$$\boldsymbol{a}_1 = \begin{pmatrix} 1 \\ i+1 \end{pmatrix}, \quad \boldsymbol{a}_2 = \begin{pmatrix} i-1 \\ 2 \end{pmatrix}$$

にグラム・シュミットの直交化法を適用することで正規直交基底を求めよ．

7.2.6　$\boldsymbol{C}^3$ の基底

$$\boldsymbol{a}_1 = \begin{pmatrix} 0 \\ i \\ 0 \end{pmatrix}, \quad \boldsymbol{a}_2 = \begin{pmatrix} 1 \\ i \\ i \end{pmatrix}, \quad \boldsymbol{a}_3 = \begin{pmatrix} i \\ 1 \\ 1 \end{pmatrix}$$

にグラム・シュミットの直交化法を適用することで正規直交基底を求めよ．

7.3 直交行列と実対称行列の対角化

本講の目標

- 対称行列，交代行列，直交行列の定義を理解する．
- 直交行列が定める線形変換が内積を保つことを理解する．
- 実対称行列を，直交行列を用いて対角化できるようになる．
- 実対称行列の対角化を**実 2 次形式**の最大，最小の問題に応用する．

数学では,「空間」(付加構造が与えられた集合) を考えるとき，その付加構造を変えないような変換が何かをまず考えることは重要である．たとえば，ユークリッド距離が与えられているユークリッド空間*内において，平行移動や回転は，任意の 2 点間の距離を保つ変換であり，これらはユークリッド幾何で最も基本的かつ重要な変換である．

さて，計量ベクトル空間 $\boldsymbol{R}^n$ には標準内積が定まっており，それを用いて距離が定義できた．それでは，この標準内積を保つような線形変換にはどのようなものがあるだろうか．実は，直交行列と呼ばれる行列を左から掛けることで定まる線形写像がこれに相当し，原点を中心とする座標平面内の回転を表す線形変換の自然な一般化になっていることを本節で解説する．

n 次正方行列 $A = (a_{ij})$ に対して，転置行列 ${}^tA = (a_{ji})$ を考える．A が，

(1) ${}^tA = A$ を満たすとき，A を**対称行列**，

(2) ${}^tA = -A$ を満たすとき，$-A$ を**交代行列**，

という．

A が交代行列のとき，その対角成分は 0 である．実際，${}^tA = -A$ を (i,i) 成分で見ると，$a_{ii} = -a_{ii}$ となるので，$a_{ii} = 0$ である．$n = 3$ のとき，対称行列，交代行列は次のような形をしている．

(1) 対称行列

$$\begin{pmatrix} x & a & b \\ a & y & c \\ b & c & z \end{pmatrix}.$$

---

* 座標平面や座標空間を想像してほしい．

(2) 交代行列

$$\begin{pmatrix} 0 & a & b \\ -a & 0 & c \\ -b & -c & 0 \end{pmatrix}.$$

まず，以下の基本的な事実を確認しておく．

定理 7.4 $\boldsymbol{x},\boldsymbol{y}$ を $\boldsymbol{R}^n$ のベクトルとするとき，$\boldsymbol{R}^n$ の標準内積に関して，

$$(A\boldsymbol{x})\cdot\boldsymbol{y} = \boldsymbol{x}\cdot({}^tA\boldsymbol{y})$$

が成り立つ．

証明 基本的な行列の演算により，

$$(A\boldsymbol{x})\cdot\boldsymbol{y} = {}^t(A\boldsymbol{x})\boldsymbol{y} = ({}^t\boldsymbol{x}\,{}^tA)\boldsymbol{y} = {}^t\boldsymbol{x}\,({}^tA\boldsymbol{y}) = \boldsymbol{x}\cdot({}^tA\boldsymbol{y})$$

となるので明らか． ■

さて，実 n 次正方行列 A で，

$${}^tAA = E_n$$

を満たすものを**直交行列**という．両辺の行列式をとれば，$\det A \neq 0$ であることが分かり，A は正則である．特に，$A^{-1} = {}^tA$ であり，直交行列の逆行列は，その転置行列である*．たとえば，原点を中心とした平面内の角度 θ の回転を表す行列

$$\begin{pmatrix} \cos\theta & -\sin\theta \\ \sin\theta & \cos\theta \end{pmatrix}$$

は直交行列である．直交行列の簡単な性質をまとめておこう．

定理 7.5 A,B を直交行列とする．

(1) AB も直交行列．

(2) A^{-1} も直交行列．

証明 (1) ${}^t(AB)(AB) = ({}^tB\,{}^tA)(AB) = {}^tB({}^tAA)B = {}^tBE_nB = {}^tBB = E_n$ より，AB は直交行列である．

---

* このとき，$A\,{}^tA = E_n$ が成り立つことにも注意せよ．

(2) A は直交行列であるから，${}^tA = A^{-1}$ である．よって，${}^t(A^{-1}) = {}^t({}^tA) = A = (A^{-1})^{-1}$ となるので，A^{-1} は直交行列である． ■

本節の冒頭でも述べた，以下の重要な定理を示す．

定理 7.6 A を n 次直交行列とし，$\boldsymbol{R}^n$ 内の線形変換 $f_A : \boldsymbol{R}^n \to \boldsymbol{R}^n$; $\boldsymbol{x} \mapsto A\boldsymbol{x}$ を考える．このとき，任意の $\boldsymbol{x}, \boldsymbol{y} \in \boldsymbol{R}^n$ に対して，

$$f_A(\boldsymbol{x}) \cdot f_A(\boldsymbol{y}) = \boldsymbol{x} \cdot \boldsymbol{y}$$

が成り立つ．つまり，直交行列が定める線形変換* は内積を保つ．

証明 定理 7.4 より，

$$f_A(\boldsymbol{x}) \cdot f_A(\boldsymbol{y}) = (A\boldsymbol{x}) \cdot (A\boldsymbol{y}) = \boldsymbol{x} \cdot ({}^tAA\boldsymbol{y}) = \boldsymbol{x} \cdot \boldsymbol{y}$$

となるので明らか． ■

この定理の証明を見ても分かるように，任意の 2 点の内積を保つような線形変換 f_A は ${}^tAA = E_n$ を満たさなくてはならない．これが直交行列を考える理由である．次に，対称行列や交代行列，および直交行列の固有値に関する事実を解説しよう．

定理 7.7 A が実正方行列のとき，以下が成り立つ．
(1) A は対称行列 $\Longrightarrow$ A の固有値はすべて実数
(2) A は交代行列 $\Longrightarrow$ A の固有値はすべて純虚数
(3) A は直交行列 $\Longrightarrow$ A の固有値はすべて絶対値が 1 の複素数

証明 (1) $\alpha \in \boldsymbol{C}$ を A の固有値とし，$\boldsymbol{a} \in \boldsymbol{C}^n$ を α に属する A の固有ベクトルとする．すると，$\boldsymbol{C}^n$ の標準内積を考えて*2，

$$(A\boldsymbol{a}) \cdot \boldsymbol{a} = (\alpha\boldsymbol{a}) \cdot \boldsymbol{a} = \alpha(\boldsymbol{a} \cdot \boldsymbol{a}),$$

$$\boldsymbol{a} \cdot ({}^tA\boldsymbol{a}) = \boldsymbol{a} \cdot (A\boldsymbol{a}) = \boldsymbol{a} \cdot (\alpha\boldsymbol{a}) = \bar{\alpha}(\boldsymbol{a} \cdot \boldsymbol{a})$$

であるから，

---

* これを**直交変換**という．

*2 $\boldsymbol{C}^n$ の標準内積は，数ベクトルの成分がすべて実数の場合は $\boldsymbol{R}^n$ の標準内積に一致する．つまり，$\boldsymbol{R}^n$ の標準内積の一般化である．したがって，複素ベクトルを扱う際に $\boldsymbol{C}^n$ の標準内積で考えても，これまでの定義や事実に矛盾することなく，問題ない．

$$\alpha(\boldsymbol{a}\cdot\boldsymbol{a}) = \overline{\alpha}(\boldsymbol{a}\cdot\boldsymbol{a})$$

となる．ここで，$\boldsymbol{a}$ は固有ベクトルであるから，$\boldsymbol{a} \neq \boldsymbol{0}$．よって，$\boldsymbol{a}\cdot\boldsymbol{a} \neq 0$．したがって，$\alpha = \overline{\alpha}$ となり，α は実数である．

(2)　$\alpha \in \boldsymbol{C}$ を A の固有値とするとき，(1) と同様にして，$\alpha = -\overline{\alpha}$ であることが分かり，α は純虚数である．

(3)　$\alpha \in \boldsymbol{C}$ を A の固有値とし，$\boldsymbol{a} \in \boldsymbol{C}^n$ を α に属する A の固有ベクトルとする．すると，$\boldsymbol{C}^n$ の標準内積を考えて，

$$(A\boldsymbol{a})\cdot(A\boldsymbol{a}) = (\alpha\boldsymbol{a})\cdot(\alpha\boldsymbol{a}) = \alpha\overline{\alpha}(\boldsymbol{a}\cdot\boldsymbol{a}),$$
$$(A\boldsymbol{a})\cdot(A\boldsymbol{a}) = {}^t\boldsymbol{a}\,{}^tAA\boldsymbol{a} = {}^t\boldsymbol{a}\boldsymbol{a} = \boldsymbol{a}\cdot\boldsymbol{a}$$

であるから，$\boldsymbol{a}\cdot\boldsymbol{a} \neq 0$ より $\alpha\overline{\alpha} = 1$ となり，$|\alpha| = 1$ である．■

定理 7.8　A を対称行列，もしくは交代行列とする．このとき，A の相異なる固有値に属する固有ベクトルは直交する．

証明　A が対称行列のときを考える．交代行列のときも同様である．α,β を A の相異なる固有値とし，$\boldsymbol{a},\boldsymbol{b}$ をそれぞれ α,β に属する A の固有ベクトルとする．すると，$\boldsymbol{C}^n$ の標準内積を考えて，

$$(A\boldsymbol{a})\cdot\boldsymbol{b} = (\alpha\boldsymbol{a})\cdot\boldsymbol{b} = \alpha(\boldsymbol{a}\cdot\boldsymbol{b}),$$
$$\boldsymbol{a}\cdot({}^tA\boldsymbol{b}) = \boldsymbol{a}\cdot(A\boldsymbol{b}) = \boldsymbol{a}\cdot(\beta\boldsymbol{b}) = \overline{\beta}(\boldsymbol{a}\cdot\boldsymbol{b}) = \beta(\boldsymbol{a}\cdot\boldsymbol{b})$$

である．ここで，A は対称行列であるので，固有値はすべて実数であり，$\overline{\beta} = \beta$ であることに注意する．よって，

$$\alpha(\boldsymbol{a}\cdot\boldsymbol{b}) = \beta(\boldsymbol{a}\cdot\boldsymbol{b})$$

となり，$\alpha \neq \beta$ であるから，$\boldsymbol{a}\cdot\boldsymbol{b} = 0$ を得る．つまり，$\boldsymbol{a}$ と $\boldsymbol{b}$ は直交する．

■

定理 7.9　実 n 次正方行列 A に対して，以下は同値である．

(1)　A は直交行列．

(2)　A の列ベクトル全体は $\boldsymbol{R}^n$ の正規直交基底である．

証明　(1) $\Longrightarrow$ (2)　$A = (a_{ij}) = (\boldsymbol{a}_1 \ \cdots \ \boldsymbol{a}_n)$ を直交行列とする．すると，${}^tAA = E_n$ であるから

$$\sum_{k=1}^{n} a_{ki}a_{kj} = \delta_{ij}$$

となる．これは，$\boldsymbol{a}_i \cdot \boldsymbol{a}_j = \delta_{ij}$ と同値であるので，$\boldsymbol{a}_1,\cdots,\boldsymbol{a}_n$ は正規直交系である．特に，$\boldsymbol{R}^n$ は n 次元のベクトル空間であるから，$\boldsymbol{a}_1,\cdots,\boldsymbol{a}_n$ は正規直交基底である．

(2) $\Longrightarrow$ (1)　$\boldsymbol{a}_1,\cdots,\boldsymbol{a}_n$ は正規直交基底として，$A = (\boldsymbol{a}_1 \ \cdots \ \boldsymbol{a}_n)$ とおくと，上の議論と同様にして，${}^tAA = E_n$ であることが分かり，A は直交行列である．

■

本節の締めくくりとして，以下の定理を示そう．

定理 7.10　対称行列は直交行列を用いて対角化できる．

証明　$A = (a_{ij})$ を n 次対称行列とする．n についての帰納法で示す．$n = 1$ のときは明らか．$n \geq 2$ として，$n - 1$ のとき主張が成り立つと仮定する．α_1 を A の固有値とする．α_1 は実数である．A は実行列であるから，$W_{\alpha_1}(A)$ を $(\alpha_1 E_n - A)\boldsymbol{x} = \boldsymbol{0}$ の解空間とし，その元として，零ベクトルでない実ベクトルがとれる．これを単位ベクトル化したものを $\boldsymbol{p}_1$ とおく．

次に，$\boldsymbol{p}_1$ を含む $\boldsymbol{R}^n$ の基底をとり*，これを正規直交化したものを $\boldsymbol{p}_1,\boldsymbol{p}_2,\cdots,\boldsymbol{p}_n$ とする*2．すると，$P_1 = (\boldsymbol{p}_1 \ \cdots \ \boldsymbol{p}_n)$ とおけば，P_1 は直交行列で，

$$P_1{}^{-1}AP_1 = \begin{pmatrix} \alpha_1 & \boldsymbol{b} \\ O & B \end{pmatrix}$$

となる．ここで，

$${}^t(P_1{}^{-1}AP_1) = {}^tP_1\,{}^tA\,{}^t(P_1)^{-1} = P_1{}^{-1}AP_1$$

であるので，$P_1{}^{-1}AP_1$ は対称行列である．よって，$\boldsymbol{b} = {}^tO = O$，${}^tB = B$ となる．つまり，B も対称行列である．すると，帰納法の仮定によりある $n-1$ 次直交行列 Q が存在して，

* $\boldsymbol{p}_1$ から始めて，$\boldsymbol{p}_1, \boldsymbol{e}_{i_1}$ が 1 次独立になるような基本ベクトル $\boldsymbol{e}_{i_1}$ を選ぶ．次に，$\boldsymbol{p}_1, \boldsymbol{e}_{i_1}, \boldsymbol{e}_{i_2}$ が 1 次独立になるような基本ベクトル $\boldsymbol{e}_{i_2}$ を選ぶ．これを繰り返せばよい．

*2 $\boldsymbol{p}_1$ は長さが 1 であるからそのままであることに注意せよ．

$$Q^{-1}BQ = \begin{pmatrix} \alpha_2 & & O \\ & \ddots & \\ O & & \alpha_n \end{pmatrix}$$

とできる．そこで，

$$P_2 = \begin{pmatrix} 1 & O \\ O & Q \end{pmatrix}, \qquad P = P_1P_2$$

とおくと，P は直交行列で，

$$P^{-1}AP = {P_2}^{-1}{P_1}^{-1}AP_1P_2 = {P_2}^{-1}\begin{pmatrix} \alpha_1 & O \\ O & B \end{pmatrix}P_2$$

$$= \begin{pmatrix} \alpha_1 & O \\ O & Q^{-1}BQ \end{pmatrix} = \begin{pmatrix} \alpha_1 & 0 & \cdots & 0 \\ 0 & \alpha_2 & \ddots & \vdots \\ \vdots & \ddots & \ddots & 0 \\ 0 & \cdots & 0 & \alpha_n \end{pmatrix}$$

となる．よって帰納法が進む．■

例題 7.3　3 次対称行列

$$A = \begin{pmatrix} 0 & 0 & 1 \\ 0 & 1 & 0 \\ 1 & 0 & 0 \end{pmatrix}$$

を直交行列を用いて対角化せよ．

解答　A の固有多項式は $F_A(x) = (x+1)(x-1)^2$ となるので，A の固有値は ± 1．固有値 1 に属する固有空間は $(A - E_3)\boldsymbol{x} = \boldsymbol{0}$ の解空間であり，基本解として

$$\begin{pmatrix} 1 \\ 0 \\ 1 \end{pmatrix}, \qquad \begin{pmatrix} 0 \\ 1 \\ 0 \end{pmatrix}$$

がとれる．また，固有値 -1 に属する固有ベクトルとして

$$\begin{pmatrix} 1 \\ 0 \\ -1 \end{pmatrix}$$

がとれる．これらはすでに直交系であるから*，それぞれ単位ベクトル化を行い，

$$\boldsymbol{p}_1 = \frac{1}{\sqrt{2}}\begin{pmatrix}1\\0\\1\end{pmatrix}, \quad \boldsymbol{p}_2 = \begin{pmatrix}0\\1\\0\end{pmatrix}, \quad \boldsymbol{p}_3 = \frac{1}{\sqrt{2}}\begin{pmatrix}1\\0\\-1\end{pmatrix}$$

とおいて $P = (\boldsymbol{p}_1\ \ \boldsymbol{p}_2\ \ \boldsymbol{p}_3)$ とすると，P は直交行列で

$$P^{-1}AP = \begin{pmatrix}1 & 0 & 0\\0 & 1 & 0\\0 & 0 & -1\end{pmatrix}$$

となる． ◈

実 2 次形式の最大値，最小値

ここまで学修したことの幾何学的な応用の 1 つとして，実 2 次形式の最大値，最小値を求める問題を考えてみよう．a,b,c を実数とするとき，

$$f(x,y) = ax^2 + 2bxy + cy^2$$

なる形の 2 変数多項式は，$\boldsymbol{x} = \begin{pmatrix}x\\y\end{pmatrix} \in \boldsymbol{R}^2$ なる形の数ベクトルを用いて，

$$f(x,y) = {}^t\boldsymbol{x}\begin{pmatrix}a & b\\b & c\end{pmatrix}\boldsymbol{x}$$

と表せる．実際，右辺を計算すれば，

$$\text{右辺} = (ax + by \quad bx + cy)\begin{pmatrix}x\\y\end{pmatrix} = ax^2 + 2bxy + cy^2$$

となる．そこで，これを一般の変数の場合に拡張しよう．特に，行列 $\begin{pmatrix}a & b\\b & c\end{pmatrix}$ が対称行列であることに注意して，$A = (a_{ij})$ を n 次対称行列とするとき，

$\boldsymbol{x} = \begin{pmatrix}x_1\\\vdots\\x_n\end{pmatrix} \in \boldsymbol{R}^n$ に対して，

---

* これはたまたまである．もしこの時点で直交系でなければ，グラム・シュミットの直交化法を使って直交化する必要がある．

$$\begin{aligned} Q_A(\boldsymbol{x}) &:= {}^t\boldsymbol{x}A\boldsymbol{x} = \sum_{i=1}^{n} a_{ii}{x_i}^2 + 2\sum_{i<j} a_{ij}x_ix_j \\ &= a_{11}{x_1}^2 + a_{22}{x_2}^2 + \cdots + a_{nn}{x_n}^2 \\ &\qquad + 2a_{12}x_1x_2 + 2a_{13}x_1x_3 + \cdots + 2a_{n-1n}x_{n-1}x_n \end{aligned}$$

を変数 $x_1,\cdots,x_n$ についての**実 2 次形式**という.

ここでは, ${x_1}^2 + \cdots + {x_n}^2 = 1$ という条件のもとで, $Q_A(\boldsymbol{x})$ の最大値, 最小値を求めることを考える. まず, A は対称行列であるから, 定理 7.7 より固有値はすべて実数である. そこで, A の固有値の全体を (重複度も込めて) $\alpha_1,\cdots,\alpha_n \in \boldsymbol{R}$ とおき, これらの最大値, 最小値をそれぞれ M, m とおく. このとき, 以下が成り立つ.

定理 7.11 上の記号のもと, ${x_1}^2 + \cdots + {x_n}^2 = 1$ という条件のもとで, $Q_A(\boldsymbol{x})$ の最大値, 最小値はそれぞれ M, m に等しい.

証明 $n = 3$ の場合を考えよう. そのほかの場合もまったく同様である. まず, A は対称行列なので, ある直交行列 P を用いて対角化できる. このとき, 必要であれば固有値の番号を付け替えて,

$$P^{-1}AP = \begin{pmatrix} \alpha_1 & 0 & 0 \\ 0 & \alpha_2 & 0 \\ 0 & 0 & \alpha_3 \end{pmatrix}$$

としても一般性を失わない. そこで,

$$\boldsymbol{y} = \begin{pmatrix} y_1 \\ y_2 \\ y_3 \end{pmatrix} = {}^tP\boldsymbol{x}$$

とおくと, ${}^tP = P^{-1}$ に注意して,

$$\begin{aligned} Q_A(\boldsymbol{x}) &= {}^t\boldsymbol{x}A\boldsymbol{x} = {}^t\boldsymbol{x}P({}^tPAP)\,{}^tP\boldsymbol{x} = {}^t\boldsymbol{y}({}^tPAP)\boldsymbol{y} \\ &= \alpha_1{y_1}^2 + \alpha_2{y_2}^2 + \alpha_3{y_3}^2 \end{aligned}$$

となる. よって,

$$m({y_1}^2 + {y_2}^2 + {y_3}^2) \leq Q_A(\boldsymbol{x}) \leq M({y_1}^2 + {y_2}^2 + {y_3}^2)$$

を得る. さらに, $\|\boldsymbol{x}\|^2 = 1$ であるから,

$${y_1}^2 + {y_2}^2 + {y_3}^2 = \boldsymbol{y}\cdot\boldsymbol{y} = ({}^tP\boldsymbol{x})\cdot({}^tP\boldsymbol{x}) = \boldsymbol{x}\cdot\boldsymbol{x} = 1$$

である．よって，$m \leq Q_A(\boldsymbol{x}) \leq M$ を得る．

最後に，$Q_A(\boldsymbol{x})$ が値 M, m をとることを示そう．いま，$M = \alpha_i$ とすると，$\boldsymbol{x} = P\boldsymbol{e}_i$ とおけば $\boldsymbol{y} = \boldsymbol{e}_i$ であり，このとき，$Q_A(\boldsymbol{x}) = \alpha_i = M$ である．同様に，$m = \alpha_j$ とすると，$\boldsymbol{x} = P\boldsymbol{e}_j$ とおけば，$Q_A(\boldsymbol{x}) = m$ となる．これより求める結果を得る． ■

例題 7.4 実数 x, y が $x^2 + y^2 = 1$ を満たしながら動くとき，$2x^2 + 4xy - y^2$ の最大値，最小値を求め，それらを与える (x, y) を1つずつ求めよ．

解答 $A = \begin{pmatrix} 2 & 2 \\ 2 & -1 \end{pmatrix}$ とおいて，条件 $x^2 + y^2 = 1$ のもと，$Q_A(\boldsymbol{x})$ の最大値，最小値を求める．A の固有値は $3, -2$ であるから，最大値は3で，最小値は -2 である．

最大値，最小値を与える (x, y) を求めるために，A を対角化する直交行列 P を求めよう．A の固有値 $3, -2$ に属する固有空間の基底として，それぞれ $\begin{pmatrix} 2 \\ 1 \end{pmatrix}$, $\begin{pmatrix} -\frac{1}{2} \\ 1 \end{pmatrix}$ がとれる．これらはすでに直交系なので単位ベクトル化すれば，A の固有ベクトルからなる $\boldsymbol{R}^2$ の正規直交基底

$$\boldsymbol{p}_1 = \frac{1}{\sqrt{5}}\begin{pmatrix} 2 \\ 1 \end{pmatrix}, \qquad \boldsymbol{p}_2 = \frac{1}{\sqrt{5}}\begin{pmatrix} -1 \\ 2 \end{pmatrix}$$

が得られる．このとき，$P = (\boldsymbol{p}_1 \ \ \boldsymbol{p}_2)$ とおけば，$P^{-1}AP = \begin{pmatrix} 3 & 0 \\ 0 & -2 \end{pmatrix}$ である．よって，$\boldsymbol{x} = P\boldsymbol{e}_1 = \boldsymbol{p}_1$ のとき，$Q_A(\boldsymbol{x})$ は最大値をとる．すなわち，$(x, y) = \left(\frac{2}{\sqrt{5}}, \frac{1}{\sqrt{5}}\right)$ のとき最大値3をとる．同様に，$(x, y) = \left(-\frac{1}{\sqrt{5}}, \frac{2}{\sqrt{5}}\right)$ のとき最小値 -2 をとる． ◆

例題 7.5 実数 x, y, z が $x^2 + y^2 + z^2 = 1$ を満たしながら動くとき，$x^2 + y^2 + z^2 + 2xy + 2xz + 2yz$ の最大値，最小値を求め，それらを与える (x, y, z) を1つずつ求めよ．

解答　$A = \begin{pmatrix} 1 & 1 & 1 \\ 1 & 1 & 1 \\ 1 & 1 & 1 \end{pmatrix}$ とおいて，条件 $x^2+y^2+z^2=1$ のもと，$Q_A(\boldsymbol{x})$ の最大値，最小値を求める．A の固有値は 0,3 であるから，最大値は 3 で，最小値は 0 である．

最大値，最小値を与える (x,y,z) を求めるために，A を対角化する直交行列 P を求めよう．A の固有値 0 に属する固有空間の基底として，$\begin{pmatrix} -1 \\ 1 \\ 0 \end{pmatrix}$, $\begin{pmatrix} -1 \\ 0 \\ 1 \end{pmatrix}$ がとれる．これらを正規直交化して

$$\boldsymbol{p}_1 = \frac{1}{\sqrt{2}}\begin{pmatrix} -1 \\ 1 \\ 0 \end{pmatrix}, \quad \boldsymbol{p}_2 = \frac{1}{\sqrt{6}}\begin{pmatrix} -1 \\ -1 \\ 2 \end{pmatrix}$$

となる．固有値 3 に属する固有空間の基底として $\begin{pmatrix} 1 \\ 1 \\ 1 \end{pmatrix}$ がとれるので正規直交化（この場合は単位ベクトル化）して

$$\boldsymbol{p}_3 = \frac{1}{\sqrt{3}}\begin{pmatrix} 1 \\ 1 \\ 1 \end{pmatrix}$$

となる．このとき，$\boldsymbol{p}_1, \boldsymbol{p}_2, \boldsymbol{p}_3$ は A の固有ベクトルからなる $\boldsymbol{R}^3$ の正規直交基底で，$P = (\boldsymbol{p}_1 \ \ \boldsymbol{p}_2 \ \ \boldsymbol{p}_3)$ とおけば，$P^{-1}AP = \begin{pmatrix} 0 & 0 & 0 \\ 0 & 0 & 0 \\ 0 & 0 & 3 \end{pmatrix}$ である．よって，$(x,y,z) = \left(\frac{1}{\sqrt{3}}, \frac{1}{\sqrt{3}}, \frac{1}{\sqrt{3}}\right)$ のとき最大値 3 をとり，$(x,y,z) = \left(-\frac{1}{\sqrt{2}}, \frac{1}{\sqrt{2}}, 0\right)$ のとき最小値 0 をとる*．◆

---

* もちろん，$(x,y,z) = \left(-\frac{1}{\sqrt{6}}, -\frac{1}{\sqrt{6}}, \frac{2}{\sqrt{6}}\right)$ のときも最小値 0 をとる．

演習問題 7.3

7.3.1 A を n 次正方行列とする.

(1) $A + {}^tA$ は対称行列であることを示せ.

(2) $A - {}^tA$ は交代行列であることを示せ.

7.3.2 A を (m,n) 行列とするとき, $B = A\,{}^tA$ は対称行列であることを示せ.

7.3.3 以下の行列 A が直交行列になるように, a,b,c の値を定めよ.

(1) $\begin{pmatrix} a & 2b \\ a & c \end{pmatrix}$ (2) $\begin{pmatrix} -a & -2a & -a \\ -b & 0 & b \\ c & -c & c \end{pmatrix}$

7.3.4 以下の対称行列 A を直交行列を用いて対角化せよ.

(1) $\begin{pmatrix} 1 & 1 \\ 1 & 1 \end{pmatrix}$ (2) $\begin{pmatrix} 2 & -1 \\ -1 & 2 \end{pmatrix}$ (3) $\begin{pmatrix} 0 & 0 & 1 \\ 0 & 1 & 0 \\ 1 & 0 & 0 \end{pmatrix}$

(4) $\begin{pmatrix} 1 & 0 & 1 \\ 0 & 1 & 0 \\ 1 & 0 & 1 \end{pmatrix}$

7.3.5 (1) 実数 x,y が $x^2 + y^2 = 1$ を満たしながら動くとき, $x^2 + 2xy + y^2$ の最大値, 最小値を求め, それらを与える (x,y) を 1 つずつ求めよ.

(2) 実数 x,y,z が $x^2 + y^2 + z^2 = 1$ を満たしながら動くとき, $x^2 + y^2 + z^2 + 2xz$ の最大値, 最小値を求め, それらを与える (x,y,z) を 1 つずつ求めよ.

Appendix

付　録

この章では，本書を読み進める際に必要となる論理と集合，および写像に関して簡単にまとめておく．主に，[21]，[22]，[20]，および [19] を参考にしたので，深く興味を持たれた方は参考にしてほしい．

A.1 論　理

本講の目標

- **命題**，**十分条件**，**必要条件**，**真偽表**を復習する．

論理学とは英語で logic といい，ギリシャ語の $\lambda o \gamma o \sigma$ から来ている．その意味は，とりわけ科学的な方法による推論と思考であり，哲学の一分野として位置付けられているようである．本節では，数学の理論や証明に用いるような論理のうち，最も基本的で重要なものを復習する．

成り立つか成り立たないかを絶対的に判定できる主張のことを**命題**という．たとえば，以下の主張を考えてみよう．

(P1)　明日は晴れる．

(P2)　日本からドイツは遠い．

(P3)　整数 4 は小さい．

(P4)　整数 4 と 5 は通常の加法に関して交換可能である*．

*　$4+5=5+4$ ということ．

この中で命題と呼べるのは (P4) のみである．(P1) はエスパーでない限り判定できない．(P2) は個人の主観によるもので，絶対的に判定することはできない．もちろん,「何キロメートル以上離れていれば遠いとする」というような,「遠い」の定義が辞書にあれば別だが，そんな話は聞いたことがない．(P3) についても同様である．

与えられた命題が成り立つとき，その命題は**真**であるといい，成り立たないとき，**偽**であるという．上の例において，(P4) は真である*.

論理学では，複雑な命題を記号を用いて表すと大変簡明であり，理解しやすい．これは論理学に限らず数学全般にいえることでもある．ここでは命題を，記号を用いて表す場合には P, Q などの文字を用いて表すことにする．命題 P の**否定**を $\sim P$ で表す．上記 (P4) の命題 P に関して，$\sim P$ は,「整数 4 と 5 は通常の加法に関して交換可能ではない.」となり，これは明らかに偽である．

次に,「n は 5 の倍数である.」という主張を考えてみよう．これだけでは主張が成り立つかどうかは判定できないので，これは命題ではない．そこで，このような主張を**条件**という．命題同様，条件も P や Q などの文字を用いて表し，条件の否定も $\sim P$ や $\sim Q$ と表すことにする．論理学では，ある条件 P を仮定したときに，別の条件 Q が成り立つかどうかという命題を考えることができる．このとき，その命題を P **ならば** Q といい，模式的に $P \Longrightarrow Q$ と表す．たとえば，

(P5)　n は 10 の倍数である．

(P6)　n は 5 の倍数である．

という条件に対して，(P5) $\Longrightarrow$ (P6) という命題を考えることができる．もちろん，この命題は真である．一般に，命題 $P \Longrightarrow Q$ が成り立つとき，P は Q であるための**十分条件**といい，Q は P であるための**必要条件**という*2．上の例では，(P5) は (P6) であるための十分条件であるが，必要条件ではない．たとえば，15 は 5 の倍数だが，10 の倍数ではない．

---

*　どうしてだか説明できますか．

*2 高校時代の先生に，Q が成り立つためには P が成り立てば「十分」，P が成り立つためには Q であることが「必要」と教わったことを覚えている．

条件 P, Q に対して，「P **ならば** Q」かつ「Q **ならば** P」が成り立つとき，P は Q であるための**必要十分条件**といい，$P \Longleftrightarrow Q$ と表す．同様に，Q は P であるための必要十分条件ともいう．このとき，P と Q は条件として同値なものと考えることができる．

条件 P, Q に対して，P と Q の主張を同時に主張するとき，P **かつ** Q といい，$P \wedge Q$ と表す．また，P と Q の主張のどちらか一方を主張するとき，P **または** Q といい，$P \vee Q$ と表す．たとえば，条件

(P7)　x は有理数である．

(P8)　x は無理数である．

を考えるとき，(P7) $\wedge$ (P8) は「x は有理数かつ無理数である．」であり，(P7) $\vee$ (P8) は「x は有理数または無理数である．」となる．条件を考える際に，以下のような平面上の集合としてとらえる[*]と理解が早い．

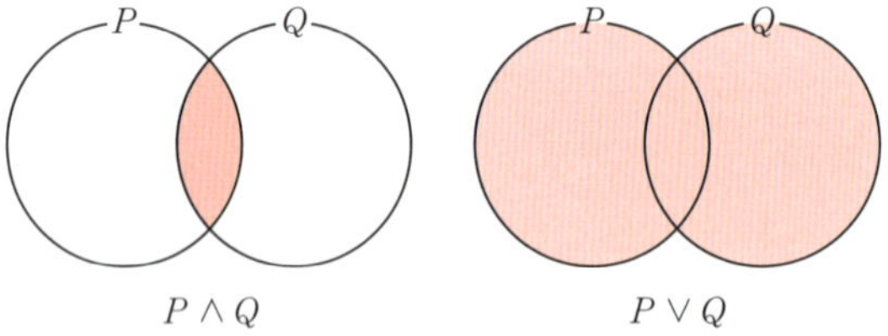

図 A.1

記号 $\sim$，$\Longrightarrow$，$\Longleftrightarrow$，$\wedge$，$\vee$ をまとめて**論理作用素**という．明らかに，

$$P \vee Q \Longleftrightarrow Q \vee P, \qquad P \wedge Q \Longleftrightarrow Q \wedge P$$

である．有名なド・モルガンの法則は論理作用素を用いると以下のように表される．

$$\sim(P \vee Q) \Longleftrightarrow (\sim P) \wedge (\sim Q), \qquad \sim(P \wedge Q) \Longleftrightarrow (\sim P) \vee (\sim Q).$$

たとえば，命題 (P7), (P8) を考える．すると，

$\sim$(P7) $\Longleftrightarrow$ x は有理数ではない．

$\sim$(P8) $\Longleftrightarrow$ x は無理数ではない．

$\sim$((P7) $\vee$ (P8)) $\Longleftrightarrow$ x は有理数でも無理数でもない．

---

*　ベン図ともいう．

$\sim((\mathrm{P7}) \wedge (\mathrm{P8})) \iff x$ は有理数ではないか，または無理数ではない．

となる．ベン図を描いても同様に理解できる．ここで，論理作用素の簡単な例題を考えてみよう．

例題 A.1 P, Q を命題とする．

(1) 「P かつ『Q でない』」を論理作用素を用いて表せ．

(2) 「『P かつ Q』でない」を論理作用素を用いて表せ．

解答 (1) $P \wedge (\sim Q)$，(2) $\sim(P \wedge Q)$． ◆

例題 A.2 P, Q を命題とし，$P \triangle Q$ を「P であって Q でない」または「Q であって P でない」と定義するとき，これを P，Q，$\wedge$，$\vee$，$\sim$ で表せ．

解答 ベン図を描くとよい．これは，「P または Q」かつ，「『P かつ Q』でない」という主張であるから，$P \triangle Q \iff (P \vee Q) \wedge \sim(P \wedge Q)$ となる．

◆

さて，$\star$ を論理作用素とする．条件 P, Q に対し，P と Q の各々が成り立つかどうかに応じて，条件 $P \star Q$ が成り立つかどうかを判定する命題を考えよう．条件 P が成り立つとき数字の 1 を割り当て，P が成り立たないとき数字の 0 を割り当てる．このとき，命題 $P \star Q$ の真偽を判定したい．まず，直感的な考察から，以下の表が成り立つことは明らかであろう．

P	Q	$P \vee Q$
1	1	1
1	0	1
0	1	1
0	0	0

P	Q	$P \wedge Q$
1	1	1
1	0	0
0	1	0
0	0	0

一般に，このような表を**真偽表**という．

ここで，いくつか用語を定義しよう．命題 $P \Longrightarrow Q$ が与えられているとき，命題 $Q \Longrightarrow P$，$\sim P \Longrightarrow \sim Q$，$\sim Q \Longrightarrow \sim P$ をそれぞれ，**逆**，**裏**，**対偶**という．たとえば，条件

(P9)　x は整数．

(P10)　x は有理数.

を考えてみよう．このとき，命題 (P9) $\Longrightarrow$ (P10) は，「x が整数であれば有理数である.」であり，この逆，裏，対偶はそれぞれ，

$$(\mathrm{P10}) \Longrightarrow (\mathrm{P9}) \iff x \text{ が有理数であれば整数である.}$$
$$\sim(\mathrm{P9}) \Longrightarrow \sim(\mathrm{P10}) \iff x \text{ が整数でなければ有理数でない.}$$
$$\sim(\mathrm{P10}) \Longrightarrow \sim(\mathrm{P9}) \iff x \text{ が有理数でなければ整数でない.}$$

となる．

数学では，与えられた 2 つの条件 P,Q が同値かどうかを考える上で，$P \Longrightarrow Q$ が成り立つとき，その逆が成り立つかどうかを考えることがよくある．また，上の例からも分かるように，一般に，命題 $P \Longrightarrow Q$ が真であれば，その対偶命題 $\sim Q \Longrightarrow \sim P$ も真になるということは特に注目すべき事実である．与えられた命題を証明する際に，その対偶を証明するほうが簡単なことがしばしばあり，場合によって使い分けることが大切である．与えられた命題の裏を考えることはほとんどないので，初学者はあまり気にしなくてもよいかもしれない．

さて，条件 P,Q が与えられたときに，命題 $P \Longrightarrow Q$ の真偽表は以下の表のようになる．

P	Q	$P \Rightarrow Q$
1	1	1
1	0	0
0	1	1
0	0	1

条件 Q が常に成り立てば，P が成り立とうがなかろうが $P \Longrightarrow Q$ は常に真となることは直感的にも明らかであろう．また，P が成り立っても Q が成り立たなければ，$P \Longrightarrow Q$ が偽であることも難なく分かるであろう．では，P と Q がともに偽であるとき，$P \Longrightarrow Q$ が真であるのはどうしてだろうか．これは対偶を考えるとわかりやすい．つまり，$\sim Q \Longrightarrow \sim P$ が真であれば，その対偶である $P \Longrightarrow Q$ も真である．ところが，いま，$\sim P$ が成り立つので，$\sim Q$ が成り立つかどうかにかかわらず $\sim Q \Longrightarrow \sim P$ は真である．よって，

$P \Longrightarrow Q$ も真である．また，この表から，前提となる条件 P が成り立たなければ，証明したい主張 Q の内容いかんにかかわらずその命題は常に真となることも分かる．

最後に背理法について考えてみよう．背理法とは数学の証明で用いる手法であり，ある事実 P' を証明したいときに，$P = \sim P'$ を仮定して，ある事実 Q' とその事実の否定 $\sim Q'$ が同時に成り立つことを示す．すなわち，模式的に表すと，

$$\sim P' \Longrightarrow Q' \wedge (\sim Q')$$

を示すことである．もちろん，$Q = Q' \wedge (\sim Q')$ は常に偽であるので，$P \Longrightarrow Q$ が成り立つのは前ページの表から P が成り立たない場合のみである．すなわち，P' が成り立つことが示される*．

演習問題 A.1

A.1.1 以下のうち命題はどれか．また，命題であるものについてはその真偽を判定せよ．

(1) 自然数は整数である．

(2) $\sqrt{2}$ は有理数である．

(3) a は方程式 $x^2 + 3x + 4 = 0$ の解である．

(4) 2 次正方行列 A,B に対して，$AB = BA$ である．

A.1.2 以下の文中の空欄に最も適した語句を答えよ．

(1) $x > 0$ は $x^2 > 0$ であるための［　　　］条件である．

(2) x,y,z を自然数とする．$x^2 + y^2 = z^2$ は $(x,y,z) = (3,4,5)$ であるための［　　　］条件である．

(3) $xy = 0$ は「$x = 0$ または $y = 0$」であるための［　　　］条件である．

A.1.3 条件 P,Q に対して，(1) 命題 $Q \Longrightarrow P$，および (2) 命題 $\sim P \Longrightarrow \sim Q$ の真偽表を書き下せ．

---

* 背理法は間違ってはいないが，あり得ないことを仮定するので，なかなか直感が働かず，初学者には理解しにくい場合があるかもしれない．

A.2 集　合

■本講の目標■

- **集合**の定義と和集合，共通部分，直積などの演算について復習する．
- 2つの集合が**等しい**ということがどういうことかを理解する．

数学的に考える対象がはっきりと定まる集まりのことを**集合**という．たとえば，2以上の整数全体や，面積が5以上の座標平面内の円全体などは集合である．ところが，かなり大きい人全体や背の高い人全体などといった集まりは個人の主観によりはっきりと定まる概念ではない．したがってこれらは集合とは呼ばない．集合に属する対象を**元**（または**要素**）という．慣習的に，集合は A，B などの大文字で表し，元は a，b などの小文字で表すことが多い．元 a が集合 A に属することを $a \in A$ と表す*．また，a が集合 A に属さないことを $a \notin A$ と表す．たとえば，$5 \in \boldsymbol{Z}$，$\dfrac{1}{2} \notin \boldsymbol{Z}$，$\dfrac{1}{2} \in \boldsymbol{R}$ である．

集合の表し方にはいくつかの方法がある．一番明示的な方法は，集合に含まれる元をすべて書き下す記法である．たとえば，1以上7以下の自然数全体の集合は $\{1,2,3,4,5,6,7\}$ と表される．ただし，元をすべて明示すると表記が長くなるので，その場合は，

$$\{1,2,\cdots,7\} = \{1,2,3,4,5,6,7\}$$

と略記することが多い．また，元を明示的に書いて集合を表す場合，元の並んでいる順番は考慮せず，元の重複は省略してもよいこととする．たとえば，

$$\{1,2,3\} = \{3,2,1\} = \{1,1,2,3,3\}$$

である．また，集合を表す記法として，ある集合と元が満たす条件を書く方法がある．すなわち，

$$A = \{x \in B \mid x \text{ は条件 } P \text{ を満たす}\}$$

と書いたら，A は集合 B の元であって，条件 P を満たすような元の集まりである．

---

* $A \ni a$ も同じ意味を表す．

例 A.1 たとえば，3 以下の自然数全体の集合は，

$$\{1,2,3\} = \{n \in \boldsymbol{N} \mid n \leq 3\} = \{x \in \boldsymbol{R} \mid (x-1)(x-2)(x-3) = 0\}$$

などと表される． ◆

集合 A に含まれる元の個数が有限であるとき，A を**有限集合**といい，A に含まれる元の個数が無限であるとき，A を**無限集合**という．$\{1,2,3\}$ は有限集合であり，$\boldsymbol{Z}$ や $\boldsymbol{R}$ は無限集合である．便宜上，元を 1 つも持たない集合を考え，これを**空集合**といい，$\emptyset$ と表す．たとえば，

$$\{x \in \boldsymbol{R} \mid x^2 = -1\} = \emptyset$$

である．

2 つの集合 A,B がまったく同じ元からなるとき，すなわち，

$$x \in A \iff x \in B$$

となるとき，集合 A と B は**等しい**といい，$A = B$ と表す．2 つの集合 A,B に対して，集合 A のどの元も集合 B に属するとき，A は B の**部分集合**であるといい，$A \subset B$ と表す*．$A \subset B$ でないとき，$A \not\subset B$ と表す．このとき，

$$A = B \iff A \subset B \text{ かつ } A \supset B$$

が成り立つ．

学生からの質問で，証明問題で何をしていいのかさっぱり分からないという声を聞くことがある．与えられた 2 つの集合が等しいことを示すには，両方向の包含関係を示すことだとしっかり覚えておこう．どのような場合であってもこれが基本である．片方の包含関係しか示されていない答案をよく見かけることがある．

空集合は任意の集合の部分集合と考える．すなわち，集合 A に対して，$\emptyset \subset A$ である．よって，以下の例が得られる．

$$\emptyset \subset \{1,2,3\} \subset \{1,2,\cdots,100\} \subset \boldsymbol{N} \subset \boldsymbol{Z} \subset \boldsymbol{Q} \subset \boldsymbol{R}.$$

A,B を集合とする．

- A の元と B の元をすべて合わせて得られる集合を A と B の**和集合**とい

* $B \supset A$ も同じ意味である．

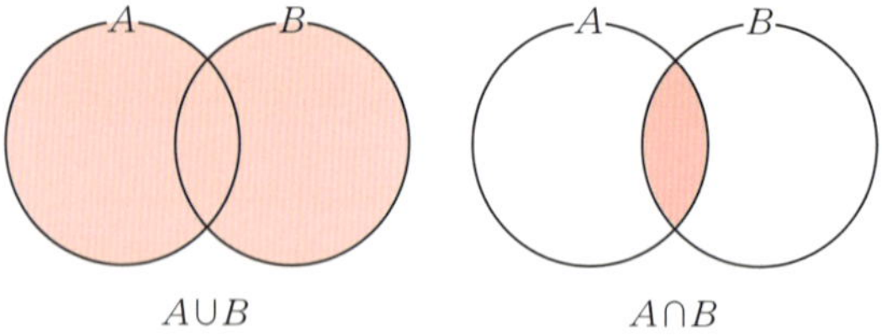

図 A.2

い，$A \cup B$ と表す．すなわち，

$$A \cup B = \{x \mid x \in A \text{ または } x \in B\}.$$

- A にも B にも属する元全体の集合を A と B の**共通部分**といい，$A \cap B$ と表す．すなわち，

$$A \cap B = \{x \mid x \in A \text{ かつ } x \in B\}.$$

- A には属すが B には属さない元全体の集合を A と B の**差集合**といい，$A \setminus B$ と表す．すなわち，

$$A \setminus B = \{x \mid x \in A \text{ かつ } x \notin B\}.$$

- A の元と B の元の対全体の集合を A と B の**直積集合**といい，$A \times B$ と表す．すなわち，

$$A \times B = \{(a,b) \mid a \in A,\ b \in B\}.$$

同様に，有限個の集合 $A_1, A_2, \cdots, A_n$ に対して，それらの直積

$$A_1 \times A_2 \times \cdots \times A_n := \{(a_1, a_2, \cdots, a_n) \mid a_i \in A_i,\ 1 \leq i \leq n\}$$

も定義される．特に，$A_1 = A_2 = \cdots = A_n = A$ のとき，$A_1 \times A_2 \times \cdots \times A_n = A^n$ と略記する．

以下の定理は直感的にも明らかであろう．

定理 A.1　集合 A, B, C に対して以下が成り立つ．

(1)　$A \subset A \cup B$,　$B \subset A \cup B$

(2)　$A \cap B \subset A$,　$A \cap B \subset B$

(3)　$A \cup B = B \cup A$,　$A \cap B = B \cap A$

(4)　$(A \cup B) \cup C = A \cup (B \cup C)$,　$(A \cap B) \cap C = A \cap (B \cap C)$

和集合や共通部分，直積に関しては以下のような分配法則が成り立つ．

定理 A.2 集合 A,B,C に対して以下が成り立つ．

(1) $A \cup (B \cap C) = (A \cup B) \cap (A \cup C)$

(2) $A \cap (B \cup C) = (A \cap B) \cup (A \cap C)$

(3) $A \times (B \cap C) = (A \times B) \cap (A \times C)$

(4) $A \times (B \cup C) = (A \times B) \cup (A \times C)$

✓**注意** （**ラッセルのパラドックス**） 集合の集まりは集合になるだろうか．一般にこれは正しくない．これを示してみよう．

自分自身を要素として含む集合を第1種の集合と呼び，自分自身を要素として含まない集合を第2種の集合と呼ぶことにする*．任意の集合は第1種か第2種のどちらかであり，第1種かつ第2種ということはない．第2種の集合の集まりを $\mathcal{X}$ とおく．これが集合ではないことを示そう．

$\mathcal{X}$ が集合とすると，第1種か第2種ということになる．もし第1種だとすると，$\mathcal{X}$ は自分自身を要素として含んでいるので，$\mathcal{X} \in \mathcal{X}$ が成り立つ．ところが，これは $\mathcal{X}$ が第2種ということを示しており，$\mathcal{X}$ が第1種かつ第2種となって矛盾である．一方，$\mathcal{X}$ が第2種と仮定すると，$\mathcal{X}$ は自分自身を要素として含まないので，$\mathcal{X} \notin \mathcal{X}$ が成り立つ．ところが，これは $\mathcal{X}$ は第2種ではないことを示しており，したがって第1種ということになる．よって，やはり第1種かつ第2種となって矛盾である．

このように，あまりに一般的な集合の集まりを考えると問題が生じるので注意が必要である．ただ，通常ではこのような問題を懸念するような状況に遭遇することはないので，あまり深く気にせずともさほど問題はない．

演習問題 A.2

A.2.1 A,B を集合とする．任意の $a \in A$ に対して，$a \in B$ が成り立っている．これを示すものは以下のうちどれか．

$$A \subset B, \quad A = B, \quad A \cup B$$

A.2.2 A,B を空でない集合とする．このとき，

$$(A \times B) \cup (B \times A) = C \times C$$

となる集合 C が存在すれば，$A = B = C$ となることを示せ．

---

* 第1種の集合を具体的に見たことはないが，概念的に考察することは可能であるので便宜的に考察する．

A.2.3　A,B,C を集合とする．以下の等式を示せ．

(1)　$(A \setminus C) \cap (B \setminus C) = (A \cap B) \setminus C$

(2)　$A \cup B = (A \setminus B) \cup (B \setminus A) \cup (A \cap B)$

A.3 写　像

本講の目標

- **写像の像**と**逆像**について復習する．
- 写像と集合の演算(和集合，共通部分など)の関係について復習する．
- 写像の**全射**と**単射**について理解する．

A,B を集合とする．集合 A の各元 a に対して，集合 B の元 $f(a)$ がただ1つ対応しているとき，この対応の規則を**写像**といい，

$$\begin{array}{cccc} f: & A & \to & B \\ & \rotatebox{90}{$\in$} & & \rotatebox{90}{$\in$} \\ & a & \mapsto & f(a) \end{array}$$

と表す．元の対応を省略するときは，単に $f:A \to B$ とも書く．このとき，A を f の**定義域**といい，B を f の**終域**という．

例 A.2　(1)　任意の実数 $x \in \boldsymbol{R}$ に対して，実数 $x^2 \in \boldsymbol{R}$ を対応させる規則 $f:\boldsymbol{R} \to \boldsymbol{R}$ は写像であり，$f(x) = x^2$ である．

(2)　任意の正の実数 $x \in \boldsymbol{R}_{>0}$ に対して，$y^2 = x$ となる実数 $y \in \boldsymbol{R}$ を対応させる規則は写像ではない．実際，各 x に対して y は $\pm\sqrt{x}$ となり一意的に定まらない．◆

写像 $f:A \to B$ に対して，B が $\boldsymbol{R}$ や $\boldsymbol{C}$ の部分集合であるときは**関数**と呼ぶことがある．

集合 A から集合 B への 2 つの写像 $f,g:A \to B$ を考える．すべての $a \in A$ に対して，$f(a) = g(a)$ が成り立つとき，f と g は写像として**等しい**といい，$f = g$ と表す．

$f:A \to B$ を写像とする．

- A の部分集合 A' に対して[*],
$$f(A') := \{f(a) \mid a \in A'\}$$
を A' の f による**像**という.
- B の部分集合 B' に対して[*2],
$$f^{-1}(B') := \{a \in A \mid f(a) \in B'\}$$
を B' の f による**逆像**という.

たとえば, $f : \boldsymbol{R} \to \boldsymbol{R}$ を $f(x) = x^2$ で定まる写像とするとき,
$$f([-3,1]) = [0,9], \qquad f^{-1}([-1,1]) = [0,1]$$
である.

定理 A.3 $f : A \to B$ を写像とし, $A_1, A_2 \subset A$, $B_1, B_2 \subset B$ とする. このとき, 以下が成り立つ.

(1) $f(A_1 \cup A_2) = f(A_1) \cup f(A_2)$

(2) $f(A_1 \cap A_2) \subset f(A_1) \cap f(A_2)$

(3) $A_1 \subset f^{-1}(f(A_1))$

(4) $f(A_1) \setminus f(A_2) \subset f(A_1 \setminus A_2)$

(5) $f^{-1}(B_1 \cup B_2) = f^{-1}(B_1) \cup f^{-1}(B_2)$

(6) $f^{-1}(B_1 \cap B_2) = f^{-1}(B_1) \cap f^{-1}(B_2)$

(7) $f(f^{-1}(B_1)) \subset B_1$

(8) $f^{-1}(B_1) \setminus f^{-1}(B_2) = f^{-1}(B_1 \setminus B_2)$

上の定理において, (2), (3), (4), (7) の等号は一般には成り立たない. これは以下の簡単な例からも分かる.

例 A.3 $f : \boldsymbol{R} \to \boldsymbol{R}$ を $f(x) = x^2$ で定まる写像とし,
$$A_1 = [-3,1], \qquad A_2 = [-1,2], \qquad B_1 = [-1,1]$$
とおくと,
$$f(A_1 \cap A_2) = [0,1], \qquad f(A_1) \cap f(A_2) = [0,4].$$
$$f^{-1}(f(A_1)) = [-3,3].$$

---

[*] $A' = A$ でもよい.

[*2] $B' = B$ でもよい.

$$f(A_1) \setminus f(A_2) = \{x \in \boldsymbol{R} \mid 4 < x \leq 9\},$$
$$f(A_1 \setminus A_2) = \{x \in \boldsymbol{R} \mid 1 < x \leq 9\}.$$
$$f(f^{-1}(B_1)) = [0,1].$$

となる．◆

写像 $f : A \to B$ に対して，直積集合 $A \times B$ の部分集合

$$\Gamma_f := \{(a, f(a)) \in A \times B \mid a \in A\}$$

を f の**グラフ**という．特に，$A = B = \boldsymbol{R}$ の場合は，高校まででで学んだ関数のグラフという概念と一致する．

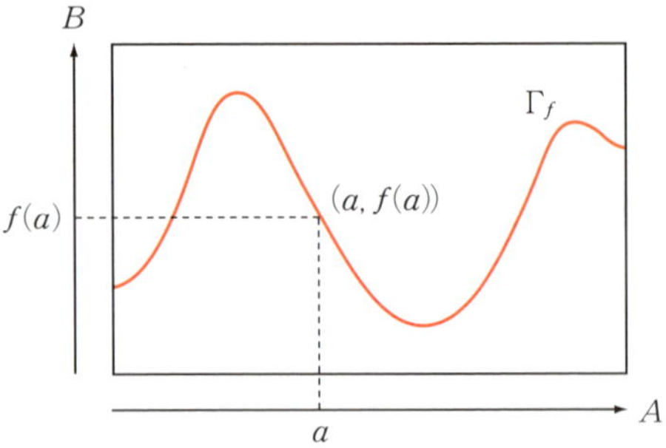

図 A.3

$f : A \to B$ を写像とする．

- A の任意の異なる2つの元 a, a' に対して，$f(a) \neq f(a')$ となるとき，f は**単射**であるという．すなわち，対偶を考えれば，

  f が単射 $\Longleftrightarrow$「$a, a' \in A$ に対して，$f(a) = f(a')$ ならば $a = a'$.」

  となる．
- B の任意の元 b に対して，$f(a) = b$ となる A の元 a が存在するとき[*]，f は**全射**であるという．
- 全射かつ単射である写像を**全単射**という．$f : A \to B$ が全単射のとき，任意の $b \in B$ に対して，$f(a) = b$ となる $a \in A$ がただ1つ定まる．したがって，B から A への写像

  $$\begin{array}{ccc} B & \to & A \\ \Cup & & \Cup \\ b & \mapsto & a \end{array} \quad (\text{ただし，} a \text{ は } b = f(a) \text{ を満たす})$$

  が定まる．これを f の**逆写像**といい，f^{-1} と表す[*2]．

---

* 2つ以上あってもよい．

*2 f の逆像を表す記号と混同しないように注意が必要である．

$\boldsymbol{R}$ から $\boldsymbol{R}$ への連続関数 $f:\boldsymbol{R}\to\boldsymbol{R}$ に対して，その全射性や単射性をグラフの言葉でいい表すと次のようになる．f が単射でないということは，x 軸上の異なる 2 点で同じ値をとるものがあるということであるから，その間のグラフは山状か谷状の形をしていなければならない．なので，逆に，f が単調増加，もしくは単調減少であれば，f は単射であることが分かる．

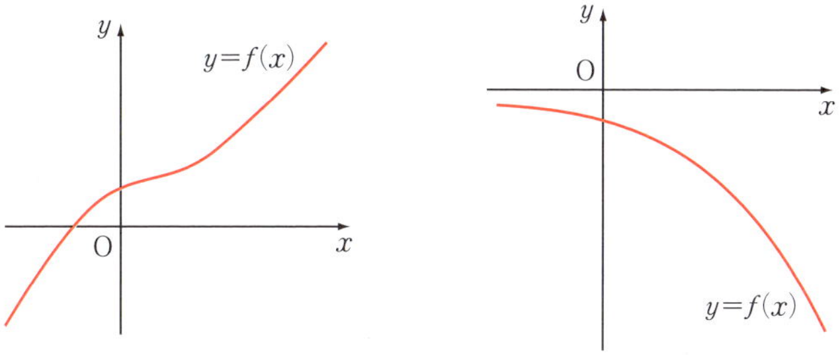

図 A.4

一方，f が全射であるということは，y 軸上のどんな値も少なくとも一度はとるということであるから，任意の実数 $b\in\boldsymbol{R}$ に対して，直線 $y=b$ と f のグラフ Γ_f ($y=f(x)$ のグラフ) が交点を持つということに他ならない．

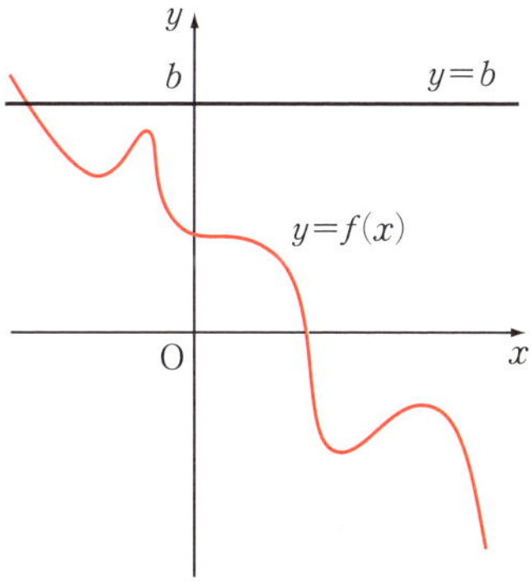

図 A.5

例題 A.3　以下で定められる，$\boldsymbol{R}$ から $\boldsymbol{R}$ への連続関数 f は全射かどうか，また，単射かどうかそれぞれ理由をつけて答えよ．

(1)　$f(x) = x^3$　　(2)　$f(x) = \sin x$　　(3)　$f(x) = x^3 - x$

(4)　$f(x) = e^x$

解答　どれもグラフを描いてみればよい．(1)　全単射．(2)　全射でも単射でもない．(3)　全射だが単射ではない．(4)　単射だが全射ではない． ◈

例 A.4　**(いろいろな写像)**　(1)　A を集合とする．A の各元 a に，a 自身を対応させる写像を A 上の**恒等写像**といい，$\mathrm{id}_A : A \to A$ と表す．id_A は全単射である (図 A.6).

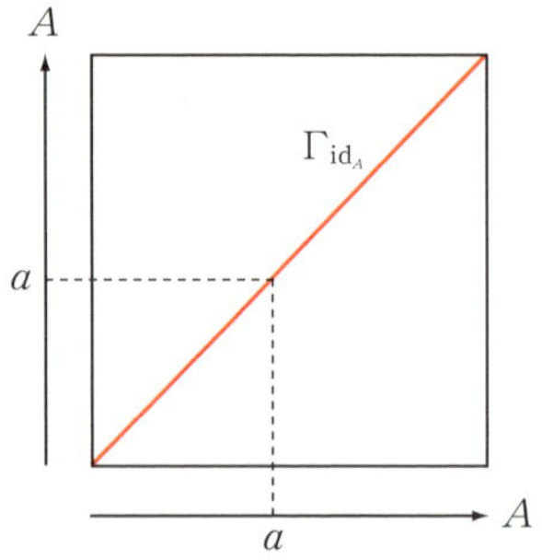

図 A.6

(2)　写像 $f : A \to B$ に対して，f の像が B の 1 点のみからなるとき，すなわち，ある $b \in B$ が存在して $f(A) = \{b\}$ となるとき，f を**定値写像**という*．A も B も 2 点以上からなる集合のとき，定値写像は全射でも単射でもない (図 A.7).

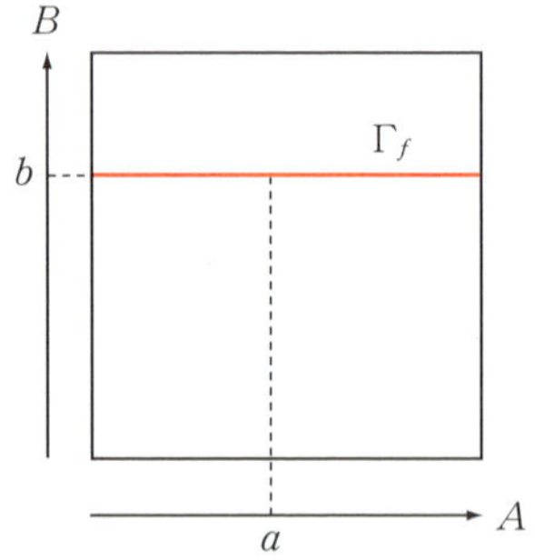

図 A.7

(3)　$f : A \to B$ を写像とする．A の部分集合 A' に対して，f の定義域を A' のみに限定することで得られる写像

$$\begin{array}{ccc} A' & \to & B \\ \Cup & & \Cup \\ a & \mapsto & f(a) \end{array}$$

を f の A' への**制限**といい，$f|_{A'}$ と表す．f が単射のとき，任意の部分集合 $A' \subset A$ に対して，f の制限 $f|_{A'}$ は単射である．

(4)　$f : A \to B$ を写像とする．A を部分集合として含む集合 X と，写像 $\tilde{f} : X \to B$ であって，$\tilde{f}$ の A への制限が f と一致するとき，$\tilde{f}$ を f の**拡張**と

---

*　B が $\boldsymbol{R}$ や $\boldsymbol{C}$ の部分集合のときは**定数関数**ということがある．

いう．f が全射であれば，f の任意の拡張 $\tilde{f}:X\to B$ も全射である．

(5)　A,B を集合とする．このとき，写像

$$\begin{array}{cccc} p_1: & A\times B & \to & A \\ & \rotatebox{90}{$\in$} & & \rotatebox{90}{$\in$} \\ & (a,b) & \mapsto & a \end{array}$$

を第 1 成分への**射影**という．同様に，第 2 成分への射影も定義される．明らかに，射影は全射である． ◆

$f:A\to B$，$g:B\to C$ をそれぞれ写像とする．このとき，A の各元 a に対して，まず a を f によって B に写し，続けて g によって C に写す対応は写像である．これを f と g の**合成写像**といい，

$$\begin{array}{cccc} g\circ f: & A & \to & C \\ & \rotatebox{90}{$\in$} & & \rotatebox{90}{$\in$} \\ & a & \mapsto & g(f(a)) \end{array}$$

と表す．

以下の定理は与えられた写像が全単射であることを示す際に大変重宝される．

定理 A.4　$f:A\to B$ を写像とする．このとき，以下は同値である．

(1)　f は全単射．

(2)　ある写像 $g:B\to A$ であって，$f\circ g=\mathrm{id}_B$，$g\circ f=\mathrm{id}_A$ となるものが存在する．

演習問題 A.3

A.3.1　任意の実数 x に対して，$y^3=x$ となる実数 y を対応させる規則は写像かどうか理由をつけて答えよ．

A.3.2　恒等写像 $\mathrm{id}_A:A\to A$ が定値写像となるとき，A はどんな集合か．

A.3.3　写像 $f:A\to B$ が全射であることを示すのは次のうちどれか．

$$f^{-1}(B)=A,\qquad f(A)=B,\qquad f^{-1}(A)=B$$

A.3.4 写像 $f: \boldsymbol{R} \to \boldsymbol{R}$ を $f(x) = x^2$ で定める．このとき，f は全射でも単射でもないことを示せ．

A.3.5 写像 $f: \boldsymbol{R}^2 \to \boldsymbol{R}$ を $f\left(\begin{pmatrix} x \\ y \end{pmatrix}\right) = x + y$ で定める．このとき，f は全射かどうか，また，単射かどうかについて理由をつけて答えよ．

A.3.6 写像 $f: \boldsymbol{R}^\times \to \boldsymbol{R}^\times$ を $f(x) = \dfrac{1}{x}$ で定める．このとき，f は全単射であることを示し，その逆写像を求めよ．

A.3.7 正の偶数全体の集合を $2\boldsymbol{N}$ とおく．このとき，写像 $f: \boldsymbol{N} \to 2\boldsymbol{N}$ を $f(n) = 2n$ で定めると，f は全単射であることを示せ．

A.3.8 連続関数 $f: \left(-\dfrac{\pi}{2}, \dfrac{\pi}{2}\right) \to \boldsymbol{R}$ を $f(x) = \tan x$ で定めると，f は全単射であることを示せ．

関連図書

最後に，本書を執筆する際に参考にした本をいくつか挙げることにする．まず，

[1]　永田雅宜著，『理系のための線型代数の基礎』，紀伊國屋書店，1987.
[2]　佐武一郎著，『線型代数学』，裳華房，1974.

これらの 2 冊は理学部数学科向けの本格的な線形代数のテキストであり，長年にわたり定評のある教科書である．理論をしっかり学びたい方は手に取られるとよいと思う．[1] は行列よりも先に体やベクトル空間の理論を解説しており，全体的にドイツのスタイルに近い．

以下は，上記の 2 冊に比べ，解説が丁寧な教科書です．本書の執筆でも大いに参考にさせて頂きました．

[3]　川久保勝夫著，『線形代数学』，日本評論社，1999.
[4]　長崎生光監修，牛瀧文宏編集，『初歩からの線形代数』，講談社，2013.

特に，[4] は高大連携を視野に入れて書かれており，高校の教科書のような感覚で高等数学を学べる．本書は工学部系の学生向けの教科書という観点から，以下に掲げる類書を参考にさせて頂きました．

[5]　足立俊明，山岸正和著，『入門講義　線形代数』，裳華房，2007.
[6]　村山光孝著，『工学のための線形代数』，数理工学社，2017.
[7]　佐藤和也，只野裕一，下本陽一著，『工学基礎　はじめての線形代数学』，講談社，2014.
[8]　谷野哲三著，『システム線形代数 — 工学系への応用 —』，朝倉書店，2013.
[9]　新井康平著，『独習　応用線形代数 — 基礎から一般逆行列の理工学的応用まで —』，近代科学社，2006.

これらの他に，以下の本を参考にさせて頂きました．中には，過去に講義で使用したテキストもあります．特に演習問題に関しては [17] を大いに参考にさせて頂きました．

[10] 川原雄作，木村哲三，藪康彦，亀田真澄著，『線形代数の基礎』，共立出版，1994.

[11] 宮岡悦良，眞田克典著，『応用線形代数』，共立出版，2007.

[12] 木田雅成著，『線形代数学講義』，培風館，2013.

[13] 小林正典，寺尾宏明著，『線形代数・講義と演習（改訂版）』，培風館，2014.

[14] 小寺平治著，『はじめての線形代数 15 講』，講談社，2015.

[15] 石村園子著，『やさしく学べる線形代数』，共立出版，2000.

[16] 硲野敏博，原祐子，山辺元雄著，『理工系の入門線形代数』，学術図書出版社，1997.

[17] 富永晃著，『基礎演習　線形代数』，聖文社，1975.

[18] E. Brieskorn, “Lineare Algebra und Analytische Geometrie I”, Friedr. Vieweg & Sohn Braunschweig / Wiesbaden, 1983.

[19] G. Fisher, “Lineare Algebra”, 18. Auflage, Springer Spektrum, 2014.

[20] K. Jänich, “Lineare Algebra”, 11. Auflage, Springer, 2008.

論理と集合に関しては，以下の本を参考にさせて頂きました．

[21] 森田茂之著，『集合と位相空間』，朝倉書店，2002.

[22] 内田伏一著，『集合と位相』，裳華房，1986.

[23] D. L. Johnson, “Elements of Logic via Numbers and Sets”, Springer, 1998.

演習問題の略解

第1章

1.1 節

1.1.1　(1)　$\overrightarrow{\mathrm{OP}} = \dfrac{n}{m+n}\overrightarrow{\mathrm{OA}} + \dfrac{m}{m+n}\overrightarrow{\mathrm{OB}}$,　$\mathrm{P}\left(\dfrac{mb_1+na_1}{m+n}, \dfrac{mb_2+na_2}{m+n}\right)$.

(2)　$\overrightarrow{\mathrm{OQ}} = \dfrac{n}{n-m}\overrightarrow{\mathrm{OA}} + \dfrac{-m}{n-m}\overrightarrow{\mathrm{OB}}$,　$\mathrm{Q}\left(\dfrac{mb_1-na_1}{m-n}, \dfrac{mb_2-na_2}{m-n}\right)$.

1.1.2　変換を具体的に書き下してみて，x,y の 1 次式になっているかどうかを調べればよい．(4) はまず，(1,0) を原点に写す平行移動を考えてから，原点を中心に $\pi/2$ 回転し，原点を (1,0) に写す平行移動を考えればよい．

(1)　1 次変換．$\begin{pmatrix} x' \\ y' \end{pmatrix} = \begin{pmatrix} -y \\ -x \end{pmatrix}$.

(2)　1 次変換ではない．$\begin{pmatrix} x' \\ y' \end{pmatrix} = \begin{pmatrix} 2-x \\ 2-y \end{pmatrix}$.

(3)　1 次変換．$\begin{pmatrix} x' \\ y' \end{pmatrix} = \begin{pmatrix} x \\ -y \end{pmatrix}$.

(4)　1 次変換ではない．$\begin{pmatrix} x' \\ y' \end{pmatrix} = \begin{pmatrix} 1-y \\ x-1 \end{pmatrix}$.

1.1.3

(1)　$\overrightarrow{\mathrm{OP}} = \dfrac{n}{m+n}\overrightarrow{\mathrm{OA}} + \dfrac{m}{m+n}\overrightarrow{\mathrm{OB}}$,　$\mathrm{P}\left(\dfrac{mb_1+na_1}{m+n}, \dfrac{mb_2+na_2}{m+n}, \dfrac{mb_3+na_3}{m+n}\right)$.

(2)　$\overrightarrow{\mathrm{OQ}} = \dfrac{n}{n-m}\overrightarrow{\mathrm{OA}} + \dfrac{-m}{n-m}\overrightarrow{\mathrm{OB}}$,　$\mathrm{Q}\left(\dfrac{mb_1-na_1}{m-n}, \dfrac{mb_2-na_2}{m-n}, \dfrac{mb_3-na_3}{m-n}\right)$.

1.1.4　変換を具体的に書き下してみて，x,y の 1 次式になっているかどうかを調べればよい．

(1)　1 次変換．$\begin{pmatrix} x' \\ y' \\ z' \end{pmatrix} = \begin{pmatrix} x \\ y \\ -z \end{pmatrix}$.

(2)　1次変換ではない．$\begin{pmatrix} x' \\ y' \end{pmatrix} = \begin{pmatrix} 2-x \\ 2-y \\ 2-z \end{pmatrix}$.

1.2 節

1.2.1　一般に，

$$\{スカラー行列\} \subset \{対角行列\} \subset \{上三角行列\}$$

である．選び忘れに気をつけよう．対角行列は

$$\begin{pmatrix} 1 & 0 \\ 0 & 3 \end{pmatrix}, \begin{pmatrix} -3 & 0 \\ 0 & -3 \end{pmatrix}, \begin{pmatrix} 1 & 0 & 0 \\ 0 & 1 & 0 \\ 0 & 0 & 1 \end{pmatrix}, \begin{pmatrix} 0 & 0 & 0 \\ 0 & 0 & 0 \\ 0 & 0 & 0 \end{pmatrix}, \begin{pmatrix} -1 & 0 & 0 \\ 0 & 2 & 0 \\ 0 & 0 & 4 \end{pmatrix}.$$

スカラー行列は

$$\begin{pmatrix} -3 & 0 \\ 0 & -3 \end{pmatrix}, \begin{pmatrix} 1 & 0 & 0 \\ 0 & 1 & 0 \\ 0 & 0 & 1 \end{pmatrix}, \begin{pmatrix} 0 & 0 & 0 \\ 0 & 0 & 0 \\ 0 & 0 & 0 \end{pmatrix}.$$

上三角行列は

$$\begin{pmatrix} 1 & 0 \\ 0 & 3 \end{pmatrix}, \begin{pmatrix} 2 & 2 \\ 0 & -3 \end{pmatrix}, \begin{pmatrix} -3 & 0 \\ 0 & -3 \end{pmatrix}, \begin{pmatrix} 1 & 0 & 0 \\ 0 & 1 & 0 \\ 0 & 0 & 1 \end{pmatrix}, \begin{pmatrix} 0 & 0 & 0 \\ 0 & 0 & 0 \\ 0 & 0 & 0 \end{pmatrix}, \begin{pmatrix} -1 & 0 & 0 \\ 0 & 2 & 0 \\ 0 & 0 & 4 \end{pmatrix}.$$

1.2.2　スカラー行列はクロネッカーのデルタを使って表せる．各行や各列に注目して規則性を探ってみよう．

(1)　$3\delta_{ij}$　　(2)　$i+j$　　(3)　ij　　(4)　$(-1)^{i+j}$

1.2.3　(1)　$\begin{pmatrix} -3 & 0 \\ -4 & -1 \end{pmatrix}$　　(2)　$\begin{pmatrix} 8 & -11 \\ 14 & -19 \end{pmatrix}$　　(3)　$\begin{pmatrix} -5 & -1 & 28 \\ -1 & 1 & 26 \end{pmatrix}$

1.2.4　具体的に計算すればよい．該当するものは (2) のみ．

1.2.5　具体的に計算すればよい．求める条件は，$xy=0$.

1.2.6　帰納法を用いればよいが，$n=1,2,3$ くらいまでは具体的に計算してみることもお勧めする．

1.2.7　$A^2 = \begin{pmatrix} 0 & 0 & 1 \\ 0 & 0 & 0 \\ 0 & 0 & 0 \end{pmatrix}$, $A^3 = O$ となる．よって，$n \geq 4$ のときは，$A^n = A^{n-3}A^3 = O$ である．

1.2.8　$(A+B)^2 = (A+B)(A+B) = A^2 + AB + BA + B^2 = A^2 + 2AB + B^2$ より明らか．

1.2.9　(1).

1.2.10 (1) $A + {}^tA = \begin{pmatrix} 4 & 8 \\ 8 & 14 \end{pmatrix}$, $A - {}^tA = \begin{pmatrix} 0 & -2 \\ 2 & 0 \end{pmatrix}$.

(2) $A + {}^tA = \begin{pmatrix} 2 & 4 & -3 \\ 4 & 2 & 4 \\ -3 & 4 & -2 \end{pmatrix}$, $A - {}^tA = \begin{pmatrix} 0 & 0 & 3 \\ 0 & 0 & 4 \\ -3 & -4 & 0 \end{pmatrix}$.

1.3 節

1.3.1 (1) $\left(\begin{array}{cc|cc} 2 & 0 & 1 & 1 \\ 3 & 0 & 1 & 2 \\ \hline 1 & 1 & 2 & 4 \\ 3 & 1 & 0 & 2 \end{array}\right)$ (2) $\left(\begin{array}{c|cc} 5 & 5 & 1 \\ \hline 3 & 3 & 3 \\ 3 & 4 & 1 \end{array}\right)$

1.3.2 基本変形は省略する．

(1) 2 (2) 1 (3) 2 (4) 3

1.3.3 基本変形により，

$$\begin{pmatrix} 1 & 1 & x+1 \\ 0 & x & -x \\ 0 & 0 & x^2+3x \end{pmatrix}$$

と変形できる．x で割ったりするような基本変形は避けよう．その場合は，x が 0 のときとそうでないときに場合分けする必要がある．したがって，$x=0$ のとき $\operatorname{rank} A = 1$，$x=-3$ のとき $\operatorname{rank} A = 2$，$x \neq 0, -3$ のとき $\operatorname{rank} A = 3$.

1.4 節

1.4.1 基本変形は省略する．

(1) $A^{-1} = -\dfrac{1}{7}\begin{pmatrix} 1 & -5 \\ -2 & 3 \end{pmatrix}$ (2) $A^{-1} = \dfrac{1}{3}\begin{pmatrix} 11 & -7 & 2 \\ -9 & 9 & -3 \\ 1 & -2 & 1 \end{pmatrix}$

(3) 正則でない

1.4.2 基本変形は省略する．

(1) $\dfrac{1}{a^2+b^2}\begin{pmatrix} a & -b \\ b & a \end{pmatrix}$ (2) $\begin{pmatrix} 1 & -a \\ 0 & 1 \end{pmatrix}$ (3) $\begin{pmatrix} 1 & -a & a^2 \\ 0 & 1 & -a \\ 0 & 0 & 1 \end{pmatrix}$

1.4.3 試しにいくつかの行列で具体的に計算してみるとよい．それでも反例が見つけられなければ，成り立つことを証明しようと考えてみる．その際に困難が生じたら，そこで反例を見つけ出せる可能性がある．

偽．たとえば，$A = E_n$，$B = -E_n$ の場合を考えればよい．

1.4.4 E_n 以外を右辺に移項して整理してみよう．与式を変形すると，$A(3E_n - A^2) = (3E_n - A^2)A = E_n$ となるので，A は正則．

第 2 章

2.1 節

2.1.1 基本変形は省略する．

$$\begin{cases} x_1 = 3\alpha \\ x_2 = \alpha \end{cases} \quad （ただし，\alpha は任意定数）$$

2.1.2 基本変形は省略する．

$$\begin{cases} x_1 = 0 \\ x_2 = 0 \end{cases}$$

2.1.3 基本変形は省略する．

$$\begin{cases} x_1 = -\dfrac{1}{4}\alpha \\ x_2 = \dfrac{7}{4}\alpha \\ x_3 = \alpha \end{cases} \quad （ただし，\alpha は任意定数）$$

2.1.4 基本変形は省略する．

$$\begin{cases} x_1 = -\alpha \\ x_2 = \alpha \\ x_3 = 0 \end{cases} \quad （ただし，\alpha は任意定数）$$

2.1.5 基本変形は省略する．

$$\begin{cases} x_1 = \alpha \\ x_2 = -2\alpha \\ x_3 = \alpha \\ x_4 = 0 \end{cases} \quad （ただし，\alpha は任意定数）$$

2.2 節

2.2.1 基本変形は省略する．

$$\begin{cases} x_1 = 1 - \alpha \\ x_2 = \alpha \end{cases} \quad （ただし，\alpha は任意定数）$$

2.2.2 解けない．

2.2.3 基本変形は省略する.

$$\begin{cases} x_1 = 1 - \dfrac{13}{5}\alpha \\ x_2 = -\dfrac{1}{10}\alpha \\ x_3 = \alpha \end{cases} \quad \text{（ただし，}\alpha\text{ は任意定数）}$$

2.2.4 解けない.

2.2.5 基本変形は省略する.

$$\begin{cases} x_1 = 1 + \alpha + 2\beta \\ x_2 = 1 - 2\alpha - 3\beta \\ x_3 = \alpha \\ x_4 = \beta \end{cases} \quad \text{（ただし，}\alpha,\beta\text{ は任意定数）}$$

第3章

3.1 節

3.1.1 計算過程は省略する.

(1) 10　　(2) 0

3.1.2 計算過程は省略する.

(1) 47　　(2) 34

3.2 節

3.2.1 (1) は素直に 1,2,3,4,5 の写り先を確かめていけばよい. (2) は上下にひっくり返せばよい.

(1) $\sigma\tau = \begin{pmatrix} 1 & 2 & 3 & 4 & 5 \\ 5 & 2 & 3 & 1 & 4 \end{pmatrix}$, $\tau\sigma = \begin{pmatrix} 1 & 2 & 3 & 4 & 5 \\ 1 & 3 & 5 & 4 & 2 \end{pmatrix}$.

(2) $\sigma^{-1} = \begin{pmatrix} 3 & 5 & 4 & 2 & 1 \\ 1 & 2 & 3 & 4 & 5 \end{pmatrix} = \begin{pmatrix} 1 & 2 & 3 & 4 & 5 \\ 5 & 4 & 1 & 3 & 2 \end{pmatrix}$,

$\tau^{-1} = \begin{pmatrix} 2 & 4 & 1 & 5 & 3 \\ 1 & 2 & 3 & 4 & 5 \end{pmatrix} = \begin{pmatrix} 1 & 2 & 3 & 4 & 5 \\ 3 & 1 & 5 & 2 & 4 \end{pmatrix}$.

3.2.2 まず巡回置換の積に表すことを考え，各巡回置換を互換の積に表すことを考えてみよう.

(1) $(1,2,3) = (1,2)(2,3)$ となるので偶置換.

(2) $(1,5,4,2)(3,6) = (1,5)(5,4)(4,2)(3,6)$ となるので偶置換.

3.3 節

3.3.1 とてもではないがそのままでは計算できない*．うまく基本変形を施して簡単な形に変形しよう．(1) は第 2,3 行から 1 行目を引いてみよう．(2) は 1 列目に 1 が揃っているところに注目しよう．

(1)　0　　　(2)　12

3.3.2 (1) は 1 列目に 1 が揃っているところに注目して第 2,3 行から 1 行目を引いてみよう．(2) は 1 行目に 2,3 行目を足してみよう．

(1)　0　　　(2)　0

3.3.3 (1) は 1 列目に 1 が揃っているところに注目して第 2,3 行から 1 行目を引いてみよう．(2) は 1 行目に 2,3 行目を足してみよう．文字を含む行列式は，のちに固有多項式を計算する際の練習にもなるので，なるべく因数分解されないか考えながら計算するとよい．

(1)　$(a-b)(b-c)(c-a)$　　　(2)　$(a+b+c)(a^2+b^2+c^2-ab-ac-bc)$

3.4 節

3.4.1 (1)　$\tilde{a}_{11}=4$，$\tilde{a}_{12}=0$，$\tilde{a}_{21}=-3$，$\tilde{a}_{22}=1$.

(2)　$\tilde{a}_{11}=-5$，$\tilde{a}_{12}=-1$，$\tilde{a}_{13}=-13$，$\tilde{a}_{21}=-5$，$\tilde{a}_{22}=-1$，$\tilde{a}_{23}=-5$，$\tilde{a}_{31}=2$，$\tilde{a}_{32}=2$，$\tilde{a}_{33}=2$.

3.4.2 (1)　-45　　　(2)　36　　　(3)　-9

3.4.3 どの行や列に注目すれば計算が楽になるか考えてから余因子展開を行おう．

(1)　-102　　　(2)　-17　　　(3)　33

3.4.4 計算しやすいように基本変形をいくつか施してから余因子展開を行おう．

(1)　0　　　(2)　-274　　　(3)　-140

3.4.5 文字を含む行列式は，のちに固有多項式を計算する際の練習にもなるので，なるべく因数分解されないか考えながら計算しよう．

(1)　$(x-1)^3(x+3)$　　　(2)　$(c-b+a)(c+b-a)(c-b-a)(c+b+a)$
$=a^4+b^4+c^4-2a^2b^2-2a^2c^2-2b^2c^2$

3.4.6 $n=1,2,3$ ぐらいまで計算してみると規則性に気づくかもしれない．求める行列式を d_n とおくと，第 1 行での余因子展開を考えることで，$d_n=(-1)^{n+1}d_{n-1}$ $=(-1)^{n-1}d_{n-1}$ が成り立つことが分かる．よって，この漸化式より，$d_n=(-1)^{\frac{n(n-1)}{2}}$ となる．

---

* 期末試験で，サラスの展開を用いて 6 桁の計算を繰り返している答案を見たことがありますが，できれば問題を見た時点でちょっとおかしいなと気づいてほしかったです．

3.5 節

3.5.1 (1) 2.

(2) $\tilde{a}_{11}=-10$, $\tilde{a}_{12}=4$, $\tilde{a}_{21}=-13$, $\tilde{a}_{22}=5$. $A^{-1}=\dfrac{1}{2}\begin{pmatrix}-10 & -13\\ 4 & 5\end{pmatrix}$.

(3) 基本変形は省略. $A^{-1}=\dfrac{1}{2}\begin{pmatrix}-10 & -13\\ 4 & 5\end{pmatrix}$.

3.5.2 (1) 6.

(2) $\tilde{a}_{11}=3$, $\tilde{a}_{12}=6$, $\tilde{a}_{13}=-6$, $\tilde{a}_{21}=-6$, $\tilde{a}_{22}=-10$, $\tilde{a}_{23}=14$, $\tilde{a}_{31}=-3$, $\tilde{a}_{32}=-8$, $\tilde{a}_{33}=10$. $A^{-1}=\dfrac{1}{6}\begin{pmatrix}3 & -6 & -3\\ 6 & -10 & -8\\ -6 & 14 & 10\end{pmatrix}$.

(3) 基本変形は省略. $A^{-1}=\dfrac{1}{6}\begin{pmatrix}3 & -6 & -3\\ 6 & -10 & -8\\ -6 & 14 & 10\end{pmatrix}$.

3.5.3 (1) 仮定より, $(\det A)(\det B)=\det AB\neq 0$ である. よって, $\det A, \det B\neq 0$ となり, A, B は正則である.

(2) $m=1$ のとき, $A=E_n$ は明らかに正則. また, $m>1$ のときは, 与式から $A^{-1}=A^{m-1}$ であることがわかり, A は正則である. 別解として, $(\det A)^m=1$ より $\det A\neq 0$ であるから A は正則である, というのでもよい.

(3) 与式より, $(\det A)^m=0$ となるので, $\det A=0$. よって, A は正則ではない.

3.6 節

3.6.1 (2), (3) の計算過程は省略する.

(1) 係数行列は $A=\begin{pmatrix}2 & -1\\ 1 & -2\end{pmatrix}$ となる. $\det A=-3$ であるので,

$$x=\frac{1}{\det A}(\tilde{a}_{11}b_1+\tilde{a}_{21}b_2)=-\frac{1}{3}(-2+1)=\frac{1}{3},$$

$$y=\frac{1}{\det A}(\tilde{a}_{12}b_1+\tilde{a}_{22}b_2)=-\frac{1}{3}(-1+2)=-\frac{1}{3}$$

となる.

(2) $\begin{cases} x=\dfrac{5}{11}\\ y=-\dfrac{4}{11}\end{cases}$ (3) $\begin{cases} x=\dfrac{5}{2}\\ y=-\dfrac{1}{2}\\ z=-1\end{cases}$

3.6.2 与式が自明でない解を持つためには, 係数行列の行列式が 0 となることが必要十分である．係数行列の行列式を計算すると，$-a(a+2)(a+3)$ となるので，求める条件は $a=0,-2,-3$ である．

3.7 節

3.7.1 3 点の座標から三角形の面積を求める式が分かっているのでそれに代入すればよい．$\dfrac{1}{2}\left|\begin{vmatrix} 3 & 1 & 1 \\ -1 & 2 & 1 \\ 1 & 5 & 1 \end{vmatrix}\right| = 7.$

3.7.2 3 点が同一直線上にあるということは，それらの点が定める三角形の面積が 0 ということに他ならない．$\begin{vmatrix} 1 & 1 & 1 \\ a & 2 & 1 \\ 1 & a & 1 \end{vmatrix} = 0$ となる条件を求めればよい．左辺は $(a-1)^2$ であるので求める条件は $a=1$.

3.7.3 計算過程は省略する．

(1) 6　(2) $2\sqrt{6}$　(3) $2\sqrt{14}$

3.7.4 計算過程は省略する．

(1) $\begin{pmatrix} -1 \\ -1 \\ 2 \end{pmatrix}$　(2) $\begin{pmatrix} -5 \\ 1 \\ -2 \end{pmatrix}$

3.7.5 (1) $\boldsymbol{b} \times \boldsymbol{a} = \begin{pmatrix} b_2a_3 - b_3a_2 \\ b_3a_1 - b_1a_3 \\ b_1a_2 - b_2a_1 \end{pmatrix} = -\boldsymbol{a} \times \boldsymbol{b}.$

(2) 定義より明らか．

(3) $(\boldsymbol{a}+\boldsymbol{b}) \times \boldsymbol{c} = \begin{pmatrix} (a_2+b_2)c_3 - (a_3+b_3)c_2 \\ (a_3+b_3)c_1 - (a_1+b_1)c_3 \\ (a_1+b_1)c_2 - (a_2+b_2)c_1 \end{pmatrix} = \boldsymbol{a} \times \boldsymbol{c} + \boldsymbol{b} \times \boldsymbol{c}.$

3.7.6 $|\det(\boldsymbol{a}\ \boldsymbol{b}\ \boldsymbol{c})|$ を計算すればよい．求める体積は 9.

3.7.7 3 つのベクトルが同一平面上にあるということは，それらのベクトルが定める平行六面体の体積が 0 ということに他ならない．$\det(\boldsymbol{a}\ \boldsymbol{b}\ \boldsymbol{c}) = 0$ となる条件を求めればよい．すると，$x=0,1,2$ となる．

第4章

4.1節

4.1.1 まず，$\mathbf{0} \in W$ である．任意の $\begin{pmatrix} x_1 \\ y_1 \end{pmatrix}, \begin{pmatrix} x_2 \\ y_2 \end{pmatrix} \in W$, および任意の $a \in \boldsymbol{R}$ をとる．すると，

$$\begin{aligned} 2(x_1 + x_2) - (y_1 + y_2) &= (2x_1 - y_1) + (2x_2 - y_2) = 0, \\ (x_1 + x_2) - 3(y_1 + y_2) &= (x_1 - 3y_1) + (x_2 - 3y_2) = 0 \end{aligned}$$

であるから，$\begin{pmatrix} x_1 \\ y_1 \end{pmatrix} + \begin{pmatrix} x_2 \\ y_2 \end{pmatrix} \in W$．同様に $a\begin{pmatrix} x_1 \\ y_1 \end{pmatrix} \in W$ も分かる．よって，W は $\boldsymbol{R}^2$ の部分空間である．

4.1.2 まず，$\mathbf{0} \in W$ である．任意の $\begin{pmatrix} x_1 \\ y_1 \\ z_1 \end{pmatrix}, \begin{pmatrix} x_2 \\ y_2 \\ z_2 \end{pmatrix} \in W$, および任意の $a \in \boldsymbol{R}$ をとる．すると，

$$\begin{aligned} 2(x_1 + x_2) - (y_1 + y_2) + 3(z_1 + z_2) &= (2x_1 - y_1 + 3z_1) + (2x_2 - y_2 + z_2) = 0, \\ (x_1 + x_2) - 3(y_1 + y_2) + (z_1 + z_2) &= (x_1 - 3y_1 + z_1) + (x_2 - 3y_2 + z_2) = 0 \end{aligned}$$

であるから，$\begin{pmatrix} x_1 \\ y_1 \\ z_1 \end{pmatrix} + \begin{pmatrix} x_2 \\ y_2 \\ z_2 \end{pmatrix} \in W$．同様に $a\begin{pmatrix} x_1 \\ y_1 \\ z_1 \end{pmatrix} \in W$ も分かる．よって，W は $\boldsymbol{R}^3$ の部分空間である．

4.1.3 いくつか具体的なベクトルを考えて試行錯誤してみよう．それでも反例が見つけられなければ，成り立つことを証明しようと考えてみる．その際に困難が生じたら，そこで反例を見つけ出せる可能性がある．

(1) 部分空間ではない．たとえば，$\begin{pmatrix} 1 \\ 2 \end{pmatrix} \in V$ であるが，$-\begin{pmatrix} 1 \\ 2 \end{pmatrix} = \begin{pmatrix} -1 \\ -2 \end{pmatrix} \notin V$ である．

(2) 部分空間．証明は省略．

(3) 部分空間ではない．たとえば，$\begin{pmatrix} 1 \\ 1 \end{pmatrix}, \begin{pmatrix} 3 \\ 0 \end{pmatrix} \in V$ であるが，$\begin{pmatrix} 1 \\ 1 \end{pmatrix} - \begin{pmatrix} 3 \\ 0 \end{pmatrix} = \begin{pmatrix} -2 \\ 1 \end{pmatrix} \notin V$ である．

4.1.4 いくつか具体的なベクトルを考えて試行錯誤してみよう．それでも反例が見つけられなければ，成り立つことを証明しようと考えてみる．その際に困難が生じたら，そこで反例を見つけ出せる可能性がある．

$V \cup W$ は部分空間ではない．たとえば，$\begin{pmatrix}1\\1\end{pmatrix}, \begin{pmatrix}2\\-2\end{pmatrix} \in V \cup W$ であるが，

$\begin{pmatrix}1\\1\end{pmatrix} + \begin{pmatrix}2\\-2\end{pmatrix} = \begin{pmatrix}3\\-1\end{pmatrix} \notin V \cup W$ である．

一方，簡単な計算からわかるように，$V \cap W = \{\mathbf{0}\}$ であり，これは明らかに $\boldsymbol{R}^2$ の部分空間である．

4.1.5 $\mathbf{0} \in V$ かつ $\mathbf{0} \in W$ であるから，$\mathbf{0} \in V \cap W$．任意の $\boldsymbol{a}, \boldsymbol{b} \in V \cap W$ と任意の $a \in \boldsymbol{R}$ をとる．すると，$\boldsymbol{a}, \boldsymbol{b} \in V$ であるから，$\boldsymbol{a} + \boldsymbol{b} \in V$ である．同様にして，$\boldsymbol{a} + \boldsymbol{b} \in W$ となり，$\boldsymbol{a} + \boldsymbol{b} \in V \cap W$ であることが分かる．$a\boldsymbol{a} \in V \cap W$ も同様に分かる．したがって，$V \cap W$ は U の部分空間である．

4.2 節

4.2.1 (1) $x\boldsymbol{a}_1 + y\boldsymbol{a}_2 = \mathbf{0}$ とおいて，x, y について解くと，$x = y = 0$ となるので $\boldsymbol{a}_1, \boldsymbol{a}_2$ は 1 次独立である．

(2) $x\boldsymbol{a}_1 + y\boldsymbol{a}_2 = \boldsymbol{b}$ とおいて，x, y について解くと，$x = -\dfrac{3}{2}$，$y = \dfrac{7}{2}$ となるので，

$\boldsymbol{b} = -\dfrac{3}{2}\boldsymbol{a}_1 + \dfrac{7}{2}\boldsymbol{a}_2$.

4.2.2 (1) $x\boldsymbol{a}_1 + y\boldsymbol{a}_2 + z\boldsymbol{a}_3 = \mathbf{0}$ とおいて，x, y, z について解くと，$x = y = z = 0$ となるので $\boldsymbol{a}_1, \boldsymbol{a}_2, \boldsymbol{a}_3$ は 1 次独立である．

(2) $x\boldsymbol{a}_1 + y\boldsymbol{a}_2 + z\boldsymbol{a}_3 = \boldsymbol{b}$ とおいて，x, y, z について解くと，$x = 3$，$y = 0$，$z = 2$ となるので，$\boldsymbol{b} = 3\boldsymbol{a}_1 + 2\boldsymbol{a}_3$.

4.2.3 (1) $\boldsymbol{a}_1 + \boldsymbol{a}_3 = \mathbf{0}$ であるので，$\boldsymbol{a}_1, \boldsymbol{a}_3$ は 1 次従属．

(2) $x\boldsymbol{a}_1 + y\boldsymbol{a}_2 = \mathbf{0}$ とおいて，x, y について解くと，$x = y = 0$ となるので $\boldsymbol{a}_1, \boldsymbol{a}_2$ は 1 次独立である．

(3) $x\boldsymbol{a}_1 + y\boldsymbol{a}_2 = \boldsymbol{b}$ とおいて，x, y について解くと，$x = -1$，$y = 3$ となるので，$\boldsymbol{b} = -\boldsymbol{a}_1 + 3\boldsymbol{a}_2$.

4.2.4 (1) x と y についての連立 1 次方程式 $x\boldsymbol{a}_1 + y\boldsymbol{a}_2 = \mathbf{0}$ が自明でない解を持てばよい．つまり，係数行列の行列式が 0 であればよい．よって，$\begin{vmatrix}1 & a\\ a & 1\end{vmatrix} = 1 - a^2 = 0$ より，$a = \pm 1$ となる．

(2) (1) と同様にして，$\begin{vmatrix}a & 1 & 1\\ 1 & a & 1\\ 1 & 1 & a\end{vmatrix} = (a+2)(a-1)^2 = 0$ より，$a = 1, -2$ となる．

4.2.5 ($\Longrightarrow$) 対偶を示す．$\boldsymbol{v} = \mathbf{0}$ であれば，$1 \cdot \boldsymbol{v} = \mathbf{0}$ であるので，$\boldsymbol{v}$ は 1 次従属．
($\Longleftarrow$) 対偶を示す．$\boldsymbol{v}$ が 1 次従属であれば，ある 0 でないスカラー $a \in \boldsymbol{R}$ が存在

して，$a\boldsymbol{v}=\boldsymbol{0}$ となる．よって，両辺に左から a^{-1} を掛けて，$\boldsymbol{v}=\boldsymbol{0}$ を得る．

4.3 節

4.3.1 $\boldsymbol{R}^2$ における 2 つのベクトルを考えているので，(1) も (2) も $\boldsymbol{a}_1,\boldsymbol{a}_2$ が 1 次独立かどうかを考えればよい．計算は省略する．

(1) 基底.

(2) 基底でない.

4.3.2 (2), (3) は $\boldsymbol{R}^3$ における 3 つのベクトルを考えているので，$\boldsymbol{a}_1,\boldsymbol{a}_2,\boldsymbol{a}_3$ が 1 次独立かどうかを考えればよい．計算は省略する．

(1) $\boldsymbol{R}^3$ は 3 次元のベクトル空間であるから，基底は 3 つのベクトルからなる．よって，$\boldsymbol{a}_1,\boldsymbol{a}_2$ は基底ではない.

(2) 基底.

(3) 基底ではない.

4.3.3 $\boldsymbol{e}_1=-\boldsymbol{a}_1-\boldsymbol{a}_2$，$\boldsymbol{e}_2=-\boldsymbol{a}_1-2\boldsymbol{a}_2$.

4.3.4 W の任意の元は $\begin{pmatrix} x \\ 2x \end{pmatrix}=x\begin{pmatrix} 1 \\ 2 \end{pmatrix}$ と書ける．特に，$\begin{pmatrix} 1 \\ 2 \end{pmatrix}\in W$ かつ，$\begin{pmatrix} 1 \\ 2 \end{pmatrix}\neq\boldsymbol{0}$ であるから，$\begin{pmatrix} 1 \\ 2 \end{pmatrix}$ が W の基底である.

4.3.5 $2x-y+3z=0$，$x-3y+z=0$ を変形すると，$x=8y$，$z=-5y$ となるので，W の任意の元は $\begin{pmatrix} 8y \\ y \\ -5y \end{pmatrix}=y\begin{pmatrix} 8 \\ 1 \\ -5 \end{pmatrix}$ と書ける．特に，$\begin{pmatrix} 8 \\ 1 \\ -5 \end{pmatrix}\in W$ かつ，$\begin{pmatrix} 8 \\ 1 \\ -5 \end{pmatrix}\neq\boldsymbol{0}$ であるから，$\begin{pmatrix} 8 \\ 1 \\ -5 \end{pmatrix}$ が W の基底である.

4.3.6 $\boldsymbol{R}^2$ は 2 次元の空間であるから，部分空間の次元は 0,1,2 のいずれかである．0 次元の部分空間は $\{\boldsymbol{0}\}$ のみであり，2 次元の部分空間は $\boldsymbol{R}^2$ のみである．1 次元の部分空間は，$\boldsymbol{0}$ でない 1 つのベクトルを基底として持つ．したがって，これは原点を通る直線である.

第 5 章

5.1 節

5.1.1 いくつか具体的なベクトルを考えて試行錯誤してみよう．それでも反例が見つけられなければ，成り立つことを証明しようと考えてみる．その際に困難が生じたら，そこで反例を見つけ出せる可能性がある．

(1)　線形写像ではない．実際，$f(1)+f(1)=2\neq 4=f(1+1)$.

(2)　線形写像ではない．実際，$f\left(\frac{\pi}{2}\right)+f\left(\frac{\pi}{2}\right)=2\neq 0=f\left(\frac{\pi}{2}+\frac{\pi}{2}\right)$.

(3)　線形写像．実際，任意の $a,x,y\in\boldsymbol{R}$ に対して，

$$f(x+y)=5(x+y)=5x+5y=f(x)+f(y),$$
$$f(ax)=5(ax)=a(5x)=af(x)$$

となる．

(4)　線形写像．実際，任意の $a,x,y\in\boldsymbol{R}$ に対して，

$$f(x+y)=0=0+0=f(x)+f(y),$$
$$f(ax)=0=af(x)$$

となる．

5.1.2　(1)　線形写像．実際，任意の $\boldsymbol{x}_1=\begin{pmatrix}x_1\\y_1\end{pmatrix}$，$\boldsymbol{x}_2=\begin{pmatrix}x_2\\y_2\end{pmatrix}\in\boldsymbol{R}^2$ と，任意の $a\in\boldsymbol{R}$ に対して，

$$f(\boldsymbol{x}_1+\boldsymbol{x}_2)=(x_1+x_2)+(y_1+y_2)=(x_1+y_1)+(x_2+y_2)=f(\boldsymbol{x}_1)+f(\boldsymbol{x}_2),$$
$$f(a\boldsymbol{x}_1)=ax_1+ay_1=a(x_1+y_1)=af(\boldsymbol{x}_1)$$

となる．

(2)　線形写像ではない．実際，

$$f(\begin{pmatrix}1\\0\end{pmatrix})+f(\begin{pmatrix}0\\1\end{pmatrix})=0+0=0\neq 1=f(\begin{pmatrix}1\\0\end{pmatrix}+\begin{pmatrix}0\\1\end{pmatrix})$$

である．

(3)　線形写像ではない．実際，

$$f(\begin{pmatrix}1\\0\end{pmatrix})+f(\begin{pmatrix}0\\1\end{pmatrix})=0+0=0\neq 1=f(\begin{pmatrix}1\\0\end{pmatrix}+\begin{pmatrix}0\\1\end{pmatrix})$$

である．

5.1.3　詳細は省略する．

(1)　線形写像．

(2)　線形写像ではない．

(3)　線形写像ではない．

5.1.4　一般に，$f(-\boldsymbol{v})=-f(\boldsymbol{v})$ が成り立つので，$-f(\boldsymbol{v})=f(\boldsymbol{v})$ となる．よって，両辺に $f(\boldsymbol{v})$ を加えて $2f(\boldsymbol{v})=\boldsymbol{0}$ となるので，$f(\boldsymbol{v})=\boldsymbol{0}$ を得る．

5.1.5　$a_1,\cdots,a_m\in\boldsymbol{R}$ とし，$a_1\boldsymbol{v}_1+\cdots+a_m\boldsymbol{v}_m=\boldsymbol{0}$ とする．両辺を f で写すと

$$a_1f(\boldsymbol{v}_1)+\cdots+a_mf(\boldsymbol{v}_m)=\boldsymbol{0}$$

となるので，仮定より，$a_1=\cdots=a_m=0$ である．よって，$\boldsymbol{v}_1,\cdots,\boldsymbol{v}_m$は1次独立．

5.2 節

5.2.1 (1) $\boldsymbol{R} \subset \mathrm{Im}(f)$ を示せばよい．逆の包含関係は明らか．任意の $a \in \boldsymbol{R}$ に対して，$f(\begin{pmatrix} a \\ 3 \\ 0 \end{pmatrix}) = a$ となるので，$\boldsymbol{R} \subset \mathrm{Im}(f)$ である．

(2) $\mathrm{Ker}(f)$ の任意の元は $\begin{pmatrix} x \\ \frac{3}{2}x \end{pmatrix} = x\begin{pmatrix} 1 \\ \frac{3}{2} \end{pmatrix}$ と書ける．特に，$\begin{pmatrix} 1 \\ \frac{3}{2} \end{pmatrix} \in \mathrm{Ker}(f)$ かつ，$\begin{pmatrix} 1 \\ \frac{3}{2} \end{pmatrix} \neq \boldsymbol{0}$ であるから，$\begin{pmatrix} 1 \\ \frac{3}{2} \end{pmatrix}$ が $\mathrm{Ker}(f)$ の基底である．

5.2.2 明らかに，$\mathrm{Ker}(f) = \boldsymbol{R}^2$ である．よって，$\boldsymbol{e}_1, \boldsymbol{e}_2$ は 1 つの基底である．

5.2.3 $\begin{pmatrix} x \\ y \end{pmatrix} \in \boldsymbol{R}^2$ に対して，$f_A(\begin{pmatrix} x \\ y \end{pmatrix}) = \begin{pmatrix} x-2y \\ 2x-4y \end{pmatrix}$ であるから，$\begin{pmatrix} x \\ y \end{pmatrix} \in \mathrm{Ker}(f_A)$ であることと，$x - 2y = 0$ であることは同値．よって，$\mathrm{Ker}(f_A)$ の任意の元は，$\begin{pmatrix} 2y \\ y \end{pmatrix} = y\begin{pmatrix} 2 \\ 1 \end{pmatrix}$ と書ける．特に，$\begin{pmatrix} 2 \\ 1 \end{pmatrix} \in \mathrm{Ker}(f_A)$ かつ，$\begin{pmatrix} 2 \\ 1 \end{pmatrix} \neq \boldsymbol{0}$ であるから，$\begin{pmatrix} 2 \\ 1 \end{pmatrix}$ が $\mathrm{Ker}(f_A)$ の基底であり，$\dim(\mathrm{Ker}(f_A)) = 1$ である．

一方，$\mathrm{Im}(f_A)$ の任意の元は，$(x-2y)\begin{pmatrix} 1 \\ 2 \end{pmatrix}$ と書ける．特に，$\begin{pmatrix} 1 \\ 2 \end{pmatrix} \in \mathrm{Im}(f_A)$ かつ，$\begin{pmatrix} 1 \\ 2 \end{pmatrix} \neq \boldsymbol{0}$ であるから，$\begin{pmatrix} 1 \\ 2 \end{pmatrix}$ が $\mathrm{Im}(f_A)$ の基底であり，$\dim(\mathrm{Im}(f_A)) = 1$ である．

5.2.4 まず，$\mathrm{Im}(f_A)$ の元は

$$\boldsymbol{b}_1 = \begin{pmatrix} 3 \\ 1 \\ 9 \end{pmatrix}, \quad \boldsymbol{b}_2 = \begin{pmatrix} 1 \\ -3 \\ 13 \end{pmatrix}, \quad \boldsymbol{b}_3 = \begin{pmatrix} 2 \\ 4 \\ -4 \end{pmatrix}$$

の 1 次結合で表せる．$\mathrm{rank}(\boldsymbol{b}_1\ \boldsymbol{b}_2\ \boldsymbol{b}_3) = 2$ であるので，$\boldsymbol{b}_1, \boldsymbol{b}_2, \boldsymbol{b}_3$ は 1 次従属である．実際，$\boldsymbol{b}_3 = \boldsymbol{b}_1 - \boldsymbol{b}_2$ と書ける．よって，$\mathrm{Im}(f_A)$ の元は $\boldsymbol{b}_1, \boldsymbol{b}_2$ の 1 次結合で書ける．さらに，$\mathrm{rank}(\boldsymbol{b}_1\ \boldsymbol{b}_2) = 2$ であるので，$\boldsymbol{b}_1, \boldsymbol{b}_2$ は $\mathrm{Im}(f_A)$ の基底である．特に，$\dim(\mathrm{Im}(f_A)) = 2$.

一方，次元定理より，$\dim(\mathrm{Ker}(f_A)) = 1$ である．$\begin{pmatrix} x \\ y \\ z \end{pmatrix} \in \mathrm{Ker}(f_A)$ とすると，

$$\begin{cases} 3x + y + 2z = 0 \\ x - 3y + 4z = 0 \\ 9x + 13y - 4z = 0 \end{cases}$$

となり，これは，$x=-z$，$y=z$ と同値であることが分かるので，$\mathrm{Ker}\,(f_A)$ の任意の元は，$\begin{pmatrix}-z\\z\\z\end{pmatrix}=z\begin{pmatrix}-1\\1\\1\end{pmatrix}$ と書ける．よって，$\begin{pmatrix}-1\\1\\1\end{pmatrix}$ は $\mathrm{Ker}\,(f_A)$ の基底である．

5.2.5 (1) $\mathrm{Im}(f)$ は，$\begin{pmatrix}1\\1\\1\end{pmatrix}$ を基底とする 1 次元の部分空間である．

(2) 次元定理より，$\dim(\mathrm{Ker}\,(f))=2$．さらに，$\begin{pmatrix}x\\y\\z\end{pmatrix}\in\mathrm{Ker}\,(f)$ であることと，$z=-x-y$ であることは同値．よって，$\mathrm{Ker}\,(f)$ の任意の元は，$\begin{pmatrix}x\\y\\-x-y\end{pmatrix}=x\begin{pmatrix}1\\0\\-1\end{pmatrix}+y\begin{pmatrix}0\\1\\-1\end{pmatrix}$ と書ける．特に，$\begin{pmatrix}1\\0\\-1\end{pmatrix},\begin{pmatrix}0\\1\\-1\end{pmatrix}\in\mathrm{Ker}\,(f)$ は 1 次独立であるから，$\begin{pmatrix}1\\0\\-1\end{pmatrix},\begin{pmatrix}0\\1\\-1\end{pmatrix}$ が $\mathrm{Ker}\,(f)$ の基底である．

5.3 節

5.3.1 基本変形は省略する．

(1) $\begin{pmatrix}1\\1\end{pmatrix}$　　(2) $\boldsymbol{x}=\alpha\begin{pmatrix}1\\1\end{pmatrix}+\begin{pmatrix}1\\0\end{pmatrix}$ （ただし，α は任意定数）

5.3.2 基本変形は省略する．

(1) $\begin{pmatrix}-1\\0\\1\end{pmatrix}$　　(2) $\boldsymbol{x}=\alpha\begin{pmatrix}-1\\0\\1\end{pmatrix}+\begin{pmatrix}2\\3\\0\end{pmatrix}$ （ただし，α は任意定数）

5.3.3 基本変形は省略する．

(1) $\begin{pmatrix}-1\\-1\\1\\1\end{pmatrix}$　　(2) $\boldsymbol{x}=\alpha\begin{pmatrix}-1\\-1\\1\\1\end{pmatrix}+\begin{pmatrix}1\\\frac{4}{5}\\-\frac{8}{5}\\0\end{pmatrix}$ （ただし，α は任意定数）

5.3.4 基本変形は省略する．

(1) $\begin{pmatrix} 1 \\ -2 \\ 1 \\ 0 \end{pmatrix}, \begin{pmatrix} 2 \\ -3 \\ 0 \\ 1 \end{pmatrix}$

(2) $\boldsymbol{x} = \alpha \begin{pmatrix} 1 \\ -2 \\ 1 \\ 0 \end{pmatrix} + \beta \begin{pmatrix} 2 \\ -3 \\ 0 \\ 1 \end{pmatrix} + \begin{pmatrix} 1 \\ 1 \\ 0 \\ 0 \end{pmatrix}$ （ただし，α, β は任意定数）

5.4 節

5.4.1
$$f(\boldsymbol{a}_1) = \begin{pmatrix} 1 \\ 5 \end{pmatrix} = -\boldsymbol{a}_1 + 3\boldsymbol{a}_2, \quad f(\boldsymbol{a}_2) = \begin{pmatrix} -1 \\ 4 \end{pmatrix} = -2\boldsymbol{a}_1 + 3\boldsymbol{a}_2$$
となるので，求める表現行列は $A = \begin{pmatrix} -1 & -2 \\ 3 & 3 \end{pmatrix}$ である．

5.4.2 (1) $A = \begin{pmatrix} -1 & 1 & 1 \\ 1 & -1 & 1 \\ 1 & 1 & -1 \end{pmatrix}$ とおけば，$f = f_A$ であるから，A が標準基底に関する表現行列である．

(2)
$$f(\boldsymbol{a}_1) = \begin{pmatrix} 3 \\ -1 \\ -1 \end{pmatrix} = -\boldsymbol{a}_1 + \boldsymbol{a}_2 + \boldsymbol{a}_3, \quad f(\boldsymbol{a}_2) = \begin{pmatrix} -1 \\ 3 \\ -1 \end{pmatrix} = \boldsymbol{a}_1 - \boldsymbol{a}_2 + \boldsymbol{a}_3,$$
$$f(\boldsymbol{a}_3) = \begin{pmatrix} -1 \\ -1 \\ 3 \end{pmatrix} = \boldsymbol{a}_1 + \boldsymbol{a}_2 - \boldsymbol{a}_3$$
となるので，$B = A$ である*．

5.4.3 (1) 計算は省略する．$A = \begin{pmatrix} 1 & 1 & 0 \\ 0 & 1 & 1 \\ -1 & 0 & 1 \end{pmatrix}$.

(2) $\mathrm{Im}(T)$ の任意の元は $T(\boldsymbol{e}_1), T(\boldsymbol{e}_2), T(\boldsymbol{e}_3)$ の 1 次結合として表せるが，$\mathrm{rank}\, A = 2$ であるから，これらは 1 次従属である．特に，$T(\boldsymbol{e}_3) = -T(\boldsymbol{e}_1) + T(\boldsymbol{e}_2)$ であり，$T(\boldsymbol{e}_1), T(\boldsymbol{e}_2)$ は 1 次独立であるから，$T(\boldsymbol{e}_1), T(\boldsymbol{e}_2)$ は $\mathrm{Im}(T)$ の基底である．よって，$\dim(\mathrm{Im}(T)) = 2$ である．

(3) 次元公式より，$\dim(\mathrm{Ker}(T)) = 1$ である．一方，

---

* これはたまたま一致したもので，一般には，基底を変えると表現行列も変わる．

$$T\left(\begin{pmatrix} x \\ y \\ z \end{pmatrix}\right) = T(x\boldsymbol{e}_1 + y\boldsymbol{e}_2 + z\boldsymbol{e}_3) = \begin{pmatrix} x+y \\ y+z \\ -x+z \end{pmatrix}$$

より，

$$\begin{pmatrix} x \\ y \\ z \end{pmatrix} \in \mathrm{Ker}\,(T) \iff x = z,\, y = -z$$

であるから，任意の $\mathrm{Ker}\,(T)$ の元は $z\begin{pmatrix} 1 \\ -1 \\ 1 \end{pmatrix}$ と書ける．よって，$\begin{pmatrix} 1 \\ -1 \\ 1 \end{pmatrix}$ が基底である．

第6章

6.1節

6.1.1　A について．A の固有多項式は $F_A(x) = (x-3)(x+1)$ となるので，A の固有値は $3, -1$ である．(i) $W_3(A)$ について．連立1次方程式 $(3E_2 - A)\boldsymbol{x} = \boldsymbol{0}$ の基本解を求めて，$\begin{pmatrix} 1 \\ 1 \end{pmatrix}$ が求める基底である．(ii) $W_{-1}(A)$ について．(i) と同様にして，$(-E_2 - A)\boldsymbol{x} = \boldsymbol{0}$ の基本解を求めて，$\begin{pmatrix} -1 \\ 1 \end{pmatrix}$ が求める基底である．

B について．B の固有多項式は $F_B(x) = (x-3)^2$ となるので，B の固有値は 3 である．$W_3(B)$ について．連立1次方程式 $(3E_2 - B)\boldsymbol{x} = \boldsymbol{0}$ の基本解を求めて，$\begin{pmatrix} \frac{1}{3} \\ 1 \end{pmatrix}$ が求める基底である．

6.1.2　A について．A の固有多項式は $F_A(x) = x(x-1)(x+2)$ となるので，A の固有値は $0, 1, -2$ である．(i) $W_0(A)$ について．連立1次方程式 $-A\boldsymbol{x} = \boldsymbol{0}$ の基本解を求めて，$\begin{pmatrix} -1 \\ 0 \\ 1 \end{pmatrix}$ が求める基底である．(ii) $W_1(A)$ について．(i) と同様にして，$(E_2 - A)\boldsymbol{x} = \boldsymbol{0}$ の基本解を求めて，$\begin{pmatrix} 0 \\ 1 \\ 0 \end{pmatrix}$ が求める基底である．(iii) $W_{-2}(A)$ について．(i) と同様にして，$(-2E_2 - A)\boldsymbol{x} = \boldsymbol{0}$ の基本解を求めて，

$\begin{pmatrix}1\\0\\1\end{pmatrix}$ が求める基底である.

B について. B の固有多項式は $F_B(x) = (x-1)^2(x-2)$ となるので, B の固有値は 1,2 である. (i) $W_1(B)$ について. 連立 1 次方程式 $(E_2 - B)\boldsymbol{x} = \boldsymbol{0}$ の基本解を求めて, $\begin{pmatrix}1\\1\\0\end{pmatrix}$ が求める基底である. (ii) $W_2(B)$ について. (i) と同様にして, $(2E_2 - B)\boldsymbol{x} = \boldsymbol{0}$ の基本解を求めて, $\begin{pmatrix}0\\1\\1\end{pmatrix}$ が求める基底である.

6.1.3 行列式は転置をとっても変わらないので, $|xE_n - A| = |{}^t(xE_n - A)| = |xE_n - {}^tA|$ である. よって, A と ${}^tA$ の固有多項式は一致する. これより求める結果が得られる.

6.1.4 (1) $A\boldsymbol{v} = \alpha\boldsymbol{v}$ の両辺に左側から α を乗じて,

$$\alpha(A\boldsymbol{v}) = \alpha^2\boldsymbol{v} \Longleftrightarrow A(\alpha\boldsymbol{v}) = \alpha^2\boldsymbol{v}$$
$$\Longleftrightarrow A^2\boldsymbol{v} = \alpha^2\boldsymbol{v}$$

となるので, 求める結果を得る.

(2) (1) とまったく同様にして帰納法を用いて示せる.

6.1.5 (1) α を A の固有値とし, $\boldsymbol{v}$ を α に属する A の固有ベクトルとする. すると, 前問と同様にして, $A^2\boldsymbol{v} = \alpha^2\boldsymbol{v}$ かつ, $A^2\boldsymbol{v} = 2A\boldsymbol{v} = 2\alpha\boldsymbol{v}$ となるので, $\alpha^2\boldsymbol{v} = 2\alpha\boldsymbol{v}$ となる. よって, $(\alpha^2 - 2\alpha)\boldsymbol{v} = \boldsymbol{0}$ となるが, $\boldsymbol{v} \neq \boldsymbol{0}$ であるから, $\alpha^2 - 2\alpha = 0$ となり, 求める結果を得る.

(2) α を A の固有値とし, $\boldsymbol{v}$ を α に属する A の固有ベクトルとする. すると, 前問と同様にして, $A^m\boldsymbol{v} = \alpha^m\boldsymbol{v}$ であるから, $\alpha^m\boldsymbol{v} = \boldsymbol{0}$ となる. $\boldsymbol{v} \neq \boldsymbol{0}$ であるから $\alpha^m = 0$ となり, これより求める結果を得る.

6.1.6 一般に, 正方行列 A の行列式は, A のすべての固有値の積であるから, $\det A \neq 0$ であることと, 固有値がすべて 0 ではないことが同値である. これより, 題意が示される.

6.2 節

6.2.1 (1) 固有値は7, −2. よって A は対角化可能. 固有値 7 に属する固有空間の基底は $\boldsymbol{p}_1 = \begin{pmatrix}5\\4\\1\end{pmatrix}$. 固有値 −2 に属する固有空間の基底は $\boldsymbol{p}_2 = \begin{pmatrix}-1\\1\end{pmatrix}$. そこで,

$P=(\boldsymbol{p}_1\ \ \boldsymbol{p}_2)$ とおくと，$P^{-1}AP=\begin{pmatrix}7&0\\0&-2\end{pmatrix}$.

(2) 固有値は $\pm i$. よって A は対角化可能. 固有値 i に属する固有空間の基底は $\boldsymbol{p}_1=\begin{pmatrix}i\\1\end{pmatrix}$. 固有値 $-i$ に属する固有空間の基底は $\boldsymbol{p}_2=\begin{pmatrix}-i\\1\end{pmatrix}$. そこで，$P=(\boldsymbol{p}_1\ \ \boldsymbol{p}_2)$ とおくと，$P^{-1}AP=\begin{pmatrix}i&0\\0&-i\end{pmatrix}$.

(3) 固有値は 3. 固有値 3 に属する固有空間の基底は $\begin{pmatrix}1\\1\end{pmatrix}$. よって，1 次独立な固有ベクトルが 2 つとれないので A は対角化できない.

(4) 固有値は 0,1,2. よって A は対角化可能. 固有値 0 に属する固有空間の基底は $\boldsymbol{p}_1=\begin{pmatrix}-\frac{3}{2}\\-1\\1\end{pmatrix}$. 固有値 1 に属する固有空間の基底は $\boldsymbol{p}_2=\begin{pmatrix}-1\\-2\\1\end{pmatrix}$. 固有値 2 に属する固有空間の基底は $\boldsymbol{p}_3=\begin{pmatrix}0\\-1\\1\end{pmatrix}$. そこで，$P=(\boldsymbol{p}_1\ \ \boldsymbol{p}_2\ \ \boldsymbol{p}_3)$ とおくと，$P^{-1}AP=\begin{pmatrix}0&0&0\\0&1&0\\0&0&2\end{pmatrix}$.

(5) 固有値は 2. 固有値 2 に属する固有空間の基底は $\boldsymbol{p}_3=\begin{pmatrix}-2\\-4\\1\end{pmatrix}$. よって，1 次独立な固有ベクトルが 3 つとれないので A は対角化できない.

(6) 固有値は 0,1,2. よって A は対角化可能. 固有値 0 に属する固有空間の基底は $\boldsymbol{p}_1=\begin{pmatrix}-i\\1\\0\end{pmatrix}$. 固有値 1 に属する固有空間の基底は $\boldsymbol{p}_2=\begin{pmatrix}0\\0\\1\end{pmatrix}$. 固有値 2 に属する固有空間の基底は $\boldsymbol{p}_3=\begin{pmatrix}i\\1\\0\end{pmatrix}$. そこで，$P=(\boldsymbol{p}_1\ \ \boldsymbol{p}_2\ \ \boldsymbol{p}_3)$ とおくと，$P^{-1}AP=\begin{pmatrix}0&0&0\\0&1&0\\0&0&2\end{pmatrix}$.

6.2.2 (1) A の固有値は $-2,-4$. 固有値 -2 に属する固有空間の基底は $\boldsymbol{p}_1=\begin{pmatrix}1\\1\end{pmatrix}$. 固有値 -4 に属する固有空間の基底は $\boldsymbol{p}_2=\begin{pmatrix}\frac{1}{3}\\1\end{pmatrix}$. そこで, $P=(\boldsymbol{p}_1\ \ \boldsymbol{p}_2)$ とおくと, $P^{-1}AP=\begin{pmatrix}-2&0\\0&-4\end{pmatrix}$ となる.

(2) (1) の結果より,

$$A^n=P(P^{-1}AP)^nP^{-1}=\frac{3}{2}\begin{pmatrix}(-2)^n-\frac{1}{3}(-4)^n & -\frac{1}{3}(-2)^n+\frac{1}{3}(-4)^n\\ (-2)^n-(-4)^n & -\frac{1}{3}(-2)^n+(-4)^n\end{pmatrix}.$$

6.2.3 (1) A の固有値は $1,2$. 固有値 1 に属する固有空間の基底は $\boldsymbol{p}_1=\begin{pmatrix}1\\0\\0\end{pmatrix}$, $\boldsymbol{p}_2=\begin{pmatrix}0\\1\\0\end{pmatrix}$. 固有値 2 に属する固有空間の基底は $\boldsymbol{p}_3=\begin{pmatrix}2\\1\\1\end{pmatrix}$. そこで, $P=(\boldsymbol{p}_1\ \ \boldsymbol{p}_2\ \ \boldsymbol{p}_3)$ とおくと, $P^{-1}AP=\begin{pmatrix}1&0&0\\0&1&0\\0&0&2\end{pmatrix}$ となる.

(2) (1) の結果より,

$$A^n=P(P^{-1}AP)^nP^{-1}=\begin{pmatrix}1&0&-2+2^{n+1}\\0&1&-1+2^n\\0&0&2^n\end{pmatrix}.$$

6.2.4 相似な行列の行列式は等しいので, $F_{AB}(x)=|xE_n-AB|=|A^{-1}(xE_n-AB)A|=|xE_n-BA|=F_{BA}(x)$ となり, 求める結果を得る.

6.3 節

6.3.1 (1) A の固有多項式は $F_A(x)=(x-3)^2$ となるので, 固有値は 3 のみ. 固有値 3 に属する固有空間の基底は $\boldsymbol{p}_1=\begin{pmatrix}1\\1\end{pmatrix}$. そこで, $\boldsymbol{p}_2=\begin{pmatrix}0\\1\end{pmatrix}$ とおくと, $\boldsymbol{p}_1,\boldsymbol{p}_2$ は $\boldsymbol{C}^2$ の基底であり, $P=(\boldsymbol{p}_1\ \ \boldsymbol{p}_2)$ とおくと,

$$P^{-1}AP=\begin{pmatrix}3&-3\\0&3\end{pmatrix}$$

となる.

(2)　(1) の結果より，

$$P^{-1}A^nP = \begin{pmatrix} 3 & -3 \\ 0 & 3 \end{pmatrix}^n = (-3)^n \begin{pmatrix} -1 & 1 \\ 0 & -1 \end{pmatrix}^n$$
$$= (-3)^n \begin{pmatrix} (-1)^n & n(-1)^{n-1} \\ 0 & (-1)^n \end{pmatrix} = \begin{pmatrix} 3^n & -n3^n \\ 0 & 3^n \end{pmatrix}$$

となる．よって，

$$A^n = P\begin{pmatrix} 3^n & -n3^n \\ 0 & 3^n \end{pmatrix}P^{-1} = \begin{pmatrix} 3^n + n3^n & -n3^n \\ n3^n & 3^n - n3^n \end{pmatrix} = 3^n\begin{pmatrix} 1+n & -n \\ n & 1-n \end{pmatrix}$$

となる．

6.3.2　(1)　A の固有多項式は $F_A(x) = (x-2)^3$ となるので，固有値は 2 のみ．固有値 2 に属する固有空間の基底は $\boldsymbol{p}_1 = \begin{pmatrix} 1 \\ 1 \\ 0 \end{pmatrix}$, $\boldsymbol{p}_2 = \begin{pmatrix} -1 \\ 0 \\ 1 \end{pmatrix}$. そこで，$\boldsymbol{p}_3 = \begin{pmatrix} 0 \\ 0 \\ 1 \end{pmatrix}$ とおくと，$\boldsymbol{p}_1, \boldsymbol{p}_2, \boldsymbol{p}_3$ は $\boldsymbol{C}^3$ の基底であり，$P = (\boldsymbol{p}_1 \ \ \boldsymbol{p}_2 \ \ \boldsymbol{p}_3)$ とおくと，

$$P^{-1}AP = \begin{pmatrix} 2 & 0 & 1 \\ 0 & 2 & 1 \\ 0 & 0 & 2 \end{pmatrix}$$

となる．

(2)　(1) の結果より，

$$P^{-1}A^nP = \begin{pmatrix} 2^n & 0 & n2^{n-1} \\ 0 & 2^n & n2^{n-1} \\ 0 & 0 & 2^n \end{pmatrix}$$

となる．よって，

$$A^n = P\begin{pmatrix} 2^n & 0 & n2^{n-1} \\ 0 & 2^n & n2^{n-1} \\ 0 & 0 & 2^n \end{pmatrix}P^{-1} = \begin{pmatrix} 2^n & 0 & 0 \\ n2^{n-1} & 2^n - n2^{n-1} & n2^{n-1} \\ n2^{n-1} & -n2^{n-1} & 2^n + n2^{n-1} \end{pmatrix}$$

となる．

6.3.3　(1) $\Longrightarrow$ (2)　A を上三角化する正則行列を P とする．このとき，

$$O = P^{-1}A^nP = (P^{-1}AP)^n = \begin{pmatrix} {\alpha_1}^n & * & * & * \\ 0 & {\alpha_2}^n & * & * \\ \vdots & \ddots & \ddots & * \\ 0 & \cdots & 0 & {\alpha_n}^n \end{pmatrix}$$

となる．よって，任意の $1 \leq i \leq n$ に対して $\alpha_i = 0$ となり，A の固有値は 0 のみであることが分かる．

(2) $\Longrightarrow$ (3)　A の固有多項式は根がすべて 0 であるような n 次多項式であるから，

$F_A(x) = x^n$ である．

(3) $\Longrightarrow$ (1)　ケイリー・ハミルトンの定理より直ちに従う．

6.3.4　フロベニウスの定理を用いればよい．A の固有値は 7, -5 である．

(1)　343, -125　　(2)　351, -129

6.3.5　A の固有値を（重複度を込めて）α_1, α_2 とする．すると，フロベニウスの定理より，A^2 の固有値は ${\alpha_1}^2, {\alpha_2}^2$ である．よって，${\alpha_1}^2 = \alpha$ のとき，$\alpha_1 = \pm\sqrt{\alpha}$ となる．${\alpha_2}^2 = \alpha$ のときも同様．

第7章

7.1 節

7.1.1　素直に計算すればよい．$\|\boldsymbol{a}\| = \sqrt{14}$，$\|\boldsymbol{b}\| = \sqrt{6}$，および $\boldsymbol{a} \cdot \boldsymbol{b} = 3$.

7.1.2　素直に計算すればよい．$\|\boldsymbol{a}\| = \sqrt{6}$，$\|\boldsymbol{b}\| = \sqrt{7}$，および $\boldsymbol{a} \cdot \boldsymbol{b} = 4i - 2$.

7.1.3　(1)　$t = -1$　　(2)　$t = -\dfrac{14}{5}$

7.1.4

$$\begin{aligned} \|\boldsymbol{a} + \boldsymbol{b}\|^2 &= (\boldsymbol{a} + \boldsymbol{b}) \cdot (\boldsymbol{a} + \boldsymbol{b}) \\ &= \boldsymbol{a} \cdot \boldsymbol{a} + \boldsymbol{a} \cdot \boldsymbol{b} + \boldsymbol{b} \cdot \boldsymbol{a} + \boldsymbol{b} \cdot \boldsymbol{b} \\ &= \|\boldsymbol{a}\|^2 + 2(\boldsymbol{a} \cdot \boldsymbol{b}) + \|\boldsymbol{b}\|^2 \end{aligned}$$

であるから，$\boldsymbol{a}$ と $\boldsymbol{b}$ が直交することと，$\|\boldsymbol{a} + \boldsymbol{b}\|^2 = \|\boldsymbol{a}\|^2 + \|\boldsymbol{b}\|^2$ が成り立つことは同値．

7.2 節

7.2.1　各ベクトルの長さが 1 であり，相異なる 2 つのベクトルの内積が 0 になることを確かめればよい．また，各内積 $\boldsymbol{a}_i \cdot \boldsymbol{e}_j$ を計算して，$\boldsymbol{e}_1 = \dfrac{1}{\sqrt{2}}\boldsymbol{a}_1 + \dfrac{1}{\sqrt{2}}\boldsymbol{a}_2$，$\boldsymbol{e}_2 = -\dfrac{1}{\sqrt{2}}\boldsymbol{a}_1 + \dfrac{1}{\sqrt{2}}\boldsymbol{a}_2$ を得る．

7.2.2　各ベクトルの長さが 1 であり，相異なる 2 つのベクトルの内積が 0 になることを確かめればよい．また，各内積 $\boldsymbol{a}_i \cdot \boldsymbol{e}_j$ を計算して，$\boldsymbol{e}_1 = \dfrac{1}{\sqrt{2}}\boldsymbol{a}_1 + \dfrac{1}{\sqrt{3}}\boldsymbol{a}_2 + \dfrac{1}{\sqrt{6}}\boldsymbol{a}_3$，$\boldsymbol{e}_2 = \dfrac{1}{\sqrt{3}}\boldsymbol{a}_2 - \dfrac{2}{\sqrt{6}}\boldsymbol{a}_3$，$\boldsymbol{e}_3 = -\dfrac{1}{\sqrt{2}}\boldsymbol{a}_1 + \dfrac{1}{\sqrt{3}}\boldsymbol{a}_2 + \dfrac{1}{\sqrt{6}}\boldsymbol{a}_3$ を得る．

7.2.3　計算過程は省略する．

$$\frac{1}{\sqrt{10}}\begin{pmatrix} 3 \\ 1 \end{pmatrix}, \quad \frac{1}{\sqrt{10}}\begin{pmatrix} -1 \\ 3 \end{pmatrix}.$$

7.2.4 計算過程は省略する．

$$\begin{pmatrix}1\\0\\0\end{pmatrix},\quad \begin{pmatrix}0\\1\\0\end{pmatrix},\quad \begin{pmatrix}0\\0\\1\end{pmatrix}.$$

7.2.5 計算過程は省略する．

$$\frac{1}{\sqrt{3}}\begin{pmatrix}1\\i+1\end{pmatrix},\quad \frac{1}{\sqrt{3}}\begin{pmatrix}i-1\\1\end{pmatrix}.$$

7.2.6 計算過程は省略する．

$$\begin{pmatrix}0\\i\\0\end{pmatrix},\quad \frac{1}{\sqrt{2}}\begin{pmatrix}1\\0\\i\end{pmatrix},\quad \frac{1}{\sqrt{2}}\begin{pmatrix}i\\0\\1\end{pmatrix}.$$

7.3 節

7.3.1 (1) ${}^t(A+{}^tA)={}^tA+{}^t({}^tA)={}^tA+A$ であるから $A+{}^tA$ は対称行列．

(2) ${}^t(A-{}^tA)={}^tA-{}^t({}^tA)=-(A-{}^tA)$ であるから $A-{}^tA$ は交代行列．

7.3.2 ${}^tB={}^t(A\,{}^tA)={}^t({}^tA)\,{}^tA=A\,{}^tA=B$ となるので，B は対称行列．

7.3.3 A の列ベクトルたちが正規直交基底になっていればよい．

(1) 条件 $2a^2=1$，$4b^2+c^2=1$，$2ab+ac=0$ より，$(a,b,c)=\left(\frac{1}{\sqrt{2}},\pm\frac{1}{2\sqrt{2}},\mp\frac{1}{\sqrt{2}}\right)$，$\left(-\frac{1}{\sqrt{2}},\pm\frac{1}{2\sqrt{2}},\mp\frac{1}{\sqrt{2}}\right)$（複号同順）を得る．

(2) 条件 $a^2+b^2+c^2=1$，$4a^2+c^2=1$，$2a^2-c^2=0$，$a^2+c^2-b^2=0$ より，$(a,b,c)=\left(\pm\frac{1}{\sqrt{6}},\pm\frac{1}{\sqrt{2}},\pm\frac{1}{\sqrt{3}}\right)$（符号は任意）を得る．

7.3.4 (1) A の固有値は 0,2 である．これらの固有値に属する固有空間の基底として，それぞれ $\begin{pmatrix}-1\\1\end{pmatrix},\begin{pmatrix}1\\1\end{pmatrix}$ がとれる．これらはすでに直交系なので単位ベクトル化すれば，A の固有ベクトルからなる $\boldsymbol{R}^2$ の正規直交基底

$$\boldsymbol{p}_1=\frac{1}{\sqrt{2}}\begin{pmatrix}-1\\1\end{pmatrix},\quad \boldsymbol{p}_2=\frac{1}{\sqrt{2}}\begin{pmatrix}1\\1\end{pmatrix}$$

が得られる．このとき，$P=(\boldsymbol{p}_1\ \ \boldsymbol{p}_2)$ とおけば，$P^{-1}AP=\begin{pmatrix}0&0\\0&2\end{pmatrix}$ である．

(2) A の固有値は 1,3 である．これらの固有値に属する固有空間の基底として，それぞれ $\begin{pmatrix}1\\1\end{pmatrix},\begin{pmatrix}-1\\1\end{pmatrix}$ がとれる．これらはすでに直交系なので単位ベクトル化すれば，A の固有ベクトルからなる $\boldsymbol{R}^2$ の正規直交基底

$$\boldsymbol{p}_1 = \frac{1}{\sqrt{2}}\begin{pmatrix}1\\1\end{pmatrix}, \qquad \boldsymbol{p}_2 = \frac{1}{\sqrt{2}}\begin{pmatrix}-1\\1\end{pmatrix}$$

が得られる．このとき，$P = (\boldsymbol{p}_1\ \ \boldsymbol{p}_2)$ とおけば，$P^{-1}AP = \begin{pmatrix}1 & 0\\0 & 3\end{pmatrix}$ である．

(3)　A の固有値は ± 1 である．固有値 1 に属する固有空間の基底として，$\begin{pmatrix}0\\1\\0\end{pmatrix}, \begin{pmatrix}1\\0\\1\end{pmatrix}$ がとれる．これらを正規直交化して

$$\boldsymbol{p}_1 = \begin{pmatrix}0\\1\\0\end{pmatrix}, \qquad \boldsymbol{p}_2 = \frac{1}{\sqrt{2}}\begin{pmatrix}1\\0\\1\end{pmatrix}$$

となる．固有値 -1 に属する固有空間の基底として $\begin{pmatrix}-1\\0\\1\end{pmatrix}$ がとれるので正規直交化（この場合は単位ベクトル化）して

$$\boldsymbol{p}_3 = \frac{1}{\sqrt{2}}\begin{pmatrix}-1\\0\\1\end{pmatrix}$$

となる．このとき，$\boldsymbol{p}_1, \boldsymbol{p}_2, \boldsymbol{p}_3$ は A の固有ベクトルからなる $\boldsymbol{R}^3$ の正規直交基底で，$P = (\boldsymbol{p}_1\ \ \boldsymbol{p}_2\ \ \boldsymbol{p}_3)$ とおけば，$P^{-1}AP = \begin{pmatrix}1 & 0 & 0\\0 & 1 & 0\\0 & 0 & -1\end{pmatrix}$ である．

(4)　A の固有値は 0,1,2 である．これらの固有値に属する固有ベクトルとして，それぞれ $\begin{pmatrix}-1\\0\\1\end{pmatrix}, \begin{pmatrix}0\\1\\0\end{pmatrix}, \begin{pmatrix}1\\0\\1\end{pmatrix}$ がとれる．これらを正規直交化して

$$\boldsymbol{p}_1 = \frac{1}{\sqrt{2}}\begin{pmatrix}-1\\0\\1\end{pmatrix}, \qquad \boldsymbol{p}_2 = \begin{pmatrix}0\\1\\0\end{pmatrix}, \qquad \boldsymbol{p}_3 = \frac{1}{\sqrt{2}}\begin{pmatrix}1\\0\\1\end{pmatrix}$$

となるので，$P = (\boldsymbol{p}_1\ \ \boldsymbol{p}_2\ \ \boldsymbol{p}_3)$ とおけば，$P^{-1}AP = \begin{pmatrix}0 & 0 & 0\\0 & 1 & 0\\0 & 0 & 2\end{pmatrix}$ である．

7.3.5　(1)　前問の (1) の結果を参照すると，$(x,y) = \left(\frac{-1}{\sqrt{2}}, \frac{1}{\sqrt{2}}\right)$ のとき最小値 0 をとり，$(x,y) = \left(\frac{1}{\sqrt{2}}, \frac{1}{\sqrt{2}}\right)$ のとき最大値 2 をとる．

(2)　前問の (4) の結果を参照すると，$(x,y,z) = \left(\frac{-1}{\sqrt{2}},0,\frac{1}{\sqrt{2}}\right)$ のとき最小値 0 をとり，$(x,y,z) = \left(\frac{1}{\sqrt{2}},0,\frac{1}{\sqrt{2}}\right)$ のとき最大値 2 をとる．

付 録

A.1 節

A.1.1　(1)　命題．真．(2)　命題．偽．(3)　命題でない．(4)　命題でない．

A.1.2　(1)　十分　(2)　必要　(3)　必要十分

A.1.3　(1)

P	Q	$Q \Longrightarrow P$
1	1	1
1	0	1
0	1	0
0	0	1

(2)

P	Q	$\sim P \Longrightarrow \sim Q$
1	1	1
1	0	1
0	1	0
0	0	1

A.2 節

A.2.1　$A \subset B$.

A.2.2　任意の $a \in A$ をとる．$B \neq \emptyset$ であるから，ある $b \in B$ がとれる．このとき，$(a,b) \in C \times C$ であるから，$a \in C$．つまり，$A \subset C$．次に，任意の $c \in C$ をとる．すると，$(c,c) \in A \times B$，または $(c,c) \in B \times A$ となるが，どちらにしても $c \in A$ である．よって，$A = C$．同様にして，$B = C$ も示せる．

A.2.3　(1)　$x \in (A \backslash C) \cap (B \backslash C)$ とする．すると，$x \in A \backslash C$，かつ $x \in B \backslash C$ であるから，$x \in (A \cap B) \backslash C$ である．逆も同様に示せる．

(2)　任意の $x \in A \cup B$ をとる．まず，$x \in A$ とする．もし $x \in B$ であれば，$x \in A \cap B$ であるので x は右辺に含まれる．もし $x \notin B$ であれば，$x \in A \backslash B$ であるので x は右辺に含まれる．同様に，$x \in B$ のときも x が右辺に含まれることが示せる．

逆に，$x \in (A \backslash B) \cup (B \backslash A) \cup (A \cap B)$ とする．$x \in A \backslash B$，もしくは

$x \in A \cap B$ であれば $x \in A$ であるので x は左辺に含まれる．一方，$x \in (B \setminus A)$ であれば $x \in B$ であるので x は左辺に含まれる．

A.3 節

A.3.1　$y = \sqrt[3]{x}$ のグラフを描いても分かるように，任意の実数 x に対して，$y^3 = x$ となる実数 y は一意的に定まる．よって写像である．

A.3.2　A が 1 点だけからなる集合のときである．実際，このとき，恒等写像は明らかに定値写像である．また，A が 2 点以上含めば，恒等写像は定値写像にならない．

A.3.3　$f(A) = B$.

A.3.4　$f(x) = -1$ となる x は存在しないので，f は全射ではない．さらに，$f(1) = f(-1) = 1$ であるから，f は単射でもない．

A.3.5　任意の $z \in \boldsymbol{R}$ に対して，$\begin{pmatrix} z \\ 0 \end{pmatrix} \in \boldsymbol{R}^2$ であり，$f(\begin{pmatrix} z \\ 0 \end{pmatrix}) = z$ となるので f は全射．ところが，$f(\begin{pmatrix} 1 \\ -1 \end{pmatrix}) = f(\begin{pmatrix} 2 \\ -2 \end{pmatrix}) = 0$ となるので f は単射ではない．

A.3.6　任意の $y \in \boldsymbol{R}^\times$ に対して，$x = \dfrac{1}{y}$ とおけば，$f(x) = y$ となるので f は全射．さらに，$f(x_1) = f(x_2)$ とすると，$\dfrac{1}{x_1} = \dfrac{1}{x_2}$ であるので，$x_1 = x_2$．つまり，f は全単射である．とくに，$f^{-1} = f$ である．

A.3.7　任意の $m \in 2\boldsymbol{N}$ に対して，ある $n \in \boldsymbol{N}$ が存在して，$m = 2n$ と書ける．よって，$f(n) = m$ であるから f は全射．さらに，$f(n_1) = f(n_2)$ とすれば，$2n_1 = 2n_2$ となるので，$n_1 = n_2$．つまり，f は単射．よって，f は全単射である．

A.3.8　$y = \tan x$ のグラフを描くと，単調増加であり，$\displaystyle\lim_{x \to -\frac{\pi}{2}} \tan x = -\infty$，かつ $\displaystyle\lim_{x \to \frac{\pi}{2}} \tan x = \infty$ であるから，f は全単射である．

索　引

著者略歴

佐藤　隆夫（さとう　たかお）

1979年生まれ．横浜市出身．

2006年3月，東京大学大学院数理科学研究科 数理科学専攻博士課程修了．

2006年4月，日本学術振興会特別研究員（PD），東京大学．

2007年4月，日本学術振興会特別研究員（PD），大阪大学．

2008年10月，京都大学特定助教（グローバルCOE），大学院理学研究科．

2011年4月，東京理科大学講師，理学部第二部数学科．

2015年4月，東京理科大学准教授，理学部第二部数学科，現在に至る．

2017年9月～2018年3月，ボン大学数学研究所客員研究員．

専門は代数的位相幾何学．博士(数理科学)．

著書に『シローの定理』（近代科学社，2015），『群の表示』（近代科学社，2017）がある．

テキストブック　線形代数

2019年 7 月15日　第1版1刷発行

検印省略

定価はカバーに表示してあります．

著作者　佐藤隆夫

発行者　吉野和浩

発行所　東京都千代田区四番町8-1
電話 03-3262-9166（代）
郵便番号 102-0081
株式会社 裳華房

印刷所　三報社印刷株式会社

製本所　牧製本印刷株式会社

一般社団法人
自然科学書協会会員

ISBN 978-4-7853-1582-5